高职高专规划教材

HUANJING
GONGCHENG
GAILUN

环境工程概论

罗岩 杜丽英 编
魏振枢 主审

化学工业出版社
·北京·

本书结合职业教育的特点编写而成，内容丰富、通俗易懂，涵盖当前的热点问题。全书共分9章，介绍了环境问题的基本概念，生态平衡的基础知识，环境工程学的主要内容及环境污染控制工程的基本原理和基本方法。

本书为高职高专建筑类、环境类及相关专业的教学用书，也可供有关的工程技术人员和环境保护工作人员参考。

图书在版编目（CIP）数据

环境工程概论/罗岩，杜丽英编. —北京：化学工业出版社，2009.9（2023.6重印）
高职高专规划教材
ISBN 978-7-122-06318-2

Ⅰ. 环… Ⅱ. ①罗…②杜… Ⅲ. 环境工程学-高等学校：技术学院-教材 Ⅳ. X5

中国版本图书馆 CIP 数据核字（2009）第 122482 号

责任编辑：王文峡　卓　丽　　　　　　　　　　文字编辑：孙凤英
责任校对：蒋　宇　　　　　　　　　　　　　　装帧设计：尹琳琳

出版发行：化学工业出版社（北京市东城区青年湖南街13号　邮政编码100011）
印　　装：天津盛通数码科技有限公司
787mm×1092mm　1/16　印张 12¾　字数 321 千字　2023 年 6 月北京第 1 版第 8 次印刷

购书咨询：010-64518888　　　　　　　　　　售后服务：010-64518899
网　　址：http://www.cip.com.cn
凡购买本书，如有缺损质量问题，本社销售中心负责调换。

定　　价：38.00元　　　　　　　　　　　　　　　　　　　　版权所有　违者必究

前　言

　　人类在大力发展经济、提高科技水平的同时，越来越多地意识到随之而来的环境问题的严重性。如今，环境问题已经渗透到政治、经济、文化等各个领域，环境污染、资源枯竭、生态破坏等问题已严重威胁整个人类的生存与发展。因此，应该正视环境问题对人类造成的影响，在人类社会发展的同时，做好环境保护工作，走可持续发展的道路。

　　我国实施科教兴国战略和可持续发展战略，应该将环境保护方面的教育作为当前高等教育的重要内容，渗透在各个专业领域。

　　本书广泛收集了环境科学、环境工程、环境保护与可持续发展等方面的资料，总结了环境问题、资源利用与保护、生态、环境污染与防治、环境管理等内容，引入了典型案例和最新环境标准，并在每章增加了"知识拓展"环节，为广大读者提供了部分拓展资料。使学生通过本课程的学习，提高自身的环境保护意识，学会与自然环境和谐共处，树立可持续发展观，激发其热爱环境、保护环境的热情和学习环境科学知识的积极性、主动性，为将来从事专业工作奠定相应的环保知识基础。

　　本书共分九章，由罗岩、杜丽英编，魏振枢主审。其中1、2、3、4、5章由罗岩编写，6、7、8、9章由杜丽英编写。

　　在本书的编写过程中，引用了大量有关文献和资料，在此对这些文献的编著者致以最诚挚的谢意。

　　本书内容涉及广泛，由于编者水平有限，不妥之处在所难免，敬请专家和读者批评指正。

编　者
2009 年 4 月

目 录

1 环境与环境问题 …………………………… 1
  1.1 环境概述 ………………………………… 1
    1.1.1 环境的概念 ………………………… 1
    1.1.2 环境要素 …………………………… 1
    1.1.3 环境的基本类型 …………………… 2
  1.2 环境问题 ………………………………… 2
    1.2.1 环境问题概述 ……………………… 2
    1.2.2 环境问题发展回顾 ………………… 3
    1.2.3 全球性环境问题 …………………… 4
    1.2.4 我国的环境问题 …………………… 9
  1.3 环境保护 ………………………………… 11
    1.3.1 世界环境保护的发展历程 ………… 11
    1.3.2 我国的环境保护发展历程 ………… 12
  1.4 环境工程学 ……………………………… 13
    1.4.1 环境科学 …………………………… 13
    1.4.2 环境工程学的发展简史 …………… 14
    1.4.3 环境工程的主要研究内容 ………… 15
  知识拓展 ……………………………………… 15
  思考题 ………………………………………… 17

2 资源的利用与保护 ………………………… 18
  2.1 概述 ……………………………………… 18
    2.1.1 全球资源危机与全球环境 ………… 18
    2.1.2 资源的概念 ………………………… 18
    2.1.3 自然资源的分类 …………………… 18
    2.1.4 自然资源与环境的相互关系 ……… 19
  2.2 土地资源的利用与保护 ………………… 20
    2.2.1 土地资源及其特性 ………………… 20
    2.2.2 世界和我国的土地资源 …………… 21
    2.2.3 土地资源的保护 …………………… 21
  2.3 水资源的利用与保护 …………………… 23
    2.3.1 地球上水的储量与分布 …………… 23
    2.3.2 我国水资源特征与利用中的
          问题 ……………………………… 24
    2.3.3 水资源的利用与保护 ……………… 25
  2.4 生物资源的利用与保护 ………………… 26
    2.4.1 森林资源的利用与保护 …………… 26
    2.4.2 草地资源的利用与保护 …………… 29
    2.4.3 生物多样性保护 …………………… 30
  2.5 矿产资源的合理利用与保护 …………… 32
    2.5.1 矿产资源 …………………………… 32
    2.5.2 世界矿产资源的开发利用 ………… 32
    2.5.3 我国的矿产资源 …………………… 32
    2.5.4 矿产资源开发对环境的影响 ……… 33
    2.5.5 矿产资源的合理利用与保护 ……… 33
  2.6 海洋资源的利用与保护 ………………… 35
    2.6.1 生物资源 …………………………… 35
    2.6.2 矿产资源 …………………………… 35
    2.6.3 化学资源 …………………………… 36
    2.6.4 医药资源 …………………………… 36
    2.6.5 动力资源 …………………………… 36
    2.6.6 水资源 ……………………………… 36
  2.7 能源利用与环境保护 …………………… 37
    2.7.1 能源及其分类 ……………………… 37
    2.7.2 能源结构转变 ……………………… 38
    2.7.3 我国的能源状况 …………………… 38
    2.7.4 新能源 ……………………………… 40
  知识拓展 ……………………………………… 42
  思考题 ………………………………………… 43

3 生态系统与生态平衡 ……………………… 44
  3.1 概述 ……………………………………… 44
    3.1.1 生态系统的概念 …………………… 44
    3.1.2 生态系统的分类 …………………… 44
    3.1.3 生态系统的组成 …………………… 45
    3.1.4 生态系统的营养结构 ……………… 46
    3.1.5 生态系统的功能 …………………… 47
  3.2 生态平衡 ………………………………… 51
    3.2.1 生态平衡的概念 …………………… 51
    3.2.2 影响生态平衡的因素 ……………… 51
    3.2.3 如何调整生态平衡 ………………… 52
  3.3 城市生态系统 …………………………… 54
    3.3.1 城市生态系统的概念 ……………… 54
    3.3.2 城市生态系统的结构 ……………… 54
    3.3.3 城市生态系统的类型 ……………… 54
    3.3.4 城市生态系统的特点 ……………… 55
    3.3.5 我国城市生态环境状况 …………… 56
    3.3.6 生态城市建设的基本途径 ………… 58
    3.3.7 土木工程对城市生态系统的
          影响 ……………………………… 58

3.3.8 土木工程对城市生态的调控 …… 60
　知识拓展 …… 61
　思考题 …… 62

4 水污染及其防治 …… 63
4.1 水污染 …… 63
　　4.1.1 水体污染的定义 …… 63
　　4.1.2 水体中的主要污染物及危害 …… 63
　　4.1.3 水体污染物质的主要来源 …… 66
　　4.1.4 水体污染源类型 …… 67
4.2 水体自净、水质指标与水质标准 …… 68
　　4.2.1 水体自净规律 …… 68
　　4.2.2 水质指标 …… 71
　　4.2.3 水质标准 …… 73
4.3 水污染的防治 …… 74
　　4.3.1 水污染的预防 …… 74
　　4.3.2 水污染的治理 …… 76
　知识拓展 …… 79
　思考题 …… 80

5 大气污染及其防治 …… 81
5.1 概述 …… 81
　　5.1.1 大气的结构 …… 81
　　5.1.2 大气的组成 …… 82
5.2 大气污染物及污染源 …… 83
　　5.2.1 大气污染的定义 …… 83
　　5.2.2 大气污染物的种类 …… 83
　　5.2.3 大气污染源 …… 85
5.3 大气污染的危害 …… 85
　　5.3.1 大气污染对人体健康的影响 …… 85
　　5.3.2 大气污染对植物的影响 …… 86
　　5.3.3 大气污染对全球气候的影响 …… 87
　　5.3.4 大气污染的其他危害 …… 88
5.4 大气污染的防治 …… 88
　　5.4.1 大气污染控制标准 …… 88
　　5.4.2 大气污染的预防 …… 89
　　5.4.3 大气污染的治理 …… 90
　知识拓展 …… 95
　思考题 …… 95

6 固体废物及其防治 …… 96
6.1 概述 …… 96
　　6.1.1 固体废物的概念及特点 …… 96
　　6.1.2 固体废物的来源及其分类 …… 96
　　6.1.3 国内外固体废物排出的现状 …… 98
　　6.1.4 固体废物的危害 …… 98
6.2 固体废物污染的防治 …… 100
　　6.2.1 固体废物的管理与减量化 …… 100
　　6.2.2 固体废物的再利用和资源化 …… 103
　　6.2.3 固体废物的最终处置与处理 …… 104
6.3 危险固体废物的处理与利用 …… 107
　　6.3.1 危险固体废物的处理与处置 …… 107
　　6.3.2 有毒废渣的回收处理与利用 …… 110
6.4 城市垃圾的处理 …… 112
　　6.4.1 我国城市垃圾处理现状 …… 112
　　6.4.2 城市垃圾的资源化处理 …… 115
　　6.4.3 城市垃圾的其他无害化处理 …… 118
　　6.4.4 典型城市垃圾的处理与利用 …… 118
　知识拓展 …… 122
　思考题 …… 123

7 物理性污染及其防治 …… 124
7.1 噪声与振动污染及其防治 …… 124
　　7.1.1 噪声污染基本概念 …… 124
　　7.1.2 振动污染基本概念 …… 129
　　7.1.3 噪声与振动的评价 …… 130
　　7.1.4 噪声与振动的控制方法 …… 132
7.2 电磁辐射污染及其防治 …… 136
　　7.2.1 电磁辐射污染 …… 136
　　7.2.2 电磁辐射的防护及控制标准 …… 138
7.3 放射性污染及其防治 …… 139
　　7.3.1 放射性污染源 …… 139
　　7.3.2 放射性污染的危害 …… 141
　　7.3.3 放射性污染的控制 …… 142
7.4 光污染及其防治 …… 143
　　7.4.1 光污染的来源和危害 …… 143
　　7.4.2 光污染的控制 …… 144
7.5 热污染及其防治 …… 144
　　7.5.1 热污染及其对环境的影响 …… 144
　　7.5.2 热污染的控制与综合利用 …… 146
　知识拓展 …… 147
　思考题 …… 147

8 环境管理 …… 148
8.1 我国环境管理基本制度 …… 148
　　8.1.1 环境影响评价制度 …… 148
　　8.1.2 "三同时"制度 …… 148
　　8.1.3 排污收费制度 …… 149
　　8.1.4 环境保护目标责任制 …… 149
　　8.1.5 城市环境综合整治定量考核制度 …… 149
　　8.1.6 排污许可证制度 …… 150
　　8.1.7 污染集中控制制度 …… 150
　　8.1.8 污染限期治理制度 …… 151
8.2 环境保护法律体系 …… 151

8.2.1 宪法 ……………………………… 151
　　8.2.2 综合性环境基本法 …………… 152
　　8.2.3 单行性专门环境立法 ………… 152
　　8.2.4 与环境有关的其他法律 ……… 153
　　8.2.5 环境标准 …………………………… 153
　8.3 环境质量评价 …………………………… 154
　　8.3.1 环境质量评价概念 …………… 154
　　8.3.2 环境质量评价分类 …………… 154
　　8.3.3 环境质量现状评价 …………… 155
　　8.3.4 环境影响评价 …………………… 157
　知识拓展 ……………………………………… 163
　思考题 ………………………………………… 164
9 可持续发展 …………………………………… 165
　9.1 可持续发展的内涵 …………………… 165
　　9.1.1 可持续发展的定义 …………… 165
　　9.1.2 可持续发展的基本思想 …… 166
　　9.1.3 可持续发展的基本原则 …… 167
　9.2 可持续生产与可持续消费 ………… 168
　　9.2.1 可持续生产 ……………………… 168
　　9.2.2 可持续消费 ……………………… 169
　9.3 我国可持续发展战略 ………………… 171
　　9.3.1 经济战略 …………………………… 171
　　9.3.2 人口战略 …………………………… 172
　　9.3.3 资源战略 …………………………… 172
　　9.3.4 环境战略 …………………………… 172
　　9.3.5 稳定战略 …………………………… 173
　知识拓展 ……………………………………… 173
　思考题 ………………………………………… 175
附录 …………………………………………………… 176
参考文献 …………………………………………… 195

1 环境与环境问题

1.1 环境概述

1.1.1 环境的概念

1.1.1.1 广义概念

任何事物的存在都要占据一定的空间和时间,并必然要与周围的各种事物发生联系。与其周围诸事物间发生各种联系的事物称为中心事物,该事物所存在的空间以及位于该空间中诸事物的总和称为该中心事物的环境。

宇宙中的一切事物都有其自身的环境,而它同时又可以成为其他诸事物环境的组成部分。因而,环境是一个极其复杂、相互影响、彼此制约的辩证的自然综合体。

1.1.1.2 人类环境

人们所研究的环境实际上是人类环境,即作用于人类这一主体(中心事物)的所有外界影响和力量的总和。它可分为社会环境和自然环境两种。

《中华人民共和国环境保护法》指出:"环境是指大气、水、土地、矿藏、森林、草原、野生动物、野生植物、水生生物、名胜古迹、风景游览区、温泉、疗养区、自然保护区、生活居住区等"。这是一种从具体工作需要出发,对环境一词的法律适用对象或使用范围做出的规定,目的是保证法律的准确实施,它不需要也不可能包括环境的全部含义。

(1) 社会环境 社会环境是人们生活的社会经济制度和上层建筑,包括构成社会的经济基础及其相应的政治、法律、宗教、艺术、哲学和机构等及人类的定居、人类社会发展各阶段和城市建设发展状况等。

它是人类在长期生存发展的社会劳动中形成的,是物质文明和精神文明的标志。

(2) 自然环境 自然环境是环绕于我们周围的各种自然因素的总和,是人类赖以生存和发展必不可少的物质条件。

自然环境所包含的范围指适宜于生物生存和发展的地球表面的一薄层,即生物圈。包括大气圈、水圈和岩石-土壤圈等在内一切自然因素〔如气候(阳光、温度)、地理、地质、水文、土壤、水资源、矿产资源和野生动物等〕及其相互关系的总和。其具体范围包括深度不到 11 公里的海洋(太平洋最深处的马利亚纳海沟位于菲律宾东北,马里亚纳群岛附近的太平洋底深 11034 米)和高度不到 9 公里的地表面(最高山峰珠穆朗玛峰,高 8848 米)以及高出海平面 12 公里内的大气层。它是靠近地壳表面薄薄的、与人类关系最为密切的一层,是人类生存、生活和生产的自然条件和自然资源。我们所研究的环境,指的就是人类环境中的自然环境。

1.1.2 环境要素

环境要素是由构成人类环境整体的各个独立的、性质不同而又服从于其总体演化规律的基本物质组成。包括自然环境要素和人工环境要素。

人工环境要素指综合生产力、技术进步、人工产品和能量、政治体系、社会行为、宗教信仰等要素。自然环境要素指水、大气、生物、土壤、岩石和阳光等要素。各环境要素既相互独立组成环境的结构单元而又相互联系组成整体的环境系统。我们所说的环境要素通常是指自然环境要素。

环境要素组成环境结构单元,环境结构单元又组成环境整体或环境系统。如:水组成水体(河流、湖泊、水库、海洋、地下水等),水体组成水圈(水环境整体);大气组成大气层,全部大气层组成大气圈;土壤组成农田、草地、林地等,岩石组成岩体,全部岩石和土壤组成岩石圈或土壤-岩石圈;生物体组成生物群落,全部生物群落组成生物圈。

1.1.3 环境的基本类型

利用环境资源和改造环境的过程中,需要对不同类型和性质的环境加以区分。

按人类环境中各物质是否有生命分,可分为生命物质和非生命物质。

按中心事物的不同划分,可分为以人类为中心事物,由除人类以外的生物和其他物质作为环境要素所组成的环境;或以人类和其他生物一起作为中心事物,由其他非生命物质作为环境要素所组成的环境。

按组成人类环境的物质来源分,可分为天然环境(也叫生物圈,即由地球在发展、演化过程中形成的,且"赐予"人类的未受人类活动干预或是受轻微干预的物质组成的环境)和人为环境(也叫技术圈,即由人类改造过的或由人类改造的、体现人类文明程度的各种物质,如人工水库、道路、城市、农田等)。

按空间大小来分,可分为车间环境、生活区环境、城市环境、流域环境、全球环境和宇宙环境等。

按组成人类的各种自然要素分,可分为大气环境、土壤环境、水体环境(河流环境、湖泊环境和海洋环境等)等。

按人类生产活动的性质来分,可分为农业环境、工业环境、旅游环境及投资环境等。

不同环境类型间相互紧密关联、重叠并相互影响、作用和制约,形成一个密不可分的整体。一个地区环境或某一类的环境中的有关要素发生有利或不利于维持良好环境条件的变化时,另一地区或另一类环境中的要素也将由此而发生相应的改变。如大气污染导致酸雨的形成,进而造成水污染,最后导致植被破坏。

1.2 环境问题

1.2.1 环境问题概述

环境问题是指因自然变化或人类活动而引起的环境破坏和环境质量变化,以及由此给人类的生存和发展带来的不利影响,其主要包括以下两类。

1.2.1.1 原生环境问题

原生环境问题是指由于自然环境本身变化引起的,没有人为因素或者人为因素很少的环境问题。如火山喷发、地震、台风、海啸、洪水、旱灾、滑坡等引起的环境问题。

原生环境问题不属于环境科学研究的范围。由近年出现的"灾害学"这一新兴学科研究。

1.2.1.2 次生环境问题

次生环境问题是指由于人为因素所造成的环境问题,主要分为生态破坏和环境污染。

(1) 生态破坏 生态破坏是由于不合理地过度开发利用自然资源所造成的,其结果是自然环境的衰退。生态破坏主要表现为不合理地利用土地（为解决粮食问题大量开垦土地）、乱砍滥伐森林资源、过度放牧、过度开采地下水资源和矿产资源、滥采滥捕野生动植物等所造成的土地盐碱化、土地沙化、水土流失、草原退化、地面沉降、资源枯竭、珍惜物种灭绝等。

(2) 环境污染 环境污染是由于在城市生活、工农业生产发展过程中向环境排放大量各种有毒有害废物（废水、废气、废渣及放射性物质等）所引起的。环境污染主要包括由物质造成的直接污染：工业"三废"和生活"三废"；由物质的物理性质和运动性质引起的污染，如热污染、噪声污染（交通）、电磁污染（电视塔、通信设备）、放射性污染。此外，由环境污染还会衍生出许多环境效应，例如二氧化硫造成的大气污染，除了使大气环境质量下降，还是产生酸雨的必要条件。

生态破坏和环境污染这两类问题并不是独立产生的，两者是彼此影响相互作用的。如大量排放不经处理的城市生活污水和工业废水，造成水体的严重污染和水生态环境的破坏，而水体污染又导致可用地表水源的减少，不得不过量开采地下水源，进一步加剧了水资源的短缺问题，而且造成了地面沉降等生态破坏问题。又如对地下矿产资源的不合理过量开采，造成资源的浪费，不加修复而长期裸露地开采矿地（尤其是煤矿）又会产生严重的环境污染问题。

因此，研究环境问题的目的，一方面是为防治人类活动对环境造成的消极影响，防止公害，保护环境，同时也是更好地通过人类活动的积极影响，改善和创造美好的环境，以实现社会经济和环境质量的同步发展。

1.2.2 环境问题发展回顾

环境问题自人类出现以来就开始存在，随着人类社会和经济的发展而发展。回顾环境问题在人类历史上的发展历程，大致可分为如下几个时期。

1.2.2.1 原始人类时期

在原始人类时期，人类穴居生活，以野生动植物为食，使用的是石器工具，生产能力极为有限，对环境的干预和影响极弱，主要是靠自然的恩赐度日。故人类与环境的关系主要表现为人类对环境的适应。

在这个时期，人类对环境的影响比较微小，但确实存在，开始出现环境问题的萌芽。如人类在聚居区周围过量捕采野生动植物，或由于用火不慎使草地森林发生火灾，致使局部区域生物资源遭到严重破坏。但此时人类对环境的影响未超出自然环境的调节能力。

1.2.2.2 农牧业社会时期

随着人类生产能力的发展，原始农牧业时期，人类为了耕种，开始大面积砍伐森林，开垦土地和草原。随着人口的增加，城市的出现和发展，环境问题开始出现。

我国黄河流域曾经森林广布，土地肥沃，是文明的发源地，而在西汉末年和东汉时期，进行大规模开垦，森林骤减，水源得不到涵养，造成水土流失严重，水灾、旱灾频繁发生，土地日益贫瘠。据记载，1949 年之前回溯 2500 年，黄河下游决口 2500 多次，造成无数人丧生。

但这一阶段的人类活动对环境的影响还是局部的、暂时的，因而并未引起人们的普遍重视。

1.2.2.3 工业化时期

18 世纪 60 年代产业革命蓬勃开展，蒸汽机的发明使机器劳动逐步代替人工劳动，生产力水平迅速提高。与此同时，人类也以空前的规模和速度开采和消耗能源及其他自然资源。一方面大规模垦殖、采矿、采伐森林；另一方面毫无顾忌地向自然界排放废弃物。工业化加速了环境问题的产生。

在此阶段初期，人们所使用的主要能源是煤炭，重工业出现，大气中主要污染物是粉尘和二氧化硫。后期能源又增加了石油，大气中氮氧化合物含量增加，出现了光化学烟雾现象。据记载，1873年12月～1892年2月，英国伦敦就多次发生光化学烟雾现象，造成500～2000余人死亡。光化学烟雾是多种大气污染物的混合物，能刺激人和动物的眼睛和黏膜，以及使人产生头痛、呼吸障碍、慢性呼吸道疾病恶化和儿童肺功能异常等。有关光化学烟雾的组成和成因见本书第5章的内容。

到了20世纪20年代至40年代，石油和天然气生产急剧增长，石油在燃料构成中的比例大幅度提高，内燃机的应用在世界各国得到发展。同时，汽车、拖拉机、各种动力机和机车用油的消费量猛增，使石油污染日趋严重。环境问题也进入了发展期，先后发生多次较为严重的污染事件。如1930年12月比利时马斯河谷事件；1943年5～10月美国洛杉矶光化学烟雾事件；1948年10月美国多诺拉事件等。上述事件均被列入20世纪初的环境污染八大公害事件。

1.2.2.4 环境问题泛滥期

20世纪50年代以后，环境问题更加突出，震惊世界的公害事件接连不断，发生著名的"八大公害事件"。此外，世界上还发生了多种突发性的污染事故，其中最闻名的有"六大污染事故"。

1.2.2.5 环境保护时期

随着环境问题的加重，许多国家开始逐渐认识到环境污染的危害性和保护环境的重要性，必须采取措施改善所面临的严重问题。于是，1972年瑞典召开斯德哥尔摩人类环境会议后，发达国家普遍花大力气对环境问题进行治理，并把污染严重的工业转移到发展中国家，较好地解决了国内的环境污染问题。随着发达国家环境状况的改善，发展中国家却开始步发达国家的后尘。

1.2.3 全球性环境问题

前文所述，环境问题包括生态破坏和环境污染两方面。但究其实质，是人类活动对环境的影响，随之而来的是全球的资源枯竭。因此，环境问题是一个综合性问题。

1.2.3.1 人口问题

世界人口的急剧增加是造成当今环境问题首当其冲的原因。据统计，1950年以前全球每年人口增长率不超过1%，1804年人口达10亿，123年后1927年达20亿，又33年后1960年达30亿，又14年后1974年达40亿，又13年后1987年达50亿，2000年突破60亿（62.5亿），由此看来，人口的增长率一直呈上升趋势。而全球总人口的80%在发展中国家。总之，人口问题具有人口迅猛增长、人口素质低下、人口分布不平衡和人口结构不合理等特点。

人类是生产者也是消费者，人类的生产和生活活动都需要大量的资源（矿物、耕地、生物、水等）和能源并向环境排放污染物。人口增加对资源和能源的需求急剧增加，废物排放对环境造成的污染日益严重。

1.2.3.2 生态破坏

人口的增长，生产力的提高，使人类生存的环境遭到严重的破坏。全球升温、臭氧层破坏、土地流失和沙化、森林毁坏、草原退化、物种减少等，都是不容忽视的生态破坏。

(1) 全球升温　19世纪后期至今的一百多年间，全球气温一直呈上升趋势。但直到1989年，联合国环境规划署（UNEP）将"警惕全球变暖"定为当年"世界环境日"的主题，全球变暖问题才引起了全世界的注意。UNEP下属的政府间气候变化委员会（IPCC）在2001年底发表的第三次评估报告中提出：在过去的100多年里，尤其最近50年中，人类活动过度排放温室气体特别是二氧化碳，使其在大气中的含量超出了过去几十万年间的任何时间。温室气体的过量排放使得过去140年中全球平均气温升高了0.4～0.8℃。报告预测，如果不采取措施，在今后的100年里全球的平均气温将可能上升1.4～5.8℃，全球海平面将比目前上升9～88厘米，每年造成的经济损失达3000亿美元。

我国国家科学技术委员会主编的我国气候蓝皮书（《中国科学技术蓝皮书（第5号）》）中指出，近百年我国年平均气温变化大体呈先升后降，降后再升的趋势。1880年到1996年，全国年平均气温的增暖趋势达到0.44℃/100年。据预测，1990年到21世纪中期，总的气候趋势是增暖，特别是2030年后增暖会更明显。

近年来我国出现了暖冬现象，除我国西藏最西部地区没有暖冬外，全国绝大部分地区都有暖冬。北方暖冬较强，平均升温1.0～2.0℃；南方升温稍弱，只有0.5～1.0℃。此外，升温现象在其他季节也普遍存在，普遍规律是冬季升温大于夏季，夜间升温大于白天。

全球气候变暖对生态环境与社会发展的影响不容忽视。

① 海面上升。由气温上升带来的冰川融雪及海水体积膨胀，对沿海地区和岛国的经济发展和生存条件带来很大影响。许多岛国面临消失的危险，如太平洋岛国图瓦卢已向澳大利亚和新西兰提出全国移民的请求。在我国，受影响的主要是南海岛屿和东南沿海城市。南海有些岛屿海拔高度很低，但经济和国防军事方面是十分重要的；而沿海有些地区是我国人口密度最高的地区，也是重要的农业和经济区，国民生产总值占全国的55%，重要的工商业城市如上海、天津、广州和沈阳都坐落在这些区域，这几个城市海拔只有2.2～6.6米。

② 气候带移动。目前我国副热带北界处于秦岭淮河一带，随着气温升高，将来会向北推移到黄河以北，到时候冬季徐州、郑州一带气温会与现在的杭州、武汉相似。气温变化还导致大气运动发生相应的变化，低纬度地区现有雨带降水量会增加，面临洪涝威胁，高纬度地区冬季降雪量也会增多，而中纬度地区夏季降水将会减少，更加干旱，造成供水紧张，加剧沙尘天气。

③ 对生物多样化的影响。气温变化导致生物带、生物群落纬度分布发生变化，使部分动植物和高等真菌等物种处于濒临灭绝、变异的境地。

④ 对农业生产的影响。有利有弊。气温升高的原因之一是温室气体CO_2增多，而CO_2的增加使作物光合作用率提高，能促进作物生长。但是在许多国家，作物的生长都处于最佳或接近最佳的温度环境中，因此对温度的任何上升都十分敏感。在生长季节，温度只升高相对不很大的1℃或2℃，就能引起作物减产。因为升温能够削弱甚至封杀光合作用、妨碍授粉和导致作物干枯脱水，导致作物死亡。因此，高温对主要农作物的有害影响压倒了二氧化碳产生的肥效作用。据菲律宾国际水稻研究所的研究结论，在1992～2003年间，正常温度条件下，气温每升高1℃，小麦、水稻和玉米的产量就会下降。美国的一项结论说明，升温对玉米和大豆产量的影响更甚。气温每升高1℃，产量则下降17%。印度的两名科学家卡维·库马尔和乔蒂·帕里克则评估了温度升高对小麦和水稻产量的影响，得出的结论是：当气温升高2℃时，会导致小麦产量减少37%～58%。

升温使作物全年生长期延长，气候带可能向北移动，使北方地区适合农业耕作，并有利于一年多熟制。如我国冬小麦的安全种植北界将由目前的长城一线北移到沈阳—张家口—包头—乌鲁木齐一线。气候变暖还将使我国作物种植制度发生较大的变化。据计算,到2050年,气候变暖将使大部分目前两熟制地区被不同组合的三熟制取代,三熟制的北界将北移500公里之多,从长江流域移至黄河流域;而两熟制地区将北移至目前一熟制地区的中部,一熟制地区的面积将减少23.1%。但由此所带来的增产相对于高温对作物的危害而言,效果是有限的。

升温可能增加全球水文循环,使全球平均降水量趋于增加,蒸发量也会因全球平均温度增加而增大,这可能意味着未来旱涝等灾害的出现频率会增加。洪水能在一天内将所有田地破坏,同时还会造成水土流失,让曾经肥沃的土地永远消失;干旱则使作物枯死。

(2) 臭氧层的破坏　臭氧是地球大气中一种微量气体,90%的臭氧分布在大气平流层内,形成臭氧层,如果压缩成一个标准大气压,臭氧层总厚度只有3毫米左右。臭氧层吸收太阳紫外辐射把电磁能转变为热能,使平流层大气因吸收太阳短波辐射而增温,使生命得以持续下去。它有强烈吸收太阳紫外辐射的功能(吸收约70%~90%以上),特别是吸收对人类健康有害的UV-B段紫外线,使生命免受伤害。从地球生命的历史看,直到臭氧层形成之后,生命才有可能在地球陆地上生存、延续和发展,所以臭氧层是地表生物系统的保护伞。

① 臭氧层破坏。1984年英国科学家法尔曼等人在南极哈雷湾观测站首次发现南极上空臭氧层出现空洞。1985年美国"雨云-7"号气象卫星测出南极臭氧空洞面积与美国领土相等。后几年发现,南极臭氧每到春季9月开始减少,11月中旬消失。1998年历史上空洞面积最大,超过了北美洲面积,维持时间也最长,超过了100天。

后来,北极以及其他地区也先后出现了臭氧层耗损。北极地区每年1月到2月臭氧浓度有所降低。我国青藏高原每年6月到9月也发现该现象。总体上说,全球臭氧总浓度正在减少。

臭氧浓度降低的原因主要是人类过多使用氯氟烃类物质,典型的是氯氟烃(氟里昂)和哈龙。氯氟烃也称氟里昂,是美国人托马斯发明的人造化学物质,其化学性质稳定,无毒,不腐蚀,不燃烧,应用于冰箱、空调的制冷剂,干洗溶剂,泡沫塑料的原料,消毒剂,食品凝固剂等,但其破坏臭氧层,在大气中平均寿命达数百年。哈龙是一种灭火剂,效果好,无污染,毒性小。但其含溴,使用中产生气体破坏臭氧层,在大气中寿命达几十年。另外,飞机排放的NO、化肥的使用释放出N_2O、核武器试验排放的废物等都会破坏臭氧层。

② 臭氧层破坏造成的影响。臭氧层破坏对人类健康造成直接影响。人们直接暴露于UV-B辐射中的机会增加了,皮肤癌发病率上升。臭氧浓度每降低1%,皮肤癌患病率将增加2%。如果臭氧含量下降2.5%,则世界每年将多增加1.5万人死于皮肤癌。紫外线增加还能伤害眼睛,造成白内障而导致失明,也可能损伤人体免疫系统,降低抗病能力。

臭氧层破坏对植物造成影响。增强紫外辐射使包括农作物在内的大部分植物不同程度受伤害。通过对200多种植物进行试验发现,其中2/3的植物对强紫外线敏感,其中90%是农作物,特别是豆类、瓜类和白菜科。强紫外线使叶片变小,影响植物种子,使其抗病能力下降等。臭氧减少25%所引起的紫外辐射增加,能使大豆产量下降20%~25%,同时大豆种子中蛋白质和植物油含量也分别下降5%和2%。

臭氧层破坏对水生系统也造成影响。UV-B辐射对鱼、虾、蟹两栖动物和其他动物的早期发育阶段都有影响,最严重的影响是繁殖力下降和幼体发育不全。在紫外辐射增强20%的情况下,生活在水深10米以上的鱼的幼体将全部死亡,浮游生物和鱼类幼体的死亡将引起食物链的中断,并进一步扰乱整个海洋生态系统。

臭氧层破坏还使对流层气温上升而平流层气温下降，导致大气环境变化，近地面气候变化可能更强烈。另外，紫外线增强会加速建筑物、喷涂、包装及电线电缆等所用材料（尤其是高分子材料）的分解、老化和变质，使其变硬变脆，缩短使用寿命。由于这种破坏造成的损失全球每年达数十亿美元。

(3) 土地流失和沙化　土地流失和沙化是人为破坏森林、草地和湿地造成的。全世界水土流失面积占陆地面积17%，农田损失1/5的表土。地球10%土地变沙漠，25%以上的土地正受到沙漠化的威胁。土地流失和沙化，减少可利用的土地面积，减少土地的产出，降低养育人口的能力，从而引起粮食短缺甚至饥荒等问题。

1.2.3.3　环境污染

在环境问题发展历程中，环境污染问题由原来的局部地区扩展到全球范围，并成为破坏生态环境和阻碍社会经济发展的重要因素。

环境污染主要表现为水体污染、大气污染、固体废物污染、噪声污染、核辐射污染等。

(1) 水体污染

① 淡水污染。河流、湖泊等淡水资源受到的污染主要来源于城市生活污水、企业工业废水的排放，农业地表径流等。其特点是污水量加剧，污染物种类越来越多。据世界银行的报告估计，由于水污染和缺少供水设施，全世界有10亿多人口无法得到安全的饮用水。

② 海洋污染。近几十年来，工业化国家大规模地开发海洋的各种资源，并向海洋排放大量废弃物，造成海洋生物资源的过度利用和海洋污染日趋严重，导致了全球范围的海洋环境质量和海洋生产力的退化。

其污染来源主要有城市污水和农业径流、空气污染、船舶排污以及倾倒垃圾等。污染物种类包括石油及其产品、重金属和酸碱、农药、有机物质和营养盐类、放射性核素、固体废物、废热等。海上油井管道泄漏、油轮事故、船舶排污等造成的石油污染使海洋生物大量死亡；来自大气中汞和河流中的铜、锌、钴、镉、铬、砷、硫、磷和各种酸碱是造成海洋重金属和酸碱污染的原因；农药则在海洋生物体内富集，通过食物链进入人体，使人中毒或致癌；有机物质和营养盐类使海水富营养化；由核武器试验、核工业和核动力设施释放出来的人工放射性物质，进入海洋生物体，通过食物链进入人体；工业和城市垃圾、船舶废弃物损害水生资源，破坏海岸景观；工业排放的热废水减少水中溶解氧，破坏生态平衡。

(2) 大气污染　世界上发生过的严重"公害事件"中大多数是大气污染造成的。大气污染危害人体健康，影响动植物生长，损坏经济资源，破坏建筑材料，严重时会改变地球的气候，比如增强温室效应，破坏臭氧层，形成酸雨等。

造成大气污染的主要物质是飘尘、二氧化硫、氯化物、一氧化碳、氮氧化物等。目前，全球人口70%（主要在发展中国家）所呼吸的空气中的悬浮颗粒物不符合卫生标准，另有10%的人呼吸的空气处于"临界"水平。二氧化硫引起酸雨，使世界各地6.25亿人健康受损；汽车尾气造成"光化学烟雾"，对人类造成强烈的刺激和毒害作用。

(3) 固体废物污染　固体废物是指在社会的生产、流通、消费等一系列活动中产生的一般不再具有原使用价值而被丢弃的以固态和半固态存在的物质。全球每年排放固体废物6亿多吨，累积占地6万多公顷。

固体废物的类型包括工业固体废物、城市固体废物、农业固体废物、放射性固体废物和有害固体废物。

固体废物侵占土地，污染土壤、水体和大气，影响环境卫生，威胁人们的健康。工业固体废物，特别是有害的固体废物，经过风化、雨雪淋溶、地表径流的侵蚀，产生高温、有毒液体和气体进入土壤、水体和大气，能污染地下水，杀害土壤中的微生物，破坏其腐解能力，导致草木不生；部分废弃物被微生物分解向大气释放有害气体；流进水体长期淤积使水面面积缩小，造成水体污染。我国20世纪80年代以来，工业固体废物的产生量相当迅速，许多城市利用大片城郊边缘的农田来堆放，从卫星地球照片上能看见围绕着城市的大片白色垃圾。个别城市的垃圾填埋场周围地下水浓度、色度、总细菌数、重金属含量等严重超标。

（4）噪声污染　随着工业的飞速发展和城市人口的迅速增长，噪声也越来越强。噪声是扰乱人民正常生活和工作的社会公害。据统计，20%～30%的城市居民生活在噪声超过65分贝的环境里（超过40分贝可能会产生危害）。人长时间工作、生活在噪声很大的环境中，对中枢神经系统的刺激大，严重者会导致中枢神经系统功能紊乱，使人感到头疼、头晕、耳鸣、失眠多梦、全身疲乏无力，易患消化不良、胃溃疡、高血压、冠心病、动脉硬化。

（5）核辐射污染　纵观历史，第二次世界大战期间美国在日本广岛长崎投下原子弹，除了核爆炸本身所造成的破坏以外，核辐射更给人们带来了无尽的痛苦；1986年前苏联切尔诺贝利核电站泄漏事故使上万人受到伤害。

随着核材料使用的推广，核辐射对于环境的污染是全世界都应该重视的问题。目前，在供热、发电、船舶和潜艇动力工业常使用核燃料作为动力，在工业三废的后处理环节存在泄漏辐射的隐患。而核研究单位、科研中心、医疗机构长期使用放射性同位素，给工作人员的人身健康带来危害。

核辐射对人的危害极大，强烈的辐射可造成死亡，轻微辐射有可能引起肿瘤、白血病、遗传障碍等。

总之，生态破坏和环境污染已对人类生存的安全和持续性构成严重的威胁。据世界卫生组织报告，全球每年死亡的4900万人口中，由于环境恶化所致者占3/4。

1.2.3.4　资源枯竭

资源包括能源、土地、森林、草原、耕地、水体（河流、湖泊、海洋、地下水）以及生物、矿物等。

资源是有限的，人口过多，超过地球环境的合理承载力，如果对自然资源的利用不加珍惜，对自然环境的破坏和污染不加修复，人类的长期生存和发展也将难以为继。

（1）土地资源　人口急剧增加、严重的土壤侵蚀、城市规模的扩大，造成世界人均耕地占有量逐年减少，可耕地资源在许多地区已近枯竭。城市化所占用的多是高产的良田。20世纪最后20年间，发展中国家城市面积增加1倍，即从800万公顷增加到1700万公顷，这意味着每年占用47.5万公顷农田用于城市建设。人类活动破坏了植被，造成土壤侵蚀。据估计每年因土壤侵蚀而丧失的耕地为600万～700万公顷。

（2）水资源　全球各类污水排放量的增加引起水体严重污染，造成可利用水量锐减，同时人口的增加及工农业生产的发展对用水量需求急剧增加。

虽然全球有效淡水量不及总水量的1%，但仍可满足约200亿人口低水平需要。由于人口分布和降水时空分布都极不均匀，使不少国家和地区不时遇到缺水的困难。目前全世界43个国家和地区缺水，其中包括中国。全球富水国和贫水国水量情况见表1-1。

（3）森林资源　全球森林面积已由3.33亿公顷减少至2.67亿公顷左右。2000多年前，我国森林覆盖面积50%以上。现在，《2004年中国国土绿化状况公报》根据第六次全国森林资源清查结果，全国森林面积1.75亿公顷，森林覆盖率18.21%。森林资源的减少，破坏了无数动植物赖以生存的家园，成为全球物种减少乃至枯竭的原因之一，而且削弱了对全球气候的调节作用。

表 1-1　全球富水国和贫水国总水量和人均水量

	富水国家				贫水国家		
排名	国家	总水量/(千立方米/年)	人均量/(千立方米/年)	排名	国家	总水量/(千立方米/年)	人均量/(千立方米/年)
1	加拿大	3122	121.93	1	马尔他	0.025	0.07
2	巴拿马	144	66.06	2	利比亚	0.700	0.19
3	尼加拉瓜	175	53.48	3	巴巴多斯	0.053	0.20
4	巴西	5190	38.28	4	阿曼	0.660	0.54
5	厄瓜多尔	314	33.48	5	肯尼亚	14.800	0.72
6	马来西亚	456	29.32	6	埃及	56.000	1.20
7	瑞典	183	22.11	7	比利时	12.500	1.27
8	喀麦隆	208	21.41	8	南非	50.000	1.54
9	芬兰	104	21.33	9	波兰	58.800	1.57
10	俄罗斯	4714	16.93	10	海地	11.000	1.67
11	印度尼西亚	2530	15.34	11	秘鲁	40.000	2.03
12	奥地利	90	12.02	12	印度	1850	2.43
13	美国	2478	10.43	13	中国	2680	2.52

1.2.4　我国的环境问题

1.2.4.1　人口面临的问题

2005年，我国总人口突破13亿。而根据国家统计局2008年2月28日发布的"2007年国民经济和社会发展统计公报"，2007年年末全国总人口为132129万人。目前，人口过快增长的势头得到有效控制，开始进入低生育水平的发展阶段；人口素质进一步提高；人口老龄化进程加快；少数民族人口有较快增长；家庭户规模继续缩小。

但是，我国依然面临庞大的人口压力。人口数量增长对资源、环境的压力持续增大。我国许多资源、能源储量丰富，位居世界前列，如煤储量世界第三，农业产量第一，但其人均拥有量远低于世界平均水平。人均耕地、淡水、森林和草地资源的占有量均不到世界平均水平的三分之一。资源分布不平衡加剧了供求矛盾。

1.2.4.2　生态破坏和资源枯竭严重

(1) 森林资源和草原　第六次全国森林资源清查（1999～2003年）结果：我国现有森林面积1.75亿公顷，森林覆盖率18.21%，森林蓄积量124.56亿立方米，相比于1949年的8.6%，森林覆盖率已有明显增长。

但森林资源保护和发展的问题依然十分突出。第一，森林资源总量不足。我国森林覆盖率仅相当于世界平均水平的61.52%，居世界第130位。人均森林面积0.132公顷，不到世界平均水平的1/4，居世界第134位。第二，森林资源分布不均。东部地区森林覆盖率为34.27%，中部地区为27.12%，西部地区只有12.54%，而占国土面积32.19%的西北5省（区）森林覆盖率只有5.86%。第三，森林资源质量不高。全国林分平均每公顷蓄积量只有84.73立方米，相当于世界平均水平的84.86%，居世界第84位。林分平均胸径（大约在距地面1.3米处的树干直径）只有13.8厘米，林木龄组结构不尽合理。人工林经营水平不高，树种单一现象还比较严重。第四，林地流失依然严峻。清查间隔期内有1010.68万公顷林地被改变用途或征占改变为非林业用地，全国有林地转变为非林地面积达369.69万公顷，年均达 73.94 万公顷。第五，林木过量采伐仍相当严重。一方面可采资源严重不足，另一方面超限额采伐问题依然十分严重，全国年均超限额采伐量达 7554.21 万立方米。

我国是草原资源大国，拥有各类天然草地 3.9 亿公顷，约占国土面积的 40%，但人均占有面积仅为 0.33 公顷，约为世界人均占有面积的 1/2 左右。草原开发利用中存在不少问题。首先，草原资源数量在减少，我国每年净减草地达到 65 万～70 万公顷。其次，草原资源质量退化。由于长期过度放牧，草地生态环境恶化，退化速度为 0.5%（世界平均 0.1%）。此外，草原资源还存在综合生产能力下降、鼠虫害严重、火灾频繁等问题。

(2) **水土流失，沙漠扩大** 我国水土流失面积达 367 万平方公里，占国土面积的 38%。黄土高原水土流失面积高达 90%。黄土高原曾是"林草丰茂"的肥沃之地，如今是我国最贫困的地区之一。我国每年由于水土流失损失的土壤达 50 亿吨，导致严重的土地贫瘠化、荒漠化、洪涝灾害问题。

(3) **耕地资源的浪费** 我国人均耕地面积 0.08～0.1 公顷，是世界平均水平的 30%～40%，接近联合国规定的人均耕地危险水平 0.053 公顷。

究其原因，主要是土地沙化退化，工业、交通和城市建设占用，违法征地，盲目兴建"开发区"等。

(4) **水资源短缺** 我国水资源总量较大，位居世界第六，但人均占有量仅为世界人均占有量的 25% 左右，位居世界第 110 位。人均水资源拥有量低于国际公认的缺水指标极限 500 立方米。严重缺水的有北京、天津、河北、山西、上海、江苏、山东、河南、宁夏 9 个省、自治区和直辖市。

我国水资源时空分布不均匀，80% 的地表水和 70% 的地下水分布在长江流域及其以南地区，三北地区只占 18%。自然降水的 70% 集中在汛期的 3～4 个月内，加剧了南涝北旱灾害，加重了北方地区的缺水状况。

1.2.4.3 环境污染形势严峻

(1) **水体污染** 近几年我国废水排放 350 亿～400 亿立方米，其中 70% 为工业废水。所排放的废水达标率极低，工业废水达标处理率为 20%～30%，城市污水达标处理率仅为 5%～10%。

大量废水的肆意排放造成我国水体污染十分严重。我国七大水系中的辽河、海河、淮河以及巢湖、滇池、太湖三大著名湖泊的有毒有害污染、有机物污染及富营养化污染极其严重。我国对全国 53000 公里河段进行调查的结果显示，23.3% 的河水因受到污染不能用于农业灌溉，仅 14.1% 的河段符合饮用水水源和渔业用水标准。而我国的地下水资源中，有 50% 受到不同程度的污染。

我国每年因水污染而造成的经济损失达 400 亿元。

(2) **大气污染** 我国的大气污染主要是烟煤型污染。我国煤的消耗占总能源消耗量的 80% 左右。全国每年产生烟尘 1300 万～1900 万吨，二氧化硫排放量 1900 万～2000 万吨，废气排放量 10 亿多立方米。全国 600 多个城市中，符合国家一级大气质量标准者不到 1%，个别城市甚至在卫星图上消失。

20 世纪 80 年代初，我国重庆和贵州首先被列为酸雨（pH 多低于 5.0）污染区。而如今，长沙、南昌、厦门、福州、上海、青岛等地区也被列入其内，酸雨区面积达国土面积的 29%。

我国每年仅由酸雨和二氧化硫污染造成的经济损失就达 1100 亿元。

(3) **固体废物污染** 全国年固体废物的产量约达 6.5 亿吨，累计堆积量已达 66.4 亿吨，占地 5.5 万多公顷。固体废物的不适当处置，不仅要占用大量的土地资源，而且将引起严重的环境污染问题。据粗略估计，我国每年因固体废物造成的经济损失及可利用而又未充分利用的废物资源价值达 300 亿元。

（4）城市噪声污染　城市噪声由城市交通运输和城市建设事业的不断发展造成。我国约有 2/3 的城市人口暴露在较高的噪声环境中。

（5）乡镇企业污染　改革开放以来，我国乡镇企业发展迅速，创造了很大的经济效益，已成为我国工业总产值的"半壁江山"。但由于不少乡镇企业工艺落后、技术管理薄弱、资源利用率低，加之乡镇企业量大面广、星罗棋布，环保执法力度较差，从而给广大乡镇地区的环境带来了严重的污染。由乡镇企业带来的污染，典型的就是震惊全国的淮河污染事故。

20 世纪淮河流域的人民对淮河水质历史的一句民谣："50 年代洗衣洗菜，60 年代水质变坏，70 年代鱼虾绝代，80 年代不能洗马桶盖。"生动地反映了淮河水水质下降的过程。从 20 世纪 80 年代起，淮河上游河南和安徽段许多小造纸厂、酿造厂、化工厂、小皮革厂、电镀厂等耗水量大、污染严重、经济效益差的行业迅速发展，采用城市工业淘汰的简陋设备，工艺落后，又没有治理设施，使大量高浓度废水直接排入水体。另外工业结构不合理，小工业星罗棋布，往往一个小厂便能污染一条河。同时淮河还被当作生活污水的排水道。水不能用，更不能吃。使 2/3 河段几乎完全丧失使用价值。

1.3　环境保护

环境保护是指采取行政的、法律的、经济的、科学技术的多方面措施，合理地利用自然资源，防止环境污染和破坏，以求保持和发展生态平衡，扩大有用自然资源的再生产，保障人类社会的发展。

1.3.1　世界环境保护的发展历程

（1）限制污染物排放阶段　20 世纪 50 年代，前后相继发生震惊世界的八大公害事件，使人们认识到污染物的大量排放对人类健康的巨大危害，但限于当时人们的认识水平，把那些严重的污染事件看作局部地区发生的"公害"，只是采取限制燃料使用量和污染物排放时间的一些限制性措施。

（2）被动末端治理阶段　20 世纪 60 年代，发达国家环境污染问题日益突出，工业污染物大量排放引起水体、大气和土壤等的严重污染。许多国家以污染控制为目的，采取行政措施和法律手段对"三废"进行治理，通过大量投资，在一定程度上使局部地区的环境污染问题得到控制，但仍属于"头疼治头，脚痛医脚"式的末端治理措施，收效不显著。

（3）综合防治阶段　20 世纪 70 年代，社会公众对环境质量改善的呼声日渐高涨。1970 年 4 月 22 日，美国 2000 所高校和 1 万所中小学以及众多社会团体举行集会，高举受污染的地球模型，高喊环境保护口号，进行游行、演讲、宣传。这项活动得到了联合国的首肯，4 月 22 日被确定为"世界地球日"。这项运动拉开了人类环境保护运动的序幕。

1972 年 6 月 5 日，"联合国人类环境会议"在瑞典首都斯德哥尔摩召开，共有 113 个国家和一些国际机构的 1300 多名代表参加了会议，其中包括我国代表。这是联合国首次研讨保护人类环境的会议，也是国际社会就环境问题召开的第一次世界性的会议，是世界环境保护史上的里程碑。会议的目的是通过国际合作为从事保护和改善人类环境的政府和国际组织提供帮助，消除环境污染造成的危害。会议总结了环境保护理论和现实问题，制定了对策和措施（环境保护也由单纯治理转向预防为主、防治结合），并呼吁各国政府和人民为环保努力。联合国大会决议通过每年6月5日为世界环境日。

(4) 经济与环境协调发展阶段　进入20世纪80年代，臭氧层耗竭等全球性环境问题出现，解决环境问题需要各国共同行动。1992年6月3日至14日，"联合国环境与发展大会"在巴西里约热内卢举行。会议以"环境保护和经济发展相协调、走持续发展的道路"为基调。会议标志人类对环境问题的认识上升到了一个新的高度，是环境保护史上第二座里程碑。大会通过《里约环境与发展宣言》和《21世纪议程》。

1.3.2　我国的环境保护发展历程

(1) 环保事业萌芽阶段（1949～1972年）　我国建国初期，人口较少，环境问题为局部的生态破坏和环境污染，与经济建设之间的矛盾不突出。20世纪50年代末到60年代初的"大跃进"时期，全民大炼钢铁，国家大办重工业，环境问题比较严重。1966年文化大革命时期加剧。

这一时期环境问题的主要根源是经济建设强调数量，忽视质量，追求产值，不注意经济效益，导致资源浪费和环境污染；城市盲目发展加剧污染；为解决吃饭问题，毁林毁草、围湖围海造田。

(2) 环保事业起步阶段（1973～1978年）　20世纪50年代至70年代，我国相继颁布了有关文化古迹保护、矿产资源保护、水土保持、野生动物资源保护等一系列法规，并于70年代开始了"三废"治理工作。

1972年6月5日，在周恩来总理的指示下，我国派代表团参加了在斯德哥尔摩召开的联合国人类环境会议。通过会议，我国高层决策者开始认识到我国存在着严重的环境问题。

1973年8月5日至20日，国务院召开第一次全国环境保护会议。会议向全国人民、全世界表明了我国认识到存在环境污染，并且已到了比较严重的程度，并有决心去治理污染。做出了"现在就抓，为时不晚"的明确结论。会议审议通过了"全面规划、合理布局、综合利用、化害为利、依靠群众、大家动手、保护环境、造福人民"的环境保护工作32字方针，审议通过了我国第一个环境保护文件——《关于保护和改善环境的若干规定》。我国环境保护事业开始起步。

1974年10月25日，国务院环境保护领导小组正式成立。

1978年3月，五届人大一次会议通过的《中华人民共和国宪法》规定："国家保护环境和自然资源，防治污染和其他公害。"这是我国第一次在宪法中对环境保护做出明确规定。

(3) 环保事业发展阶段（1979～1992年）　党的十一届三中全会以后，1979年9月，五届人大常委会第十一次会议原则通过《中华人民共和国环境保护法（试行）》并予以颁布，这是我国环境保护的基本法。我国环境保护工作开始走上法制化轨道。

1983年12月，我国第二次全国环境保护会议宣布"环境保护是我国的一项基本国策"。标志着我国环境保护工作进入发展阶段。

1989年4月，我国第三次全国环境保护会议总结确定了八项有中国特色的环境管理制度。其中包括排放污染物许可证制度、环境影响评价制度、"三同时"制度、排污收费制度等。

(4) 可持续发展时代的我国环境保护（1992年以后）　我国在1992年里约热内卢会议之后，于1994年通过了《中国21世纪议程》。

1996年7月，我国第四次全国环境保护会议开始实施《中国跨世纪绿色工程规划（第一期）》和《全国主要污染物排放总量控制计划》。全国开始展开了大规模的重点城市、流域、区域、海域的污染防治及生态建设和保护工程。环保工作进入了崭新的阶段。

1999年，我国召开"中央人口资源环境工作座谈会"，讨论人口、资源、环境的关系。

2002年1月，我国召开第五次全国环境保护会议。其目标为减轻环境污染；二氧化硫排放量减少20%；加强生态保护。

2006年4月17日至18日，我国召开第六次全国环境保护会议。会议明确了"十一五"环境保护的指导思想和目标，即到2010年，在保持国民经济平稳较快增长的同时，使重点地区和城市的环境质量得到改善，生态环境恶化趋势基本遏制。单位国内生产总值能源消耗比"十五"期末降低20%左右；主要污染物排放总量减少10%；森林覆盖率由18.2%提高到20%。

1.4 环境工程学

1.4.1 环境科学

1.4.1.1 环境科学的主要任务

环境科学是研究人类赖以生存的环境各要素及其相互关系，包括人类在认识和改造自然中人和环境之间相互关系的科学。

环境科学主要探索全球范围内环境演化的规律；揭示人类活动同自然生态之间的关系；探索环境变化对人类生存的影响；研究区域环境污染综合防治的技术措施和管理措施等。

1.4.1.2 环境科学的分支学科

环境科学主要是运用自然科学和社会科学的有关学科的理论、技术和方法来研究环境问题。在与有关学科相互渗透、交叉中形成了许多分支学科。属于自然科学方面的有环境地学、环境生物学、环境化学、环境物理学、环境医学、环境工程学；属于社会科学方面的有环境管理学、环境经济学、环境法学等。

（1）环境地学　环境地学以人—地系统为对象，研究它的发生和发展，组成和结构，调节和控制，改造和利用。主要研究内容有：地理环境和地质环境等的组成、结构、性质和演化，环境质量调查、评价和预测，以及环境质量变化对人类的影响等。

（2）环境生物学　环境生物学研究生物与受人类干预的环境之间的相互作用的机理和规律。环境生物学以研究生态系统为核心，向两个方向发展：从宏观上研究环境中污染物在生态系统中的迁移、转化、富集和归宿，以及对生态系统结构和功能的影响；从微观上研究污染物对生物的毒理作用和遗传变异影响的机理和规律。

（3）环境化学　环境化学主要是鉴定和测量化学污染物在环境中的含量，研究它们的存在形态和迁移、转化规律，探讨污染物的回收利用和分解成为无害的简单化合物的机理。它有两个分支：环境污染化学和环境分析化学。

（4）环境物理学　环境物理学研究物理环境和人类之间的相互作用。主要研究声、光、热、电磁场和射线对人类的影响，以及消除其不良影响的技术途径和措施。声、光、热、电、射线为人类生存和发展所必需。但是，它们在环境中的量过高或过低，就会造成污染和危害。

（5）环境医学　环境医学研究环境与人群健康的关系，特别是研究环境污染对人群健康的有害影响及其预防措施，包括探索污染物在人体内的动态和作用机理，查明环境致病因素和致病条件，阐明污染物对健康损害的早期反应和潜在的远期效应，以便为制定环境卫生标准和预防措施提供科学依据。环境医学的研究领域有环境流行病学、环境毒理学、环境医学监测等。

(6) 环境工程学　环境工程学是运用工程技术的原理和方法，防治环境污染，合理利用自然资源，保护和改善环境质量。主要研究内容有大气污染防治工程、水污染防治工程、固体废物的处理和利用、噪声控制等，并研究环境污染综合防治，以及运用系统分析和系统工程的方法，从区域环境的整体上寻求解决环境问题的最佳方案。此外，环境工程学还研究控制污染的技术经济问题，开展技术发展的环境影响评价工作。

(7) 环境管理学　环境管理学研究采用行政的、法律的、经济的、教育的和科学技术的各种手段调整社会经济发展同环境保护之间的关系，处理国民经济各部门、各社会团体和个人有关环境问题的相互关系，通过全面规划和合理利用自然资源，达到保护环境和促进经济发展的目的。

(8) 环境经济学　环境经济学研究经济发展和环境保护之间的相互关系，探索合理调节人类经济活动和环境之间的物质交换的基本规律，其目的是使经济活动能取得最佳的经济效益和环境效益。

(9) 环境法学　环境法学研究为保护环境与自然资源而制定各种环境保护法规的必要性、制定法规的依据和程序。

环境是一个有机的整体，环境污染又是极其复杂的、涉及面相当广泛的问题。因此，在环境科学发展过程中，环境科学的各个分支学科虽然各有特点，但又互相渗透，互相依存，它们是环境科学这个整体不可分割的组成部分。

1.4.2　环境工程学的发展简史

1.4.2.1　环境工程学

环境工程学作为环境保护科学的学科分支之一，是一门新兴的综合性工程技术学科。它利用工程技术的原理和方法，治理环境污染，保护和改善环境质量，并运用系统工程的方法，研究合理利用自然资源，从整体上解决环境问题的技术途径和技术措施。它是环境保护工作中的重要"硬件"之一。

1.4.2.2　环境工程学的基础

环境工程学是人类在解决环境污染问题的过程中逐步发展并形成的，它主要以土木工程、公共卫生工程及有关的工业技术等学科为其形成和发展的基础。

(1) 土木工程　土木工程是研究建筑、道路和桥梁等公用设施的规划、设计和营造的工程技术学科，而给水排水工程则是其重要的研究内容。给水排水工程是解决和防治水污染的重要技术措施和途径。

从开发和保护水源来说，我国早在公元前 2300 年前后就创造了凿井技术，促进了村落和集市的形成。后来为了保护水源，又建立了持刀守卫水井的制度。从给水排水工程来说，我国在公元前 2000 多年以前就用陶土管修建了地下排水道。古代罗马大约在公元前 6 世纪开始修建地下排水道。我国在明朝以前就开始采用明矾净水。英国在 19 世纪初开始用砂滤法净化自来水；在 19 世纪末采用漂白粉消毒。在污水处理方面，英国在 19 世纪中叶开始建立污水处理厂；20 世纪初开始采用活性污泥法处理污水。此后，给水排水工程逐渐发展起来，形成一门技术学科。

(2) 公共卫生工程　公共卫生是关系到一国或一个地区人民大众健康的公共事业，是通过评价、政策发展和保障措施来预防疾病、延长人的寿命和促进人的身心健康的一门科学和艺术。具体内容包括对重大疾病尤其是传染病（如结核、艾滋病、SARS 等）的预防、监控和医治；对食品、药品、公共环境卫生的监督管制，以及相关的卫生宣传、健康教育、免疫接种等。例如对 SARS 的控制预防治疗属于典型的公共卫生职能范畴。

（3）其他　环境工程涉及的领域不断扩大，使之成为涉及土木工程技术、生物生态技术、化工技术、机械工程、系统工程技术等一系列学科的综合性学科并日益完善。

我国自 1978 年开始把环境工程学纳入科学技术体系，列为我国 25 门技术学科之一，并成为高校专业教育中的一个新兴专业。目前，我国已有 50 多所院校开设了环境工程专业，许多学校开设环境工程选修课程，标志着环境工程已在我国成为一门较为完善的学科。

1.4.3　环境工程的主要研究内容
1.4.3.1　环境污染防治工程

环境污染防治工程主要研究环境污染防治的工程技术措施，并将其应用于污染的治理。既包括局部污染防治，又包括污染的综合防治。环境污染防治工程具体包括水污染防治工程、大气污染防治工程、固体废物污染防治工程、噪声与振动控制等。

（1）水污染防治工程　水污染防治工程研究水体的自净规律及其利用、城市和工业废水治理的技术措施和水污染的综合防治等。通过对城市和工业废水的处理来预防和治理水体污染；通过合理的系统规划改善和保护水环境质量、合理利用水资源。

（2）大气污染防治工程　大气污染防治工程研究由人类消费活动中向大气排放的有害气态污染物的迁移转化规律，及应用技术措施削减和去除各种污染物。主要研究领域有大气质量管理、烟尘治理技术、气体污染物治理技术及大气的综合防治（如酸雨）等。

（3）固体废物污染防治工程　固体废物污染防治工程研究工业废渣和城市垃圾等的减量化、资源化和处理处置的技术工艺措施。

（4）噪声与振动控制　噪声与振动控制研究声源控制及隔音消声等工程技术措施。

1.4.3.2　环境系统工程

环境系统工程以环境科学理论和环境工程的技术方法，运用现代管理的数学方法和计算机技术，对环境问题进行系统的分析、规划和管理，以谋求从整体上解决环境问题，优化环境与经济发展的关系。其主要研究内容和对象为环境系统的模式化和优化，如土地资源的合理利用和规划问题、城市生态工程规划问题等。

1.4.3.3　环境质量评价

环境质量评价是一项比较新的工作，是对工程项目或某一地区的发展规划对环境所造成的现有和将来潜在的影响，从整体上进行评价，并提出寻求保护和改善环境及自然资源的新途径和技术方法，并为规划的优化及环境保护措施的实施和管理提供科学的依据。环境质量评价可分为对环境质量现状评价和工程建设项目对环境的影响评价。

根据需要评价的时间段不同，环境质量评价可分为"回顾评价"、"现状评价"和"预测评价"三种。回顾评价可以分析当地环境的演变过程和变化规律，找出对环境影响的因素；现状评价可以了解环境质量的现实状况，评定污染源的分布和污染范围；预测评价可以了解环境状况的发展趋势，环境容量的情况，为制定发展规划提供依据。评价依据当地的历史环境监测数据，当地的气候气象数据，地质微量元素数据，水文、水质量数据等。由于任何城镇规划都应以人的生活舒适程度为主要原则，所以都离不开当地环境质量评价。

知识拓展

1. 光化学烟雾

氮氧化物（NO_x）主要是指 NO 和 NO_2。NO 和 NO_2 都是对人体有害的气体。氮氧化物和碳氢化合物（HC）

在大气环境中受太阳紫外线强烈的照射后发生光化学反应而产生二次污染物，这种由一次污染物和二次污染物的混合物所形成的烟雾现象，称为光化学烟雾。人和动物受到的主要伤害是眼睛和黏膜受刺激、头痛、呼吸障碍、慢性呼吸道疾病恶化、儿童肺功能异常等。

2. 放射性污染

核能的作用是发电、巨型工程建设和开采地下资源中应用核爆炸。核能的生产和利用会产生大量的核废物，其半衰期有的可长达几千年乃至几万年。核电站排放的大量热水可造成附近水域的热污染而破坏水体生态环境。

3. 有机氯化物污染

产生原因是有机合成化学物的大量使用。其中六六六、滴滴涕（DDT）、多氯联苯可通过空气、水体、人体、动物体等传播，毒害鱼类、农作物，进入牲畜体内可使肉、乳受到污染。

4. 废电池对环境的危害

有报道称电池对环境的污染很严重，一节电池可以污染数百立方米的水。电池主要含铁、锌、锰等，此外还含有微量的汞，汞是有毒的。还有报道笼统地说，电池含有汞、镉、铅、砷等物质，这是不准确的。事实上，群众日常使用的普通干电池生产过程中不需添加镉、铅、砷等物质。处理这些集中存放废电池的办法是按照危险废弃物的处理方法集中填埋或存放。

5. 八大公害事件

（1）比利时马斯河谷烟雾事件　1930年12月1日至5日，比利时马斯河谷工业区内13个工厂排放的大量烟雾弥漫在河谷上空无法扩散，使河谷工业区有上千人发生胸疼、咳嗽、流泪、咽痛、呼吸困难等，一周内有60多人死亡，许多家畜也纷纷死去，这是20世纪最早记录下的大气污染事件。主要污染物：烟尘及SO_2。

（2）美国多诺拉烟雾事件　1948年10月26日至31日，美国宾夕法尼亚州多诺拉镇持续雾天，而这里却是硫酸厂、钢铁厂、炼锌厂的集中地，工厂排放的烟雾被封锁在山谷中，使6000人突然发生眼痛、咽喉痛、流鼻涕、头痛、胸闷等不适，其中20人很快死亡。这次烟雾事件主要由二氧化硫等有毒有害物质和金属微粒附着在悬浮颗粒上，人们在短时间内大量吸入了这些有害气体，以致酿成大灾。主要污染物：烟尘及SO_2。

（3）伦敦烟雾事件　1952年12月5日至8日，伦敦城市上空高压，大雾笼罩，连日无风。而当时正值冬季大量燃煤取暖期，煤烟粉尘和湿气积聚在大气中，使许多城市居民都感到呼吸困难、眼睛刺痛，仅四天时间内死亡了4000多人，在之后的两个月时间内，又有8000人陆续死亡。这是20世纪世界上最大的由燃煤引发的城市烟雾事件。主要污染物：烟尘及SO_2。

（4）美国洛杉矶光化学烟雾事件　从20世纪40年代起，已拥有大量汽车的美国洛杉矶城（三面环山，盆地地形）上空开始出现由光化学烟雾造成的黄色烟幕。它刺激人的眼睛、灼伤喉咙和肺部、引起胸闷等，还使植物大面积受害，松林枯死，柑橘减产。1955年，洛杉矶因光化学烟雾引起的呼吸系统衰竭死亡的人数达到400多人，这是最早出现的由汽车尾气造成的大气污染事件。主要污染物：光化学烟雾。

（5）日本水俣病事件　从1949年起，位于日本熊本县水俣镇的日本氮肥公司开始制造氯乙烯和醋酸乙烯。由于制造过程要使用含汞（Hg）的催化剂，大量的汞便随着工厂未经处理的废水被排放到了水俣湾。1954年，水俣湾开始出现一种病因不明的怪病，叫"水俣病"，患病的是猫和人，症状是步态不稳、抽搐、手足变形、精神失常、身体弯弓高叫，直至死亡。经过近十年的分析，科学家才确认：工厂排放的废水中的汞是"水俣病"的起因。汞被水生生物食用后在体内被转化成甲基汞，这种物质通过鱼虾进入人体和动物体内后，会侵害脑部和身体的其他部位，引起脑萎缩、小脑平衡系统被破坏等多种危害，毒性极大。在日本，食用了水俣湾中被甲基汞污染的鱼虾人数达数十万。主要污染物：甲基汞。

（6）日本富山骨痛病事件　19世纪80年代，日本富山县平原神通川上游的神冈矿山实现现代化经营，成为从事铅、锌矿的开采、精炼及硫酸生产的大型矿山企业。然而在采矿过程及堆积的矿渣中产生的含有镉等重金属的废水却直接长期流入周围的环境中，在当地的水田土壤、河流底泥中产生了镉等重金属的沉淀堆积。镉通过稻米进入人体，首先引起肾脏障碍，逐渐导致软骨症，在妇女妊娠、哺乳、内分泌不协调、营养性钙不足等诱发原因存在的情况下，使妇女得上一种浑身剧烈疼痛的病，叫痛痛病，也叫骨痛病，重者全身多处骨折，在痛苦中死亡。从1931~1968年，神通川平原地区被确诊患此病的人数为258人，其中死亡128人,至1977年12月又死亡79人。主要污染物:重金属镉。

(7)日本四日市哮喘病事件 1955年日本第一座石油化工联合企业在四日市上马,1958年在四日市海湾打的鱼开始出现有难闻的石油气味,使当地海产品的捕捞开始下降。1959年由昭石石油公司投资186亿日元的四日市炼油厂开始投产,四日市很快发展成为"石油联合企业城"。然而,石油冶炼产生的废气使当地天空终年烟雾弥漫,烟雾厚达500米,其中飘浮着多种有毒有害气体和金属粉尘,很多人出现头疼、咽喉疼、眼睛疼、呕吐等不适。从1960年起,当地患哮喘病的人数激增,一些哮喘病患者甚至因不堪忍受疾病的折磨而自杀。到1979年10月底,当地确认患有大气污染性疾病的患者人数达775491人,典型的呼吸系统疾病有:支气管炎、哮喘、肺气肿、肺癌。主要污染物:SO_2、煤尘及重金属粉尘。

(8)日本米糠油事件 1968年日本九州爱知县一个食用油厂在生产米糠油时,因管理不善,操作失误,致使米糠油中混入了在脱臭工艺中使用的热载体多氯联苯,造成食物油污染。由于当时把被污染了的米糠油中的黑油用去做鸡饲料,造成了九州、四国等地区的几十万只鸡中毒死亡的事件。随后九州大学附属医院陆续发现了因食用被多氯联苯污染的食物而得病的人。病人初期症状是皮疹、指甲发黑、皮肤色素沉着、眼结膜充血,后期症状转为肝功能下降、全身肌肉疼痛等,重者会发生急性肝坏死、肝昏迷,以致死亡。1978年,确诊患者人数累计达1684人。主要污染物:多氯联苯。

6. 20世纪六大污染事故

(1)意大利塞维索化学污染事故 1976年7月意大利塞维索一家化工厂爆炸,剧毒化学品二噁英扩散,使许多人中毒。事隔多年后,当地居民的畸形儿出生率大为增加。

(2)美国三里岛核电站泄漏事故 1979年3月,美国宾夕法尼亚州三里岛核电站反应堆元件受损,放射性裂变物质泄漏,使周围80km以内约200万人口处在极度不安之中,人们停工停课,纷纷撤离,一片混乱。

(3)墨西哥液化气爆炸事件 1984年11月,墨西哥城郊石油公司液化气站54座气储罐几乎全部爆炸起火,对周围环境造成严重危害,死亡上千人,50万居民逃难。

(4)印度博帕尔毒气泄漏事故 1984年12月,美国联合碳化物公司设在印度博帕尔市的农药厂剧毒气体外泄,使2500人死亡,20万人受害,其中5万人可能双目失明。

(5)前苏联切尔诺贝利核电站事故 1986年4月,前苏联基辅地区切尔诺贝利核电站4号反应堆爆炸起火,放射性物质外泄,上万人受到伤害,也造成了其他国家遭受放射性尘埃的污染,我国的北京上空也检测到这样的尘埃。

(6)德国莱茵河污染事故 1986年11月,瑞士巴塞尔桑多兹化学公司的仓库起火,大量有毒化学品随灭火用水流进莱茵河,使靠近事故地段河流生物绝迹,成为死河。160公里处鳗鱼和大多数鱼类死亡,480公里处的井水不能饮用,德国和荷兰居民被迫定量供水,使几十年德国为治理莱茵河投资的210亿美元付诸东流。

7.《里约环境与发展宣言》

《里约环境与发展宣言》全文共27条,宣言包括了有关国际环境保护方面的国际法原则,如国家主权、发展权、共同但有区别的责任、充分考虑发展中国家特殊情况、建立开放的国际经济制度、制定环境损害赔偿制度、污染者付费、环境影响评估、预防措施、预先通知、和平解决争端等原则。其中特别强调在环境保护中有关国家应承担共同而又有区别的国家责任,发达国家应给发展中国家提供持续发展所需要的财政和技术援助。宣言把经济发展和国际贸易与环境保护联系起来,是对国际环境法的重要发展。

思 考 题

1. 解释环境与自然环境的基本含义。
2. 环境要素有哪些?它们各有何作用?
3. 环境问题有哪几类?它们对环境的影响主要表现在哪些方面?
4. 目前,全球和我国的环境问题主要表现在哪些方面?
5. 什么是环境保护?
6. 环境工程的主要研究内容有哪些?

2 资源的利用与保护

2.1 概述

2.1.1 全球资源危机与全球环境

进入20世纪以来，人类对自然资源的消耗成倍增长。人类向自然界的过度索取，使其赖以生存的土壤、森林、水体、大气、生物遭到前所未有的破坏。资源危机又引发了一系列全球性问题。人口增加与资源供需的矛盾日益尖锐；资源的枯竭使贫困化加剧发展而难以遏制；资源的争夺引起了一系列连绵不断的战争等。而最严重的问题就是资源的不合理开发利用，导致了日益严重的生态环境恶化。震惊世界的八大公害事件就是环境局部污染最直接的证明。目前，环境问题具有全球化的趋势，全球臭氧浓度降低；全球气温普遍升高；酸雨覆盖区越来越大；各地生物物种均有所减少；甚至远距人类活动区的海洋也逐渐受到污染。

2.1.2 资源的概念

资源是指资财的来源（《辞海》）。我国传统解释，资源即财富之源。资源可以分为两个范畴：一是自然界赋予的自然资源；二是来自人类社会的社会资源（包括一切社会的、经济的、技术的因素）。其中某些自然资源附加了人为因素，具有双重性，如已开垦利用的土地等。本书中所提到的资源主要指自然资源。

广义上讲，自然资源是指自然界中任何对人类有用的物质和能量。也可以说地球上一切有生命的或无生命的物质都可以作为某种资源来对待。但在通常情况下，自然资源只指在一定技术、经济条件下为人类所能开发利用的物质和能量。如土地、森林及其产品和森林为人类提供的服务（如供给氧气、减少水土流失等）、江河湖海等水域及水资源为人类提供的服务、矿藏、与人类生产密切相关的气候条件以及具有美学或科学价值的自然资源（风景名胜、野生动植物）等都属于自然资源。

2.1.3 自然资源的分类

自然资源在数量、稳定性、可更新性以及再循环等方面都存在极大的差异。

2.1.3.1 恒定的自然资源

恒定的自然资源是指在地球的形成和运动中产生，数量丰富、稳定，几乎不受人类活动的影响，也不会因利用而枯竭。这种资源包括太阳能、风能、潮汐能、核能、水力、全球的水资源、大气、气候等。

但其中有些资源会因人类不适当地利用而使其质量受到损害，如水资源、大气气候等。

2.1.3.2 有限的自然资源

与恒定的自然资源相比，有限的自然资源是在地球演化的不同阶段形成的，有的经过长期消耗最终会枯竭，如矿物燃料；有的可以不断更新或再生，但使用不当时可能也会枯竭，如生物资源。

(1) 再生性自然资源　再生性自然资源主要指生物资源和某些动态的非生物资源，如森林、草原、农作物、野生生物、土壤、水体等。

这些资源借助于自然循环，或生物的生长、繁殖，不断地自我更新，维持一定的存量。因此，如果对其进行科学的管理和合理的利用，它们是可以取之不尽、用之不竭的。但是相反，使用不当会使其受到损害，甚至完全枯竭。

（2）非再生性自然资源　非再生性自然资源没有再生能力，但有些可以被回收加以利用。

① 可回收、不可再生的自然资源。这类资源包括所有金属矿物和许多除矿物燃料外的非金属矿物。

金属矿物绝大多数是重金属元素的化合物，主要是硫化物和部分氧化物，如方铅矿（PbS）、磁铁矿（Fe_3O_4）；个别的本身就是金属单质，如自然金（Au）。金属矿物包括黑色金属（指铁和铁基合金）和有色金属。有色金属又分为有色重金属、有色轻金属、稀有金属、贵金属及半金属5类。

我国金属矿产资源品种齐全，储量丰富，分布广泛。已探明储量的矿产有54种。其中有的资源比较丰富，如钨、钼、锡、锑、汞、钒、铁、稀土、铅、锌、铜、铁等；有的则明显不足，如铬矿。

非金属矿物大多是造岩矿物，其中有的本身就是矿物材料，如白云母、高岭石等；有的则用以提取其成分中的金属或非金属元素，如从绿柱石中提取铍，从磷灰石中提取磷等。非金属矿产很多，如金刚石、水晶、冰洲石、硼、电气石、云母、黄玉、刚玉、石墨、石膏、石棉以及燃料矿物等。

不可再生资源虽然没有再生能力，但回收利用后可节省资源，同时减少对环境的污染。

② 不可回收、不可更新的自然资源。这类资源是指各种矿物能源，包括煤、石油、天然气等。它们燃烧后释放热能，热能一部分转化为其他能量，另一部分逸散到空中，既不能再生，也不能回收。

2.1.4　自然资源与环境的相互关系

自然资源取之于环境，被人类利用之后又还之于环境。资源被利用后，它的质和量会发生变化，同时环境也发生了相应的变化。

2.1.4.1　资源和环境的整体性

资源和环境是一个事物的两个侧面。资源取之于环境，是环境的组成部分；资源被利用后又还给环境。因此破坏了资源也就是破坏了环境。也可以说，整个环境就是一个整体性的资源。不能只顾利用资源，不顾环境的破坏。

2.1.4.2　资源开发与环境问题

人类发展史中，每次生产力的飞跃都是以新的自然资源被大量利用作为基础，每一次大规模的自然资源开发利用往往导致一次新的环境危机。这些事件的发生，都是由于人们割裂了资源与环境整体系统的关系，造成了自然资源的开发利用伴随着人类生存环境的不断恶化。

2.1.4.3　综合利用资源与环境保护

人类社会的发展离不开自然资源的开发利用，关键问题是如何提高自然资源的使用价值，同时又能尽量减少环境问题。针对这一问题，目前有以下几个措施。

（1）结合技术改造，根治工业污染　通过采用先进、适用的技术，提高资源、能源利用率，尽量把污染物消除在生产过程中；同时，对工业生产排放物进行有效的综合回收利用或净化处理。

(2) 清洁的可再生性能源代替污染严重的非再生性能源　我国能源使用中，煤炭占主要比重。煤炭在开采、加工、使用过程中均对环境产生污染。因此，应大力开发清洁能源替代煤炭。也可研发先进工艺，提高煤炭利用率，减少污染。

(3) 水的再生和循环利用　我国有些地区和企业工业用水未进行重复利用，浪费很大。事实上，许多工业废水不需处理，或只需简单处理就可再用，如冷却水。另外，生活用水中产生的污染较轻的污水，如淋浴污水、洗衣污水可回收，进行简单处理，作为中水使用。我国很多大城市中水系统应用较多，中水可用于冲洗厕所、洗车、清洗路面、绿化甚至用于水景供人们观赏。

2.2 土地资源的利用与保护

2.2.1 土地资源及其特性

2.2.1.1 土地与土地资源

1975年，联合国发表的《土地评价纲要》对土地的定义是："土地是指地球表面的一个特定地区，其特性包含着此地面以上和以下垂直的生物圈中一切比较稳定或周期循环的要素，如大气、土壤、水文、动植物密度，人类过去和现在活动及相互作用的结果，对人类和将来的土地利用都会产生深远影响。"可见，土地并不仅仅指土壤。可以把某块土壤全部清除，但土地依然存在。

土地资源是指在一定技术条件下、一定时间内能够为人类利用的土地。土地资源是一定的社会财富，受人类利用和控制。

2.2.1.2 土地资源的特性

(1) 面积的有限性　地球的表面面积为5.1亿平方公里。陆地面积（包括内陆水面）约1.5亿平方公里，只占地球表面面积的29.2%，海洋面积却占70.8%。而且现在的陆地表面是长期的地质历史时期多次地造陆运动和复杂的地貌过程等所形成的。在人类历史时期，地球陆地表面面积不会有大的变化。因此，土地的面积（土地资源的数量）是有限的，土地是稀缺的资源。

土地的有限性决定了土地宝库中的自然资源的有限性，以及能够充当耕田、建筑工地等的土地的稀缺性，在不合理利用的情况下，土地资源还会产生退化，甚至达到无法利用的地步，从而会减少土地资源的利用面积。因此，需要人们更加科学地、合理地、集约地利用和保护土地资源，来补偿土地面积的有限性。

(2) 位置的固定性和差异性　任何一块土地都有固定的地理位置，这种位置是不能搬迁的，土地存在差异性。每一块土地的表层深度和质量是有差异的，气候条件也不同。

我国东南气候条件、土壤资源的优越条件都大大超过西北（耕地占全国总数95%，有林地占90%以上），水资源和已探明的重要矿产资源也占全国的绝大比重。就一个地域或一个地段来说：农业用地，江南优于江北，八百里秦川优于陕北高原；采矿用地，大庆油田优于玉门油田；工业用地，近河口城市优于内地城市；城市内部，商业中心优于其他地段，市区优于郊区等。土地只能就地利用或开发。

土地的固定性和差异性决定了土地资源的利用与改良要因地制宜，充分发挥土地的最佳效益。

2.2.2 世界和我国的土地资源
2.2.2.1 概况

地球总表面积 5.1 亿平方公里，大陆和岛屿面积约占 29.2%。陆地面积中约 20%处于极地和高寒地区，20%属于干旱区，20%为山地的陡坡，10%岩石裸露，缺乏土壤和植被。以上四项为"限制性环境"，占陆地面积的 70%。其余 30%适于人类居住，其中可耕地约占 60%～70%。随着人口的急剧增长，人均可耕地面积降低，人类面临土地不足的问题已为期不远。

我国土地资源的特点是绝对数量较大，人均占有量小；山地多，平地少，地形错综复杂，地貌类型多。我国内陆土地总面积约 960 万平方公里，居世界第三位，但人均占有土地面积约为 800 平方米，不到世界人均水平的 1/3。此外，我国各类土地资源分布不平衡，土地生产力水平低。以耕地为例，我国大约有 1.33 亿公顷的耕地，其中 90%以上分布在东南部的湿润、半湿润地区。在全部耕地中，中低产耕地大约占耕地总面积的 2/3。我国宜开发为耕地的后备土地资源潜力不大。在大约 0.33 亿公顷的宜农后备土地资源中，可开发为耕地的面积仅约为 800 万公顷。

2.2.2.2 土地资源的消长

(1) 人均耕地面积逐年下降 据美国环境质量委员会的资料，20 世纪下半叶世界耕地面积约每 10 年增加 1 亿公顷，但 80 年代以后，增加速度减慢。

由于人口的急剧增长，人均耕地占有量逐年下降，在 1951～2000 年 50 年内减少约 48%，发展中国家平均减少约 58%。如果不控制人口增长，当未来可耕地全部开垦完毕，即使农业技术进步致使农业产量提高，也满足不了人类的需求。

(2) 城市化对土地资源的影响 城市化和工业化对城市周围农村地区的环境、资源、产业结构、人口迁移与土地利用都带来了剧烈的影响。

① 城市化使大量良田被占用，变成建筑区和水泥、沥青覆盖的地面。据世界资源研究所估算，20 世纪最后 20 年间，发展中国家城市面积增加 1 倍。意味着每年要占用 47.6 万公顷农田用于城市建设。城市化之所以受到多方欢迎，原因在于城市化给地方财政带来更大的收入；农民出售近郊土地得到较高的直接收入和就业机会。同时，城市化正是房地产人士的利益所在。为了减轻农田被占用带来的土地资源损失，有些发达国家采取了一些措施。如英国为了控制城区的扩大，在原有城区的边缘规划一定面积的"绿带"，其中保留原有的农田、森林、草地、农舍和别墅，不允许增加任何新的建筑。该措施颇有成效，迫使房地产商改造旧城区，或者在绿带以外建设卫星城式的新中心或住宅区。

② 城市化强化了其周围地区农田的集约经营，使之由半自给自足农业转化为商品化农业。例如，上海市每天的蔬菜上市量为 9000 多吨，这些都来自郊区和毗邻的地区，这些地区的农业都已转化为高度集约化与专业化。

2.2.3 土地资源的保护

人类对土地资源的不合理利用造成了土地资源的破坏。对土地的植被、水体等要素的破坏也间接破坏了土地资源。因为土地是土壤、气候、水文、植被等要素的自然综合体，各要素之间是密不可分、相互作用、相互影响的。因此，保护土地资源应从人类对各要素的合理利用入手。

2.2.3.1 土地侵蚀的保护措施

土地侵蚀是指陆地表面在水力、风力、冻融和重力等外引力作用下，土壤、土壤母质和其他地面组成物质被破坏、剥蚀、转运和沉积的全过程。

据估计，全世界每年因土地侵蚀而丧失的耕地为 600 万～700 万公顷。我国水土流失面积已达 150 万平方公里，占全国总面积的 1/6，每年损失土壤达 50 多亿吨，以黄土高原最为严重。

造成土地侵蚀的原因，一方面是人口的快速增长，增加了森林及植被的砍伐量，加速了风和降水对土地的作用，从而使土地受到严重的侵蚀；另一方面，城市化的发展过程中，基础设施建设破坏土地原有的形态，又不及时修复，造成土地损失。

土地侵蚀是当今世界最严重的环境问题之一。耕地失去表土不再肥沃，农作物产量降低，有的甚至失去了耕作的价值成为荒地。损失的土壤进入水体，增加了水中的浊度和氮、磷及有机化合物的含量，使水质下降。我国每年由于土地侵蚀被水冲走的氮、磷、钾就达 4000 多万吨。更有甚者，大量的沉积物会堵塞河道、水库，降低其调蓄能力，进而影响周围的生态环境，甚至影响动植物的生存。黄河是世界著名的"地上悬河"，长江水中的含沙量也逐年增高。素有"吞吐长江，容纳四水"之称的八百里洞庭湖由于上游的水土流失加剧，年淤积泥沙达 1.2 亿吨，湖面不断缩小，调蓄能力减退，防汛形势十分严峻。

针对造成土地侵蚀的种种原因，保护土地不受侵蚀应从以下几个方面入手。

(1) 保护植被　植物保护土壤不受风的吹蚀和雨水的冲刷。因此，在仅仅由于植被结构的破坏造成很大损害的地方，进行土地保护所要做的最重要的工作就是必须经常不断地注意修复具有保护功能的植被。

(2) 保持土地的特性　土地在其漫长的形成与发展过程中，形成了与其周围环境相适应的特定结构、功能和成分。因此，在规划范围内的一切土地，除了那些明确限定开发者外，都必须保存其现状，或加以改良使其既与新的建设又与周围景观相协调。即便需要开发建设的场地，也应始终保持清洁、安全和卫生的条件。

① 建设场地选择。建筑物和道路的建设应适应土地原有的自然特性，如房屋应建于平坦的地区。

② 减小土地暴露。无论是建筑物开发还是道路开发，开挖和回填过程中应尽可能减少作业范围，减少易于受侵蚀土地的暴露时间，同时应种植临时植被控制土地侵蚀，这些临时植被在工程完工后可作为永久性植被加固场地。土地平整和清理工作都应安排在降雨量少的时期，以减少径流对土地的侵蚀。

2.2.3.2　土地沙化及其防治

地球陆地约有 1/3 是荒漠地区，其中以沙漠为主。沙漠的边缘地带如果开发不当，会引起进一步沙漠化。如印度半岛的塔尔沙漠由于植被破坏，每年以 8 公里的速度扩张已有半世纪之久，每年约侵吞近 1.33 万公顷土地。我国西北和华北地区也有许多沙漠，过去都是水草丰盛的地区。

土地沙化是由植被破坏造成的。农牧业、采矿业、城市化、工业化、旅游业等都在利用土地的同时破坏植被，其中农牧业的影响最大。

① 畜牧业过度放牧，使消费的植物量超过植物生长量，加快地表裸露，引起沙漠化。

② 依赖自然降雨的干式农耕法，为了利用土壤中贫乏的水分，往往需要停种休耕 1～2 年，然后利用其间蓄积于土地中的水分耕作。在休耕期间，土地旱季易受风蚀，雨季易受水蚀。

③ 连续灌溉的农作法，易引起地下水位上升，使土壤中盐类溶于水，通过土壤毛细管上升，使地表土壤盐分过高，水分蒸发后盐类残留地表形成土壤盐碱化。土壤一旦盐碱化，

作物很难再生长。

土地沙化的防治是一项复杂的系统工程。我国采取的对策有以下几个。

① 长江上游、黄河上中游地区实施造林绿化工程，退耕还林（草），保持水土，治理水患。退耕还林（草）结合当地实际，宜林则林，宜草则草。同时降低超载牛羊的数量。

② 西北、华北北部、东北西部干旱风沙区实施各种防沙治沙工程，建设生态公益林，防治荒漠化。

③ 合理利用水资源，实施节水农业。一方面，流域上、中、下游要合理分配，给下游留出余量；用水不但要考虑生活、工农业用水，更要考虑生态用水。另一方面，采用滴灌、微灌等节水新技术。

2.3 水资源的利用与保护

水是生命之源，人类生活和生产都离不开水。随着社会经济的发展和人口的增长，人类对水的需求量不断增加，水资源紧缺已经成为人们共同关注的全球性问题。早在1977年，联合国水资源大会提出：石油危机之后，水不久将成为一场深刻的社会危机。1997年联合国在"对世界淡水资源的全面评价"的报告中指出：缺水问题将严重地制约21世纪经济和社会发展，并可能导致国家间的冲突。因此，合理利用和保护水资源成为世界各国关注的焦点之一。

2.3.1 地球上水的储量与分布

全世界总储水量13.9亿立方千米，其中97.41%为海洋，2.59%为淡水。淡水中7.984%为冰川和冰盖，可利用的淡水总量不足1%，其中地下水占0.592%，湖泊占0.007%，河流占0.0001%，大气水占0.001%，生物水占0.0001%。

除冰川和冰盖外，可利用的淡水与人类的关系最密切，并且有经济利用价值。虽然在较长的时间内，它可以保持平衡，但在一定时间、空间范围内，它的数量却是有限的，并不像人们所想象的那样可以取之不尽、用之不竭。表2-1列出全球各种水的储量及循环周期。

表2-1 全球各种水的储量

项目		最好的估计/千立方米	已发表的估计数量范围/千立方米	循环周期
海洋		1.35×10^9	$(1.32 \sim 1.37) \times 10^9$	2500年
大气		13000	10500~15500	8天
陆地	河流	1700	1020~2120	16天
	湖泊	100000	30000~177000	17年
	内海	105000	85400~125000	
	土壤含水量	70000	16500~150000	1年
	地下水	8.2×10^6	$(7 \sim 330) \times 10^6$	1400年
	冰川和冰盖	27.5×10^6	$(16.5 \sim 48.02) \times 10^6$	山地冰川 1600年 极地冰盖 9700年
	生物水	1100	600~50000	几小时

除生物水外，淡水以大气水和河流水循环周期最短，这部分水不断得到更新，是在较长时间内可以保持动态平衡的淡水量。

全世界水资源量在地域上的分布，以亚洲最多，大洋洲最少；但以人均占有量计，则恰恰相反。每年的提取量也是亚洲最高，主要用于灌溉。全世界需水量最大的部门是农业，占用水总量的67%左右，其次是工业用水占23%，生活用水占10%。

2.3.2 我国水资源特征与利用中的问题

2.3.2.1 我国水资源的特点

(1) 水资源总量不少，但人均占有水平低　我国水资源总量为2.8万亿立方米，在巴西、俄罗斯、加拿大、美国和印度尼西亚之后居世界第六位。但由于我国人口众多，水资源人均占有量仅为世界平均水平的1/4，被联合国列为13个贫水国之一。

(2) 水资源地区分布极不平衡　我国自然条件复杂，降水状况地区分布不均匀。90%以上的地表径流和70%以上的地下径流分布在面积不到全国50%的南方。很明显，我国水分布呈现南方有余、北方不足的严重局面。由于水资源分布不平衡，与人口、耕地、矿产等资源分布极不匹配，使用水紧张状况加剧。据统计，全国699个城市中，有400个城市常年供水不足，其中天津等110个城市已受到水资源短缺的严重威胁，有的城市被迫限时限量供水，严重制约着当地经济和社会的发展。进入21世纪，我国水资源供需矛盾将更为突出。据预测，到21世纪中叶，全国大部分地区将面临水资源更加紧张、缺水甚至严重缺水的局面。

(3) 水资源年际、年内变化大，水旱灾害频繁　我国气候受季风影响，降水季节分布不均衡，而且年际变化大。全年60%的雨量集中于夏秋两季的三四个月内，而且蓄水能力差，这使一年中河流的径流量变化十分显著。河流最大流量和最小流量相差可达数十倍，如长江最大和最小流量仅相差2.1倍，而淮河各支段相差11~12倍，海河水系各支流相差达13~76倍。河流的大部分水资源量集中汛期以洪水形式出现，资源利用困难且易造成洪涝灾害。而在枯水期，河流纳污能力降低，加重了水系污染，成为水质恶化的根本原因之一。

2.3.2.2 存在的问题

(1) 开发不当造成水环境恶化　这种现象主要表现在不合理的围湖造田上。湖泊因围垦使水面缩小，蓄水能力下降，生态环境改变，形成水旱灾害。

我国第一大湖鄱阳湖，因围垦使湖面缩小，以21米高程计算，1976年比1954年缩小湖面约12万公顷。此外，素有"千湖之省"称誉的湖北省，从1959年至1979年的20年间，由于盲目围湖造田，使江汉湖群正常水位时的面积由4707平方公里下降到2656平方公里，减少43%，0.5平方公里以上的湖泊，由609个减少到309个，减少49%。1998年长江洪灾，除气候和上游森林破坏外，鄱阳湖、洞庭湖等湖泊蓄水能力下降也有一定影响。

(2) 水利工程对水文状况的影响　我国兴修了许多水利工程。上游建水库蓄水，使下游来水减少，造成用水困难。此外，兴修水库改变了径流，破坏了水生生物的栖息条件，影响了周围的生态环境。

(3) 用水浪费加剧水源短缺　我国工业用水浪费现象严重，如每生产1吨钢材需要用70吨水，每生产100度电需要用1吨水，而每生产1吨纸需要用300吨水。工业耗水量相当于先进国家的几倍至几十倍。此外，我国工业水循环或重复利用率很低，较高的北京、天津、上海也仅接近50%，而美国可达到60%，日本达69%。

我国农业用水浪费惊人。主要原因是灌溉技术落后，缺乏科学用水制度，用水量过大和渠道渗漏（我国用水渗漏损失达40%~50%）等。农业田间水利用率只达50%左右。

我国生活用水也存在浪费现象。随着计量系统的发展和大量的节水宣传，居民用水节约意识有很大提高，但公共场所用水浪费情况也经常发生。另外，城市管网老化、施工质量差以及维护不及时等原因造成的浪费水量也十分可观。

2.3.3 水资源的利用与保护

2.3.3.1 提高水的利用效率，开辟第二水源

(1) 降低工业用水量，提高水的重复利用率　主要途径是改革生产用水工艺，争取少用水，提高循环用水率。如炼钢厂用氧气转炉代替老式平炉，不但提高钢的质量，而且降低用水量86%～90%。

现在世界上许多国家都把提高工业重复用水率作为解决城市用水困难的主要手段。我国近几年来，对水的重复利用也逐步开展起来。在一些水源特别紧张的城市，水的重复利用率已达到较高水平，如大连市为79.5%，太原为83.8%，但整体水平还比较低，平均工业用水重复利用率仅为20%～30%。同时提高工业用水重复利用率还可以减少工业废水量，减轻了废水处理量和对水体的污染。

(2) 减少农业用水，实行科学灌溉　农业用水量大，节约的空间也很大，主要措施是改进灌溉技术。目前应用较多的灌溉方式有重力流动系统、中轴喷灌系统和滴灌系统。滴灌系统是20世纪60年代在以色列发展起来的。其原理是将水直接送到紧靠植物根部的地方，使蒸发和渗漏水量减少到最小。以色列研制出自动灌溉技术，利用计算机控制流量、监测渗漏、调节不同风速和土壤湿度条件下的用水量，并使肥料用量最佳化。

当前，国外灌溉节水技术的发展趋向是采用完整的地面灌溉排水管道系统，它具有能源消耗小、输水快、配水均匀、水量损失小、不影响机耕等特点。

(3) 对城市用水设施生产采取相应经济政策　对于生产节水设施和节水卫生器具等的企业，应采取减少税收的政策以推广这些设施的生产。

(4) 回收利用城市污水，开辟第二水源　中水系统是目前城市节水工程中应广泛采用的方法。如利用洗衣、洗浴污水等污染程度较轻的污水经简单处理后用于冲洗厕所、清洗道路或绿化等。目前国内不少小区或单位都采用这样的系统。

2.3.3.2 调节水源流量，增加可靠供水

(1) 建造水库　水库可调节流量，提高水源供水能力，还可以防洪、灌溉、供水、发电、发展水产等。但是，在建库时必须研究对流域和水库周围生态系统的影响，否则会引起不良后果，如上游泥沙沉积、土壤盐碱化、地震等。

(2) 跨流域调水　跨流域调水是指从富水流域向缺水流域调水，是耗资昂贵的增加供水工程。如我国南水的北调、引黄济青、引滦入津工程，巴基斯坦的西水东调工程和美国加利福尼亚州的北水南调工程。

跨流域调水改善了受水地区水资源不足的情况，同时兼具其他效应。它可以改善受水地区的水质和自然环境；扩大农业灌溉面积，提高粮食产量；提供水电；促进航运；防治洪灾。有的调水工程或修筑的大坝（水库）还成为当地的旅游区。

但跨流域调水对环境有一定的破坏作用。首先，它需要淹没土地，产生大量移民。其次，由于大水量调走，使下游地区因来水减少，引起河水水质变差，从而使下游沿岸环境质量下降。再次，水量减少造成浮游生物入海量减少，使河口地区捕鱼量减少。还可能引起河口地区咸水渗入，河岸动力失衡，海岸遭受侵蚀。此外，调水可能会引发疾病，如疟疾、脑炎、血吸虫病等，影响人的健康。还可能造成受水地区耕地盐碱化。

(3) 地下蓄水　目前，已有20多个国家在积极筹划人工补充地下水，即将城市污水再

生后回灌入地下。如在美国，加利福尼亚的地方水利机构每年将 25 亿立方米左右的水储存在地下。其单位成本平均至少比新建地表水水库低 35%～40%。

（4）合理利用地下水　地下水是重要的水资源，其储量仅次于极地冰川，比河水、湖水和大气水分的总和还多。但由于其补给速度慢，过量开采将引起许多问题。因此，在开发利用地下水资源的时候，要注意避免过量开采和滥用水源，应考虑地表水和地下水的综合利用，并同时采用人工补给的方法补充地下水量。

2.3.3.3　加强水资源管理

加强水资源管理，需要建立水资源管理机构，制定合理利用水资源和防止污染的法规。当前的用水浪费现象主要是由于推行不合理的经济政策造成的。水很少以其实际成本定价，政府常常要为用水进行大量补贴。如黄河水断流的原因之一就是过度用水，而造成用水浪费的原因之一就是水费过于低廉。因此，水费低廉不利于水资源宏观调控和合理开发利用，政府应该实行新的用水经济政策。

另外，水资源管理的发展将以新方法、新硬件（计算机系统、工作站、自然控制设备）和新数据获取系统（激光与超声设备、遥感、远距离数据传送）的应用为基础，逐步实现科学化。

2.4　生物资源的利用与保护

生物资源具有再生的性质，但是再生必须满足其必要的条件，人们要永续利用生物资源，必须保护生物及其再生的条件，如果采取掠夺式的过度索取，资源将会受到破坏，甚至难以恢复。因此，要利用必须保护，保护是为了更合理地利用。

2.4.1　森林资源的利用与保护

森林是地球上结构最复杂、功能最多和最稳定的陆地生态系统，是宝贵的自然资源，被人们誉为地球的"肺"。森林覆盖率常是衡量一个国家或地区经济发展水平和环境质量好坏的重要指标，因为森林具有重要的经济价值，又是可再生资源，而且在维持生态平衡和生物圈的正常功能上起着重要作用。

2.4.1.1　森林资源的含义

森林资源是以多年生木本植物为主体并包括以森林环境为生存条件的动物、植物、微生物在内的生物群落，可以不断地向社会提供大量的物质产品（食品、医药、工农业生产原料、景观娱乐等）、非物质产品和以生态效益为基础的各种服务（涵养水源与保持水土，净化环境，固定 CO_2、放出 O_2 等）。

森林资源属于自然资源的范畴，但和其他类型的自然资源有所不同的是，森林资源在一定的限度内可以再生和重复使用。

2.4.1.2　森林的重要功能

（1）净化和更新大气作用

① 吸收 CO_2、放出 O_2 的作用。由于煤和石油的燃烧，城市空气中 CO_2 的含量可达 0.05%～0.07%，局部地区可达 0.2%，因其密度较大，经常沉积在地面。当空气中 CO_2 含量达 0.05% 时，人的呼吸会感到不适，达 4% 时，就会出现头痛、耳鸣、呕吐反应，达 10% 以上会导致死亡。

绿色植物光合作用将 CO_2 和 H_2O 转化为碳水化合物，形成副产品 O_2。据研究，陆生

植物放入大气的 O_2 占全部绿色植物的 60% 以上，其中森林具有特别重要的作用。研究证明，1 公顷森林能够吸收 200 人呼出的 CO_2，1 株树 1 昼夜放出的 O_2 够 3 个人呼吸 24 小时。

全球性 CO_2 浓度增加，除了工业发展和城市化的原因之外，森林面积的缩小也是一个重要原因。从 CO_2 浓度增加的途径考虑，直接办法是降低工业发展的速度，疏散城市人口，减少木材采伐量，这些是不可能的。因此，只有植树造林，绿化荒山荒地，增加森林覆盖率，调整现有的森林结构才是切实可行的办法。

② 减尘滞尘作用。森林具有减尘滞尘的作用。首先，森林具有降低风速的作用，可使大粒灰尘因风速减少而沉于地面；其次，植物叶片表面粗糙多绒毛，有油质或黏性物质，能吸附、滞留和黏着一部分粉尘。

据估计，每公顷松林每年可滞留 36.4 吨灰尘，每公顷云杉林每年可吸滞 32 吨灰尘。若开展城市绿化造林，其减尘率可达 37.1%～60.0%。

③ 吸收 SO_2 作用。SO_2 是酸雨的主要成分，也是各种化学烟雾的主要成分。大气中 SO_2 含量超标，有害于人体健康。

在降低大气 SO_2 浓度方面，森林具有很好的潜力。因为硫是植物必需的营养元素之一，各种植物叶片都含有一定数量的硫。一般说来，阔叶树比针叶树能够含有更多的硫。各树种均有很大的吸收潜力。吸收量大的树种有：加拿大杨、国槐、桑树、泡桐、紫穗槐、垂柳、大叶黄杨、龙柏、青桐、夹竹桃、罗汉松、喜树等。

④ 杀菌作用。森林植物的杀菌作用主要体现在两个方面。其一，森林区由于减尘作用，灰尘浓度小，含菌量少；其二，植物会产生一些能够杀死细菌、霉菌和原生动物的被称为植物杀菌素的物质，可以杀死周围的大量细菌。因此，城市空气含菌量一般每平方米 3 万～4 万个，而森林空气含菌量每平方米仅 30～100 个。

⑤ 减少噪声作用。城市噪声严重妨碍人们的生活和生产，甚至影响人体健康。在城市街道、广场、公共娱乐场所与工厂周围，建造不同规格与结构的林带或树木团可有效降低噪声。据调查，40 米宽的林带，可以降低噪声 10～15 分贝。

不同的树种与树木的排列组合减噪的效果不同。其中树木群比成行的树木好，树冠低的乔木比树冠高的乔木好，灌木丛比单一的乔木好，一系列狭窄的林带比一个宽林带好。

⑥ 其他净化作用。森林对含氟气体、Cl_2 和光化学烟雾都有净化作用。此外，森林能够促进空气负离子化。

(2) 调节气候，增加淡水资源的作用　森林在生存和发展的过程中能不断地改变当地的气候条件，对光、温、水等气候因子进行调节和分配，为其创造有利生存环境的同时，也为人类提供其所需的小气候环境。

森林能把从天而降的雨水送到地下，使之变为地下水，增加地球上的淡水资源。森林植物蒸发的水汽进入大气，使空气湿润，有利于降雨，使地球免遭风暴和沙漠化。

(3) 保育生物多样性的作用　森林是地球上生物繁衍最活跃的区域，蕴藏着丰富的动植物资源，尤其是热带雨林能够养育 500 万以上不同种类的动植物，所以森林是保育生物多样性的重要地区。生物多样性对环境资源以至人类社会的可持续发展是十分重要的。

(4) 生态环境的监测作用　很多植物对环境污染的反应比人和动物要敏感得多。污染物质对植物的毒害作用在植物体上能以各种形式反映出来。如雪松遇到 SO_2 和 H_2S 的危害，便会出现针叶发黄、变枯的现象。人们根据树种对污染物的敏感性，选择监测树种作为治理和监测环境污染之用。

2.4.1.3 森林保护

对森林资源保护,最重要的是提高民众对森林生态系统功能的认识,强化人类生存环境意识。

(1) 健全森林法制,加强林业管理 保护森林资源,应建立和完善林业机构;加强林业法制宣传教育;严格森林采伐计划、采伐量、采伐方式;严格采伐审批手续;重视森林火灾和病虫害的防治;用征收森林资源税的方法,加强森林保护。

近年来,我国林业执法机构和队伍建设不断加强,林政资源管理、野生动植物保护、林木种苗管理等方面的行政执法内容得到强化。到目前为止,全国共建立森林公安机构6700多个,木材检查站4000多个,各级森林病虫害防治检疫站近2000个,乡镇基层林业工作站4.7万个;全国有各类林业执法人员近20万人,其中森林公安5万多人。全国人大常委会、国务院、国家林业局以及各省区市先后公布施行了300多项有关林业建设的法律、法规,林业行政执法逐步做到了有法可依、有章可循,有力地促进了各地林业事业的发展。通过开展"植树节"、"爱鸟周"、"防治荒漠化与干旱日"、"全国法制宣传日"等活动,运用广播、电视、报刊和印发读本、挂图、宣传辅导材料等多种形式,向社会广泛普及了林业法律法规知识。到2010年,我国将基本建成完备的林业法律法规体系、规范的林业行政执法体系、高效的林业行政执法监督体系、健全的林业普法教育体系,为实现林业持续、快速、协调、健康发展提供强有力的法律保障。

(2) 合理利用天然林区 开发森林资源一定要合理采伐,伐后及时更新,使木材生长量和采伐量基本平衡。同时要提高木材利用率和综合利用率。

过去为了采伐的经济效益,经常进行大面积的皆伐,这已经引起环保团体的强烈反对,尤其是对美国、加拿大以及北欧国家等森林的皆伐。因为这种皆伐在环保方面造成影响,包括对土壤造成的影响,增加土壤受侵蚀的程度,使野生动物栖息地受到损害,而且因为这种皆伐可能在森林更新之后相当长的一段时间内使景观和宜人的设施受到影响。近年来,在公众的关注和压力下,一些国家,如加拿大,大砍伐区逐渐让位于较能适应地貌的较小的砍伐区。这些较小的砍伐区内,利于保留再生树、下层植物、甚至已死和正在死亡的树木;在美国,林务局的政策是停止利用皆伐作为国家森林中通常采取的做法,只是在特殊情况下才这样做。

我国东北林区以往采伐以皆伐为主,采伐大于更新,资源减少,林质下降。有林地面积逐年减少。如小兴安岭由于长期超采,已到了后期无林可采的程度。森林质量下降,红松等针叶林可采资源日趋枯竭。长期以来,东北地区林木超采现象十分严重,采育脱节,加上毁林开荒、滥砍乱伐、居民烧柴等多种冲击,使得森林覆盖率下降,导致环境恶化,自然灾害频发,珍稀动植物濒临灭绝,物种减少。

(3) 分期、分地区提高森林覆盖率 我国森林面积1.75亿公顷,森林覆盖率18.21%。随着近年来林业建设的大力开展,2008年,我国完成造林面积533万公顷,义务植树25亿株。根据规划,到2010年,全国森林覆盖率力争达到20%,森林蓄积量超过132亿立方米;到2020年,我国的森林覆盖率将达到23%以上;到21世纪中叶,森林覆盖率稳定在26%以上,逐步改善人居环境和应对全球气候变化。

(4) 营造农田防护林,加速平原绿化 我国应尽快建立起西北、华北等地区的农田防护林,发挥森林小气候作用,抗御自然灾害。积极推广农林复合生态系统的建设。提高单位面积上的生物生产力和经济效益,同时提高系统的稳定性,改善土地和环境条件,减少水土流失。

（5）搞好城市绿化地带　我国城市绿化覆盖率已由 2005 年的 31.66% 上升到 2007 年底的 36%，人均公共绿地面积由 2005 年的 7.39 平方米增加到 8.6 平方米。截至目前，已评选出全国绿化模范城市（区）36 个，国家森林城市 10 个（贵阳、沈阳、长沙、成都、包头、许昌、临安、新乡、广州、阿克苏），国家园林城市（区）138 个。近年来，随着城市化进程的加快，城市生态环境问题日益突出，广大市民对城市生态环境建设要求越来越高，城市森林建设受到广泛关注。2001 年，国务院颁发了《关于加强城市绿化建设的通知》，要求把城市绿化作为城市重要的基础设施和城市现代化建设的重要内容来推进。2004 年以来，由全国政协人口资源环境委员会、全国绿化委员会、国家林业局、国家广播电影电视总局、中国绿化基金会、中华全国新闻工作者协会联合组成的关注森林活动组委会，先后在贵阳、沈阳、长沙、成都举办了四届中国城市森林论坛和创建"国家森林城市"活动，有力地促进了我国的城市森林建设，有效地改善了城市人居环境。

（6）开展林业科学研究　应重点开展对森林生态系统生态效益、经济效益、环境效益三者之间的关系研究。特别是在取得经济效益的同时注意改善生态状况，力求生态、经济、环境三者之间相对协调发展。

（7）控制环境污染对森林的影响　大气污染物如 SO_2、酸雨及酸沉降等都能明显对森林产生不同伤害，影响森林的生长、发育。水污染和土壤污染随着污染物的迁移、转化也将对森林产生影响，控制环境污染的影响有助于森林资源的保护。

2.4.2　草地资源的利用与保护

2.4.2.1　草地资源的含义

草地资源又称草场资源。凡可供畜牧业利用的各种草原、草甸、灌草丛及荒漠均属草地资源范畴。草地资源是一种可再生的自然资源。在地球上把太阳能转变为生物能的绿色植物中，草是种类最多、适应性最强、覆盖面积最大、周转速度最快的可更新能源。

全世界天然草地占陆地面积的 24%，疏林草地占 16%，农田草地占 11%。我国草地资源约有 4 亿公顷，其中可利用的约 2.8 亿公顷，分为牧区草原和农区草山草滩两大部分。

2.4.2.2　草地的重要性

草地上分布有丰富的珍稀野生植物、野生动物、微生物、优良的家畜品种、风能、太阳能、天然气、地热、水资源和各种富饶矿藏，为人类提供生活资料和生产资料。草地具有奇特地质地貌景观以及历史文化遗产、民族风情等人文资源。草地还具有保持水土、防风固沙、维护生态平衡的生态功能。

2.4.2.3　草地保护

（1）加强草地资源的管理　随着修订后的草原法和一系列配套法规相继出台，全国草原监理体系基本框架的构成，监理队伍的充实壮大，年查处草原违法案件近万起，有效遏制了草原过牧现象，减少了乱采滥挖等破坏草原的违法行为。前些年各省推行的草原承包制，大大调动了广大牧民自觉保护草原的积极性；天然草原植被恢复和退耕还草等项目在草产业发展和草原生态建设方面取得了显著效果。用法律制止约束破坏草原的违法行为，用政策调动建设草原的积极性，二者在草业发展中分别占据着不可替代的地位。

（2）重视和发展草地产业　发达的畜牧业生产是建立在发达的饲草生产基础之上的，发达的草产业需要发达的畜牧业消化和吸收。

美国草产业发展较早。在美国，主要用于收获商品干草的作物是被誉为"牧草之王"的首蓿。其种植面积仅次于玉米、小麦和大豆。首蓿不仅产量高，而且草质优良，各种畜禽均喜食。美国中西部、东北部和西南部等主要乳品产业带是苜蓿的集中种植区，西部和中部地区也生产苜蓿干草饲喂肉牛、马和其他家畜。据统计，美国苜蓿干草的年产值达81亿美元，其中苜蓿草粉和方草捆的年出口额达5000万美元，如果把苜蓿与其他牧草混播草地生产干草的产值计算在内，整个苜蓿干草产业创造产值近100亿～135亿美元。

我国目前苜蓿的种植面积约133万公顷。随着商品经济的发展，近年来苜蓿产业化规模发展较快，苜蓿的种植面积正在扩大。由于草产业的发展，我国出现草原超负荷利用只是暂时的，国家已经出台《草畜平衡管理办法》，采取了一系列政策措施，随着经济发展的日渐成熟，草业发展与畜牧业发展必相匹配。

2.4.3 生物多样性保护
2.4.3.1 生物多样性的含义

生物多样性是指一定时间内，一定地区的所有植物、动物、微生物和生态系统的综合体，它包括遗传多样性、物种多样性和生态系统多样性三个基本层次，是人类生存与发展的基础。

(1) 遗传多样性　遗传多样性是指生命有机体所携带的各种遗传信息及其组合的多样性，反映物种内部的多样化程度。遗传多样性对于维持物种的繁殖活力、抗病能力和适应环境变化的潜力是十分必需的。

遗传多样性是增加生物生产量和改善生物品质的源泉。人类利用传统的育种技术和现代基因工程，不断培育新的作物品种，淘汰旧品种，扩展农作物的适应范围，大大提高了作物的生产力，丰富了农作物的遗传多样性。目前，我国已培育主要农作物新品种5000多个，突破了杂交水稻、杂交玉米、矮败小麦、杂交油菜等一系列重大核心技术。

(2) 物种多样性　物种多样性是指一个地区内生物种类的丰富程度及其变化，是评价一个地区生物多样性状况的最常用、最重要的指标。全球生物物种的总量估计约为1400万种，目前已鉴定的物种约有170万种。

物种多样性是人类基本生存需求的基础。地球上至少有7.5万种植物可供人类使用，现在可供利用的仅3.5万种。现代工业中很大一部分原料直接或间接来源于野生生物，很多野生生物至今仍是人类食物的主要对象。

(3) 生态多样性　生态多样性是指生物圈内栖息地、生物群落和生态学过程的多样化，以及生态系统内栖息地差异和生态学过程变化的多样性。

不同生物通过占据生态系统的不同生态位，采取不同的能量利用方式，以及食物链网的相互关联维持着生态系统的基本能量流动和物质循环。生物多样性的丰富度直接影响生态系统的能量利用率、物质循环过程和方向、生物生产力、系统缓冲与恢复能力等。生态系统多样性在维持地球表层的水平衡、调节微气候、保护土壤免受侵蚀和退化以及控制沙漠化等方面的作用已逐渐被人类认识和利用。

2.4.3.2 生物多样性面临的威胁

(1) 全球　据世界资源研究所的推测认定，从1975～2015年间，每10年间世界上就有1%～11%的物种灭绝。其原因主要有非本地物种的引进、环境的破坏、狩猎和蓄意灭绝，而1种植物的灭绝又至少会影响到20种昆虫因食物链破坏而消亡。过去的2亿年中平均每1.1年灭绝1种物种，而现今每天大约有20～30个人类认识或不认识的物种灭绝。

(2) 中国　人为活动使生态系统不断破坏和退化，已成为我国目前最严重的环境问题之一。生态破坏的主要表现形式是森林减少，草原退化，农田土地沙化、退化，水土流失，沿海水质恶化，赤潮发生频繁，生物资源锐减和自然灾害加剧等方面。

① 生态系统多样性。前文已述，我国森林和草地生态系统面临衰退局面。此外，我国的水域生态系统也受到破坏。海岸湿地区围垦给附近水域的海洋生物资源造成深远的不利影响。海南省曾有1/4海岸段分布珊瑚礁，礁区海洋生物资源丰富，近10年来，由于当地居民采礁烧制石灰、制作工艺品，导致全岛沿岸80%的珊瑚礁资源被破坏。

淡水生态系统由于兴建大型水利、电力工程及围湖造田而严重破坏。淡水生态系统的破坏，不仅缩小了湿地和水生物种生境，同时造成洪水调节能力下降，成为形成水旱灾害的一个重要原因，并且堵塞某些重要经济鱼类洄游通道。

② 物种多样性。我国具有丰富的物种多样性，但由于人口增长和对资源需求的增加，致使许多生物严重濒危。据统计，我国目前大约有398种脊椎动物濒危，占总数的7.7%；高等植物濒危的物种估计已达到4000～5000种，约占总数的20%。

我国目前濒危的主要动植物种有：朱鹮、东北虎、华南虎、云豹、大熊猫、多种长臂猿、儒艮（人鱼）、无喙兰、海南苏铁、印度三尖杉、人参、云麻等。对虾、海蟹、带鱼、大小黄鱼等主要经济物种的可捕捞数量也迅速缩减。冬虫夏草、灵芝、发菜等由于长期的人工采摘，已有濒临灭绝的危险。

③ 遗传多样性。我国的栽培植物遗传资源也面临严重威胁。许多古老名贵品种因优良品种的推广而绝迹。山东省的黄河三角洲过去遍地野生大豆，现在只有零星分布。上海郊区1959年有蔬菜品种318个，1990年只剩下178个，青浦县的三白西瓜（白皮、白肉、白籽）在市区也已不见。在动物遗传资源方面，优良的九斤黄鸡、定县猪已经灭绝，特有的海南峰牛、上海的荡脚牛也已很难找到。

2.4.3.3 生物多样性保护途径

(1) 就地保护　就地保护是生物多样性保护的最有效措施，是以各种类型的自然保护区包括风景名胜区的方式将有价值的自然生态系统和野生生物的生境保护起来。在保护区内，外界人为的干扰相对较少，绝大多数物种能得到保护。

我国有保护区926个，国家或地方森林公园181处（国家级105处）。吉林长白山、四川卧龙、湖北神农架、新疆博格达峰、贵州梵净山、福建武夷山、广东鼎湖山、内蒙古锡林郭勒、江苏盐城等9处自然保护区加入了国际生物圈保护区网（NAB）。

(2) 迁地保护　迁地保护主要适于对濒临灭绝的动植物种的紧迫拯救。它包括利用植物园、动物园的迁地保护，以及建设迁地保护基地与繁育中心。

我国植物园发展很快，至今已有约110个，其中保存的高等植物中野生植物占55%～65%。我国动物园总数达175个，许多珍稀濒危动物在动物园中开始成功繁殖。

我国于20世纪80年代开始建设以保护为目的的濒危动植物繁育中心和基地。植物保护基地对珍稀濒危野生植物以及树木、果树、观赏及药用植物、农作物、食用植物和茶、桑等经济植物进行了保护性繁育。通过野生动物保护基地，一度濒临灭绝的大熊猫、扬子鳄、朱鹮、东北虎等近10种濒危动物开始复苏。

(3) 离体保护遗传种质资源的收集与保护

① 作物品种及其亲缘种的收集和保存。目前我国作物遗传资源的收集总数达35万份，成为世界上遗传种质资源材料保存最多的国家。1987年中国农业科学院建成国家作物种质库，用于长期保存作物种质资源，已入库的作物遗传种质资源达23份。

② 家养动物品种的收集与保存。据初步统计，我国目前共保存家畜和家禽地方良种达398个。在家畜品种的离体保存方面，一批具有现代化水平的动物细胞库和动物精子库、卵

子库已经建成或正在建设之中。

2.5 矿产资源的合理利用与保护

2.5.1 矿产资源

矿产资源是指埋藏于地下或分布于地表的、由地质作用所形成的有用矿物或元素，其含量达到具有工业利用价值的矿产。矿产资源是有限的不可再生资源。

矿产资源一般可分为能源、金属矿物和非金属矿物三大类。能源将在本章最后专门讨论。

非金属矿产种类极多，主要品种有金刚石、石墨、硫铁矿、水晶、滑石、石棉、云母、石膏、方解石、菱镁矿、玉石、玛瑙、石灰岩、白垩、石英砂、硅藻土、高岭土、黏土、大理岩等。它们主要应用于机械加工工业、仪器仪表工业、电气工业、化学工业、硅酸盐工业、天然石材工业、美术工艺等方面。非金属矿物数量丰富，基本能满足人类的需求。

金属矿物包括铁和铁合金元素，主要是铁、锰、铬等，以及有色金属。有色金属又包括轻金属（如铝、镁、钾、钠、钙等）、重金属（如铜、镍、钴、铅、锌、锡、汞等）、贵金属（如金、银及铂族金属）、半金属（如硅、硒、砷、硼等）和稀有金属（如镭、铀等）。

2.5.2 世界矿产资源的开发利用

据相关资料表明，金属和非金属的供给，在今后100年里都将会是充裕的。但矿产资源属于不可再生资源，并且其消耗增长率一直高于人口的增长率，因此它最终是要枯竭的。对此，人们可以通过勘探新矿藏，发展新的采矿技术，开发新材料和新产品，提高金属回收技术以及市场机制的调控技术延缓矿产资源的枯竭。

同时，经济结构的变化，技术的精细化和替代产品的发现，以及高技术和服务工业与经济发展的紧密联系，使人们对原材料的需求强度降低了。从20世纪70年代中期以后，工业化国家对矿产需要的增长减缓，人均消费量和消费强度都在下降。

2.5.3 我国的矿产资源

2.5.3.1 我国矿产资源的特点

我国矿产资源总量丰富，人均占有量较少。已发现168种矿产资源，有探明储量的达151种。我国主要矿产的世界排名为：煤世界第3位，石油世界第10位，天然气世界第12位，铁、锰世界第3位。我国45种主要矿产探明储量的潜在价值约占世界矿产总价值的12%，居世界第3位。但是人均占有矿产资源量位世界人均量的58%，居世界第53位。

我国一些重要矿产主要集中在偏僻、边远地区，其分布与生产力布局不匹配。如煤矿，虽在除上海之外的省市均有分布，但主要集中分布在北方的新疆、内蒙古、山西等地。

2.5.3.2 我国矿产资源存在的问题

(1) 矿产品消费量增长较快，而矿产储量勘察增长缓慢　国家财政投入的勘察资金，在扣除物价上涨和其他社会性支出后，不仅没有较大增加，而且在逐年减少，地质勘察工作连年萎缩。近年来我国矿产品供需矛盾有所缓和，主要是由于进口增加。

(2) 矿床规模较小，共生、伴生矿床比重大　我国已探明储量的矿床中，约95%是中小型矿床，大型矿床及特大型矿床很少。一些重要的大宗矿产资源的主要特点就是贫矿多、难选矿多、富矿少，这对我国矿产资源的开发利用具有非常重要的影响。我国铁矿储量中，贫铁矿占总储量的98.1%，铜矿、铝土矿、锰矿、磷矿、硫铁矿等，甚至铅锌矿也是这种情况。在我国大宗矿产未利用的矿产地中,未利用的重要原因之一就是矿石品位低。

我国的矿床多数是共生、伴生矿床。在有色金属矿中,具有两种以上有用组分的占82%,如钨矿中伴生有铜、铅等约 20 种元素。

(3) 不合理开发和资源高消费所造成的资源浪费极为严重 乡镇企业缺乏合理的开发规划和科学的管理手段,生产技术及设备落后,粗放经营,资源回收率低,造成矿产资源浪费和破坏。

据论证,到 2010 年,我国石油、天然气、铁、铜、钾盐等 15 种主要矿产将不能满足需求。

2.5.4 矿产资源开发对环境的影响

2.5.4.1 水污染

采矿、选矿活动使地表水或地下水含酸性物质、含重金属和有毒元素,这种污染的矿山水统称为矿山污水。矿山污水危及矿区周围河道、土壤,甚至破坏整个水系,影响生活用水和工农业用水。

2.5.4.2 空气污染

露天采矿及地下开采工作面的钻孔、爆破以及矿石、废石的运输过程中产生的粉尘,废石场废石的氧化和自然释放出的大量有害气体,废石风化形成的细粒物质和粉尘,以及尾矿风化物等,在干燥气候与大风作用下会产生沙尘暴等。

2.5.4.3 土地的破坏与恢复

矿山开采,特别是露天开采使大面积的土地遭到破坏和占用。近些年露天矿开采中注意了恢复破坏土地的工作。露天开采采取边采边复田的措施,有的在土表恢复植被,有的开辟成新的风景游览区,以降低对土地资源的消耗。

2.5.4.4 地下开采造成地面塌陷及裂隙

地下采矿后,采场及坑道上部岩层失去支撑,原有的地层内部平衡被破坏,岩石破裂、塌落,地表也随着下沉形成塌陷坑、裂缝以及不易识别的变形等,破坏周围的环境及工农业生产,甚至威胁人们的安全。

2.5.4.5 海洋矿产资源开发的污染

目前,世界石油产量的 17% 来自海底油田,而且这一比例还在迅速增长。油井的漏油、喷油以及石油运输过程中不可避免的跑、冒、滴、漏所造成的污染也将增加。

2.5.5 矿产资源的合理利用与保护

2.5.5.1 世界矿产资源的合理开发与环境保护

(1) 推迟矿产资源枯竭

① 勘探新矿藏,发展新的采矿技术。近几十年新发现的许多矿藏,如美国西部的金矿、巴西和澳大利亚的富铁矿和铝土矿,归功于地球科学的发展、新技术的进步、金价的上涨、采矿和金属回收技术的提高。这使大规模的开采和一些低品位矿的开采成为可能,提高了生产效率,降低了产品成本。

② 开发新材料和新产品,提高金属回收技术。陶瓷制品和复合产品(来自于更丰富的非金属矿物)、塑料制品的不断涌现,都减轻和延缓了对金属的消费。工业发达国家再生金属产量也在明显增加提高,许多金属回收比直接开采廉价。尤其是铝,其回收废金属的能耗仅为直接从铝土矿中提炼的 5%。在美国,铝、铜、钢铁、铅、锌等金属的消费总量中很大部分来自于回收金属。

(2) 矿产资源的可持续利用

① 提高公众环境意识。环境意识是现在影响矿产资源开发利用的一个重要因素。

过去，美国黄石国家公园的生态一直受到距其4公里的大型金矿的威胁。于是14个美国环保组织进行为期6年的阻止采矿的斗争。1995年12月，世界遗产委员会将黄石国家公园列入濒危世界遗产名录，迫使克林顿政府做出史无前例的决定，即用联邦财产与金矿公司拥有的财产进行交换来阻止采矿。克林顿政府于1996年以6500万美元收购了计划采矿的私人土地，有效地解除了金矿对黄石国家公园的威胁。

与过去观念不同，越来越多的美国人现在更看重自然环境的价值，而不是金子，矿产资源的重要性只能放在第二位。

② 将环境成本计入矿产品价格。采矿在全球范围内造成环境损害，但这些环境成本并没有计入矿产品的价格。甚至有的采矿国对本国矿产工业提供优惠。这种制度帮助了在世界市场上保持金属价格的低廉，也助长了破坏矿产资源和周围的环境。为了减轻任意开发造成的环境破坏，应将环境成本计入矿产品价格之中。

③ 搞好土地复垦。美国加利福尼亚州的某矿业公司 Homestake Melaughlin 为了表现较好的环境形象，采取矿产开采和土地复垦并重的做法，通过利用新的、有效的科技手段来防止矿石中有害物质对环境的污染，既节省了环保费用，又解决了环境问题，从而获得竞争的优势。各采矿企业逐渐地开始优先考虑环境问题。

④ 加强环境管理，健全法规法制。1991年中期，在柏林召开的"采矿与环境"国际会议制定了纲领性文件，其纲要是：在批准采矿执照时要优先考虑到环境管理部门是否同意；政府和采矿企业对环保的责任应该以政策条文形式正式写出。

1992年在里约热内卢召开了"地球首脑会议"：提出了"谁污染谁负责"的口号。

由于各国的努力，过去10年里，全球有很多采矿工程项目由于环境问题而被取消、推迟、关闭甚至被起诉要求赔偿。

2.5.5.2 我国矿业可持续发展和资源综合利用

(1) 加强矿山地质探矿　地质探矿是指为增加新的矿储量，延长矿山服务年限，并为进一步查明地质构造、水文地质而在生产矿区内部及其外围所进行的地质探矿工程。通过勘察，许多老矿区找到新矿床。如我国江西铁山垅钨矿黄沙矿区经多期找矿，使小钨矿变成特大型多金属钨矿。

(2) 综合利用矿产资源

① 努力提高共、伴生矿产资源的利用水平，使共、伴生资源的利用率由目前的10%～20%提高到30%左右，逐步缩小与世界先进水平的差距。

② 加强新工艺、新技术的开发与推广工作。

③ 注重低品位、难选冶矿产资源的利用。随着科技的进步，我国在低品位金矿的开发利用方面也取得了很大进展，达到了很好的经济指标。

④ 再生资源的回收利用。我国金属二次资源利用水平远远低于先进国家水平，例如尾矿的回收利用。我国煤系地层中的共生矿（如共生高岭土）只有少数矿山进行综合利用。

⑤ 尾矿资源的开发利用。我国金属矿山积存的尾矿已达50亿吨左右，但尾矿用量远不到10%。目前，有越来越多的矿山成功地开发利用尾矿，如制造地砖、水泥、陶瓷、塑料充填料等。尾矿利用还有利于生态环境保护，如本溪南芬铁矿选矿厂用尾矿造田70亩（1亩＝666.7平方米，下同）。

2.6 海洋资源的利用与保护

海洋约占地球表面积的71%,等于陆地面积的2.5倍,是生物圈中最庞大的生态系统。它蕴含着丰富的自然资源,是地球生物生存的重要源泉。生命的起源就是海洋。

2.6.1 生物资源

海洋是具有高盐分的特有环境,其生物类群与淡水和陆地明显不同,为人类提供丰富的水产资源。海洋生物资源按种类分为:①鱼类资源,占世界海洋渔获量的88%;②软体动物资源(如乌贼、章鱼和贝类等),占世界海洋渔获量的7%;③甲壳类动物资源(如虾蟹类),约占世界海洋渔获量的5%;④哺乳类动物(如鲸、海豚、海豹、海象和海狮等),其皮可制革,肉可食用,脂肪可提炼工业用油,其中鲸类年捕获量约2万头;⑤植物(如各类海藻),其中近百种可食用,还可从中提取藻胶等多种化合物。仅位于近海水域自然生长的海藻,年产量已相当于目前世界年产小麦总量的15倍以上,如果把这些藻类加工成食品,就能为人们提供充足的蛋白质、多种维生素以及人体所需的矿物质。

当前世界海洋生物资源利用很不充分,捕捞对象仅限于少数几种,而大型海洋无脊椎动物、多种海藻及南极磷虾等资源均未很好开发利用;捕捞范围集中于沿岸地带,仅占世界海洋总面积7.4%的大陆架水域,却占世界海洋渔获量的90%以上。据估计,海洋每年可提供鱼产品约2亿吨,迄今仅利用1/3左右。

海洋生物资源进一步开发利用的途径为:①开发远洋(如南大洋)和深海的鱼类及大型无脊椎动物,首先是水深200~2000米及更深处的资源;②开发海洋食物链级次较低的种类,如南极磷虾资源;③大力发展大陆架水域的海水养殖和增殖业(如放养鱼、贝类和虾等),实现海洋水产生产农牧化。

2.6.2 矿产资源

在海洋矿产资源中,以海底油气资源、海底锰结核及海滨复合型砂矿经济意义最大。据美国石油地质学家估计,全世界含油气远景的海洋沉积盆地约7800万平方公里,大体与陆地相当。世界水深300米以内海底潜在的石油、天然气总储量为2356亿吨。世界近海海底已探明的石油可采储量为220亿吨,天然气储量17万亿立方米(1979年),分别占世界储量的24%和23%。主要分布于浅海陆架区,如波斯湾、委内瑞拉湾与马拉开波湖及帕里亚湾、北海、墨西哥湾及西非沿岸浅海区。

深海锰结核以锰和铁的氧化物及氢氧化物为主要组分,富含锰、铜、镍、钴等多种元素。其存在于洋底,为鹅卵状黑色团块。据估计,世界大洋海底锰结核的总储量达30000亿吨,仅太平洋就有17000亿吨,其中含锰4000亿吨、镍164亿吨、铜88亿吨、钴58亿吨。主要分布于太平洋,其次是大西洋和印度洋水深超过3000米的深海底部。锰结核的另一重要特点是,它可以不断生长,属于可再生资源。

世界96%的锆石和90%的金红石产自海滨砂矿。复合型砂矿多分布于澳大利亚、印度、斯里兰卡、巴西及美国沿岸。金刚石砂矿主要产于非洲南部纳米比亚、南非和安哥拉沿岸;砂锡矿主要分布于缅甸经泰国、马来西亚至印度尼西亚的沿岸海域。

我国近海水深小于200米的大陆架面积有100多万平方公里,其中含油气远景的沉积盆地有7个:渤海、南黄海、东海、台湾、珠江口、莺歌海及北部湾盆地,总面积约70万平方公里,并相继在渤海、北部湾、莺歌海和珠江口等获得工业油流。在辽东半岛、山东半岛、广东和台湾沿岸有丰富的海滨砂矿，主要有金、钛铁矿、磁铁矿、锆石、独居石和金红石等。

2.6.3　化学资源

海洋化学资源指海水中所含的大量化学物质。地球表面海水的总储量为13.18亿立方千米，占地球总水量的97％。海水中含有大量盐类，平均每立方千米海水中含3500万吨无机盐类物质，其中含量较高的有氯、钠、镁、硫、钙（40万吨/立方千米）、钾、溴、碳、锶和硼，以及锂、铷、磷、碘、钡、铟、锌、铁、铅、铝等。它们大都呈化合态存在，如氯化钠、氯化镁、硫酸钙等，其中氯化钠约占海洋盐类总重量的80％。人们每年从海水中提取食盐3500万吨。

海水化学资源开发利用的历史悠久，主要包括：海水制盐及卤水综合利用（回收镁化合物等），海水制镁和制溴，从海水中提取铀、钾、碘，以及海水淡化等。铀在海水中的储量十分可观，达45亿吨左右，相当于陆地总储量的4500倍，主要作为国防和原子能发电的核燃料。按燃烧发生的热量计算，至少可供全世界使用1万年。作为农业用钾肥资源的钾在海洋中储量达500万亿吨以上。

2.6.4　医药资源

当今世界，癌症、艾滋病、心血管病以及各种免疫性疾病等频频出现，而现存陆生天然药物及化学合成药物的抗癌、抗病毒、抗真菌及免疫调节作用并不很理想，因而必须另辟新药物途径。经科学家研究表明，海洋是一个蕴藏众多高效药理活性物质的巨大宝库。美国、日本等发达国家目前正积极研究海洋药物。通过各国海洋药物学家的多年研究，现已知有230种海藻含有多种维生素及药理作用，有246种海洋生物（包括海藻和动物）含有抗癌物质。如罗氏海盘车、陶氏太阳海星中有某些物质可制成凝点低的血浆替代品。螺旋藻等藻类植物具有防治动脉粥样硬化的功效。岩沙海葵中提取的海生毒素，具有强抑癌活性。我国南海东沙群岛有一种海人草可治疗肺病、皮肤病。

2.6.5　动力资源

海水运动过程中产生潮汐能、波浪能、海流能，海水因温差和盐度差可引起温差能与盐差能。这些海洋动力资源的特点为：(1) 蕴藏量大，可再生，估计全球海水温差能可利用功率达100亿千瓦，潮汐能、波浪能、海流能及海水盐差能等可再生功率均为10亿千瓦左右；(2) 能流分布不均、密度低，大洋表面层与500～1000米深层间的较大温差仅20℃左右，沿岸较大潮差约7～10米，近海较大潮流流速只有4～7海里/小时；(3) 能量多变，不稳定，其中海水温差能、海流能和盐差能的变化较慢，潮汐和潮流能呈短时周期规律变化，波浪能有显著的随机性。

潮汐能的工业规模开发始于20世纪60年代。1966年11月，法国在圣马洛湾的朗斯河口，建成世界第一座装机容量为24万千瓦的潮汐发电站，年发电5.44亿度。60年代末以来，前苏联、英国、美国、加拿大等国相继建成一批潮汐发电站。我国沿海潮汐能蕴藏量为年发电2750亿度，其中可供开发的总装机容量约3600万千瓦，年发电900亿度，1980年建成江厦潮汐试验站，设计总装机容量3000千瓦，年发电1070万度。70年代以来，波浪及海洋温差发电发展较快，日本、美国等国相继建成试验性的波浪和温差发电站。目前对潮流、海流、海水压力差、海洋盐度差等的开发利用尚处于试验准备阶段。

2.6.6　水资源

海洋是生命的摇篮，是宝贵的水资源。海水淡化是开发新水源、解决沿海地区淡水资源紧缺的重要途径。

海水淡化是指从海水中获取淡水的技术和过程。海水淡化方法在20世纪30年代主要是采用多效蒸发法；20世纪50年代至20世纪80年代中期主要是多级闪蒸法（MSF），至今利用该方法淡化水量仍占相当大的比重；20世纪50年代中期的电渗析法（ED）、20世纪70年代的反渗透法（RO）和低温多效蒸发法（LT-MED）逐步发展起来，特别是反渗透法（RO）海水淡化已成为目前发展速度最快的技术。

据国际脱盐协会统计，截至2001年底，全世界海水淡化水日产量已达3250万立方米，解决了1亿多人口的供水问题。这些海水淡化水还可用作优质锅炉补水或优质生产工艺用水，可为沿海地区提供稳定可靠的淡水。国际海水淡化的售水价格已从20世纪60年代、70年代的2美元以上降到目前不足0.7美元的水平，接近或低于国际上一些城市的自来水价格。随着技术进步导致的成本进一步降低，海水淡化的经济合理性将更加明显，并作为可持续开发淡水资源的手段将引起国际社会越来越多的关注。

我国反渗透海水淡化技术研究历经"七五"、"八五"、"九五"攻关，在海水淡化与反渗透膜研制方面取得了很大进展。现已建成反渗透海水淡化项目13个，总产水能力日产近1万立方米。目前，我国正在实施万吨级反渗透海水淡化示范工程和海水膜组器产业化项目。

蒸馏法海水淡化技术研究已有几十年的历史。天津大港电厂引进两台3000立方米/天的多级闪蒸海水淡化装置，于1990年运转至今，积累了大量的宝贵经验。

2.7　能源利用与环境保护

2.7.1　能源及其分类

2.7.1.1　能源

能源是可产生各种能量（如热量、电能、光能和机械能等）或可作功的物质的统称。它主要包括煤、石油、天然气、水电以及风能、地热能、潮汐能、核能、太阳能等。能源是实现国民经济现代化和提高人民生活的物质基础。能源的总消耗量和人均消耗量是衡量一个国家或地区经济发展水平的重要标志。但是，人类对能源的大量使用造成对环境的污染已成为全球性环境问题。同时，能源的消费量与日俱增，加重了地球的能源总量的负荷，能源又面临不足甚至枯竭的问题。

2.7.1.2　能源的分类

能源可以从不同的角度进行分类。

(1) 按能源的产生和再生能力分类　可分为可再生能源和不可再生能源两大类。前者包括太阳能、水力、生物能、风能、潮汐能、地热能等；后者包括一切化石燃料与核裂变燃料等。

(2) 按能源的使用方式分类　可分为一次能源和二次能源。前者是指直接从自然界取得而不改变其原有形态的能源；后者是指一次能源经过加工，转换成另一种形态的能源，如电能、煤油、煤气、沼气、焦炭等。

(3) 按能源的来源分类　可分为：来自太阳的辐射能，通过植物光合作用的转化而得以储存，包括化石燃料在内；来自地球内部的能量，如地热能和核能；以及因地球等天体引力形成的能量，如潮汐能。

(4) 按能源使用的历史分类　可分为常规（或传统）能源和新能源。前者常指煤、石油、天然气、水力、生物能等；后者指核能、地热能、潮汐能、太阳能、沼气、近代高效风力发电机利用的风能等。

2.7.2 能源结构转变

随着生产力的发展和科学技术的进步，人类在能源消费上经历了三个阶段，目前正在走向第四阶段。

(1) 木柴时代 前资本主义时期，生产力不发达，木柴等在能源消费中居首位。

(2) 煤炭时代 18 世纪 60 年代，英国的产业革命促进了煤炭的大规模使用。到 19 世纪 70 年代，煤炭在世界能源消费结构中占 24%。之后电力开始进入社会各个领域，蒸汽机和火电站（烧煤）发展迅速，对煤炭的需求骤增，到 20 世纪初达 95%。煤炭取代木材成为主要能源，完成了世界能源消费结构的第一次重大变革。

(3) 石油时代 20 世纪初，内燃机问世，汽车、飞机制造业兴起，各工业部门和运输业相继以石油为燃料，致使石油消费量显著增加。20 世纪 60 年代初石油（气）的产量与消费量超过煤炭，几乎所有的工业化国家都转向石油和天然气。能源结构由"煤炭时代"进入"石油时代"的主要原因是石油产量增加，以及石油热值高、开采费用低、便于运输等。此外，国际垄断组织压低了石油价格，其价格仅相当于煤炭的 1/2，使主要资本主义国家纷纷弃煤用油。煤炭开采条件日益恶化也加速了石油取代煤炭的进程。

(4) 多极化时代 20 世纪 70 年代，为摆脱石油危机，许多国家开始发展新能源，能源结构从石油、天然气为主的能源系统转向核能、风能、太阳能等新能源为基础的持续发展的能源的开发利用。

世界能源结构进入"多极化时代"。目前，在世界一次能源消费结构中，石油占 39.9%，天然气占 23.6%，煤炭占 26.2%，水电和核电仅占 10.1%。由于石油价格的上涨和供求关系的演变，未来世界对煤炭的消耗量将大幅度增加。煤炭虽然污染严重，但其储量大且取之方便。当前人们正致力于开发煤炭的清洁利用技术，如气化、液化、脱硫、脱氮等。

2.7.3 我国的能源状况

2.7.3.1 我国能源现状和存在的问题

随着经济的快速发展，我国的能源生产和消费量迅速增长，与此同时也出现了一定的能源问题。

(1) 能源人均消费量不足 能源总消耗量与按人口平均的能源消耗量是衡量一个国家或地区经济发展水平的重要标志。我国能源资源总量相当可观，煤炭储量居世界第三位，石油居第十位，水能居第一位。但人均能耗只有世界平均水平的 1/2。而美国人口占世界人口的 5%，其能源消费占世界总量的 25%，人均能耗是世界平均水平的 5~6 倍。

(2) 能源消费结构不合理 1998 年我国能源消费构成中：煤炭占 72.9%，石油占 22.5%，天然气占 2.1%，水电和核电占 2.5%。这种以煤炭为主体的能源消费结构，导致了严重的环境污染问题。

(3) 能源效率低 我国的能源效率（单位产值能耗）远高于世界平均水平。1997 年单位国民生产总值能耗是发达国家的 3~4 倍。据专家预算，我国主要耗能产品的单位平均能耗比国际先进水平高 40% 以上。目前我国能源系统的总效率十分低下，只有 9%，不到发达国家的 1/2。这意味着能源从开采、加工、转换、输送、分配到终端利用，90% 以上被损失和浪费掉了。

(4) 能源与经济的布局不匹配 我国能源自然分布不平衡，近 80% 的能源资源分布于西部和北部，但60%的能源消费在经济发达的东南部地区。我国能源资源的地区分布见表2-2。

表2-2 我国能源资源的地区分布

地 区	能源合计占全国比重/%	能源资源占全国比重/%		
		煤炭	水力	石油、天然气
华北	32.3	43.2	1.2	10
东北	5.9	5.8	2	47.8
华东	9.6	11.4	3.6	18.4
中南	8.5	6.2	15.5	8
西南	23.7	9.9	67.8	4.7
西北	20	23.5	9.9	11.1

如表2-2所示，我国煤炭资源主要分布在华北地区，水能资源集中分布在西南地区，石油和天然气资源主要分布在北部和西部地区，以及东部的海上油气田，能源资源的地区分布很不平衡。

我国能源生产与消费之间也是不平衡的，如表2-3所示。由于能源资源在空间上的分布不平衡和能源供需的不平衡，将导致北方能源大量输往南方，对交通造成很大压力。

表2-3 我国能源资源生产与消费的地区分布

地区	可开发能源占全国/%	一次能源生产量占全国/%	能源消费量占全国/%	原煤生产量占全国/%	原煤消费量占全国/%
华北	35.5	38.1	25.2	43.1	29.3
东北	5.8	21.0	16.9	14.8	17.8
华东	5.4	4.2	11.4	5.3	14.1
华中	7.3	13.4	15.0	14.3	14.9
华南	2.3	2.6	7.0	2.6	5.6
西南	23.7	10.5	10.6	11.8	10.9
西北	20.0	8.4	7.8	8.1	7.4

注：摘自林培英编．环境问题案例教程．中国环境科学出版社．

2.7.3.2 优化能源产业结构的思路

我国的国情决定了我国能源产业结构的发展战略为：以煤炭为基础，以电力为中心，积极开发石油、天然气，适当发展核电，因地制宜开发新能源和可再生能源，走优质、高效、洁净、低耗的能源可持续发展之路。

（1）优化煤炭在能源结构中的基础地位 我国是以煤炭为主要能源的国家，煤炭资源在数量上占绝对优势，在价格上相对石油和天然气也有很强的优势。相比于过去煤炭开采和使用造成的严重污染，如今的科技时代为煤炭成为洁净、高效的能源创造了条件。到2050年我国煤炭将大部分用于发电和液化。采用新技术后，煤炭发电可大幅度减少CO_2排放和大气污染。用煤大量生产合成液体燃料，弥补国产石油的不足。

（2）利用西部大开发的机遇，加大洁净能源建设力度 21世纪国产能源主要靠中西部供应。据专家预测，到2050年，全国煤产量可达26亿吨，其中晋陕蒙占50%，西南地区占10%；国产石油的50%来自新疆。到2020年，陆上天然气产量的90%来自中西部地区，可开发水能资源的61%分布在西南地区，11%在西北地区。到2020年西南地区可向东部地区输送1100万～1200万千瓦电力，西北地区可输送360万～468万千瓦。大陆高温地热资源全部在西藏和滇西，新疆—甘肃—内蒙古北部—东北是我国风能资源丰富地带，西藏和西北是太阳能最丰富的地区。因此，今后必须发挥西部资源的优势，加大洁净能源的开发力度。

（3）利用国内外两个市场、两种资源，改善能源消费结构　据国际能源机构（IEA）发表的《1998年世界能源展望》预测，煤炭的消费量将保持较高的增长速度，尤其是亚洲，预测亚洲大部分国家煤炭需求年均增长在3.8%，而中亚和东亚地区甚至高达5%。而20世纪90年代以来，我国国内石油需求量增大，煤炭需求量降低，从而使石油进口和煤炭出口增加。综合目前国际、国内形势，当前适度增加煤炭出口和石油进口，以煤换油来改善我国能源供应结构也是一条重要途径。

（4）开发新能源和可再生能源，优化能源产业结构　环境的恶化影响着国民经济的可持续发展，因此，优化能源产业结构，发展洁净能源技术已刻不容缓。我国地域广阔，蕴藏着丰富的可再生资源，目前，我国在太阳能、风能、水力、核能、地热能、生物能利用方面有一定的社会基础和规模，多元化的能源开发利用将大有可为。

2.7.4　新能源

随着经济的不断发展，能源的消耗量迅速增长，同时煤和石油等能源的过度开发利用带来了严重的环境污染问题。因此，人们正在大力探索和开发各种新能源。

2.7.4.1　太阳能

太阳能是自然生态系统维持正常运转所需要能量的根本来源，是既无污染又可再生的天然能源。人类生活所需要的能量主要来自太阳。如人们所消耗的化石能源是几百万年前地球上的动植物被埋在地下，经过高温高压作用转换而来的。也就是说，化石能源是一种过去储存下来的太阳能。太阳能是人类社会极其重要的能源，因此要很好地加以利用。目前，直接利用太阳能主要有三种形式，即将太阳能转变成热能、电能及化学能。

（1）太阳能直接转换成热能　将太阳能直接转换成热能是当前太阳能利用的重要方面。完成这一过程的关键设备是集热器。集热器收集日光的辐射能使水加热，可供洗涤之用。一些大型的集热器，如抛物面型反射聚光器可以获得几千度的高温，可以用于制造超纯晶体材料和超纯金属与合金、制造杂物含量非常精确的化合物及耐超高温材料等。

（2）太阳能发电　太阳能发电的方法很多，其中应用最为普遍的就是太阳能电池，它是利用光电效应将太阳能直接转换成电能的装置。太阳能电池种类很多，主要有硅电池、硫镉电池、碲化镓电池等，是计算器、手表、卫星等的常用动力源。1958年，美国的"先锋一号"人造卫星就是用了太阳能电池作为电源，成为世界上第一个用太阳能供电的卫星。目前空间飞行器中的太阳能电池，转换效率达13%～20%，卫星转换效率高达35%。

目前，太阳能电池已在一些国家得到了广泛应用，在远离输电线路的地方，使用太阳能电池给电器供电是节约能源、降低成本的好方法。印度6000多个村落目前依靠光电池供电。芬兰制成了一种用太阳能电池供电的彩色电视机，太阳电池板就装在用户的房顶上，还配有蓄电池，保证电视机的连续供电，既节省了电能又安全可靠。日本则侧重把太阳能电池应用于汽车的自动换气装置、空调设备等民用工业。我国的一些电视差转台也已用太阳能电池作为电源，投资省，使用方便，很受欢迎。

（3）太阳能直接转换成化学能　自然界植物光合作用转换效率很低，约千分之几。为了提高太阳能的利用率，人们已经开始利用某些高效率的藻类植物吸收太阳能，将太阳能转换成藻类的储存热能用来作燃料（通过处理可制成木炭、煤气、焦油、甲烷等），这种方法利用太阳能的效率可达3％。

另一种是光化学反应，利用光照下某些化学反应可以吸收光，从而把辐射能转化成化学能，此法现今尚处于研究试验阶段。

2.7.4.2 沼气

沼气是生物能源转换而来，其能量来自太阳。植物在生长过程中吸收太阳能储藏在体内，死亡之后在微生物的作用下，有机质发酵分解，产生含有大量能量的沼气。但沼气燃烧时，这种能量就转变为光和热，实际上是太阳能转化为化学能的一种形式。

沼气是甲烷、二氧化碳、氮气等的混合气体，具有较高的热值，可以做燃料烧饭、照明，也可以驱动内燃机和发电机。1立方米的沼气的热值约相当于1.2千克煤或0.7千克汽油。沼气燃烧后的产物是二氧化碳和水，是一种清洁能源。因此，沼气对解决我国农村能源的消费问题，以及从保护环境、维持生态平衡等方面最具有现实意义。

自然沼气利用技术在我国农村普遍推广。如四川、浙江、江苏、广东等省农村因地制宜发展沼气利用，解决了农村燃料短缺的问题。同时对农村的环境卫生也大有改善，并防止了对水源的污染。目前农村生产沼气的原料包括人畜粪尿、杂草、秸秆、树叶、垃圾等，还有含有一定有机物的工农业生产废渣及废水，如酿造废渣、食品加工废渣以及污水处理厂的剩余污泥和沉淀污泥等。沼气发生后的废渣同样可以做肥料施用于农田，不会造成任何污染。

2.7.4.3 核聚变能

目前核能的利用主要是通过核裂变反应进行发电的。核裂变对环境具有一定的潜在污染威胁，如裂变产物的辐射、热污染以及潜在的安全性问题。从减少环境污染的角度出发，现在还在研究的核聚变能的作用将是理想的能源利用方式。

核裂变是将具有重原子核的原子裂成较少和较轻的核而释放出能量。而核聚变则是两个非常轻的原子核聚合在一起，太阳获得能量就是通过这种核聚变反应。核聚变反应不产生裂变碎片，所以其放射性问题不如核裂变那么严重。另外，核聚变反应的热利用率为50％～60％，因此，它的热污染问题较其他任何发电方法为少。因此，核聚变能可能成为未来的新能源，尤其是应用于发电方面。

2.7.4.4 地热能

地热能是来自地球内部的能量，其主要是由于放射性分解以及地球内部物质分解时产生的能量。地热来源有三种形式，分别是干蒸汽、湿蒸汽和热水。

干蒸汽温度超过150℃以上，属于高温地热田，可直接用于发电。但其数量很少，全世界仅有5处，如美国加利福尼亚州的Geysers（盖塞斯）间歇泉区等。湿蒸汽田的储量大约是干蒸汽田的20倍，温度在90～150℃之间，属于中温地热田。湿蒸汽在使用之前必须预先除去其中的热水，所以在发电应用技术上较困难。热水储量最大，温度一般在90℃以下，属于低温地热田，可直接用于取暖或供热，但用于发电较困难。

我国地热资源十分丰富，据不完全统计，现已查明的温泉和热水点已接近2500处，并陆续有发现。我国地下热水资源几乎遍布全国各地。此外，在云南、台湾、西藏等省区都发现了地热湿汽田。

2.7.4.5 氢能

氢能又叫氢燃料，是一种清洁能源。其特点是燃烧时发热量很大，相当于同重量含碳燃料的4倍。氢可以以水作为原料制取，燃烧后的产物又是水，可循环往复，对环境无污染，便于运输和储藏。氢适宜于用作宇航及国防工业中的高能燃料，但目前作为火箭发射燃料实际应用的主要是液态氢。

氢的制取费用很高，目前的方法有电解水及高温条件下的热化学法和直接分解法。由于制氢效率低、投资和运行费用高，目前氢燃料的制取和使用条件尚不成熟。此外，氢是易爆物质，无臭无味，燃烧时几乎不见火苗，这些不安全特性也限制了它的使用。但如果今后解决了氢的生产和安全使用问题，氢将成为重要的新能源。

2.7.4.6 潮汐能

潮汐能主要是由于月球的引力使海水发生周期性的涨落运动，从而产生的能量。这种能量是永远不会枯竭的。潮汐运动包括水平面的上升与下降的垂直运动和涨潮与退潮的水平运动（白天为潮，夜里为汐）。

潮汐能的主要用途是发电。潮汐发电与普通水力发电原理类似，是利用海湾、海峡、河口等有利地形，建筑水堤，形成水库，在涨潮时将海水储存在水库内，以势能的形式保存，然后，在落潮时放出海水，利用高、低潮位之间的落差，推动水轮机旋转，带动发电机发电。差别在于海水与河水不同，蓄积的海水落差不大，但流量较大，并且呈间歇性。通常当潮差达10米以上时即可发电。

20世纪初，欧、美一些国家和地区开始研究潮汐发电。第一座具有商业实用价值的潮汐电站是1967年建成的法国拉郎斯电站。世界上适于建设潮汐电站的20几处地方，都在研究、设计建设潮汐电站。其中包括：美国阿拉斯加州的库克湾、加拿大芬地湾、英国塞文河口、阿根廷圣约瑟湾、澳大利亚达尔文范迪门湾、印度坎贝河口、俄罗斯远东鄂霍茨克海品仁湾、韩国仁川湾等地。

我国潮汐能的理论蕴藏量达到1.1亿千瓦，在我国沿海，特别是东南沿海有很多潮汐能量密度较高，平均潮差4~5米，最大潮差7~8米。其中浙江、福建两省蕴藏量最大，约占全国的80.9%。我国的江厦潮汐实验电站建于浙江省乐清湾北侧的江厦港，装机容量3200千瓦，于1980年正式投入运行。

潮汐产生的能量较其他能量来说是无足轻重的。据估计，世界潮汐资源总量不到水力资源的1%。但随着能源需求的增加，潮汐能的利用必将越来越广泛，将成为能源中的补充力量。

2.7.4.7 风能

风能是一种最古老的能源，很久以前利用做动力行船、抽水灌溉，主要是将风能转换成机械能。20世纪初证明可用风力发电。

地球风能储量很大，但风具有不经常性和定向性，并具有一定的平均风速才能利用。因此，可以因地制宜在风能丰富地区充分利用这项资源作为常规能源的补充能源。目前一些小型风力发电装置正在安装利用，为解决一些偏僻地区的用电起了一定作用。

知识拓展

1. 农业集约经营

农业集约经营是与粗放经营相对的农业经营方式。粗放经营是在较低的技术水平下，对土地进行浅耕粗作，实行广种薄收的一种农业经营方式。集约经营与粗放经营相反，它是通过采用先进的农业技术措施和装备，在一定面积的土地上投入较多的生产资料和劳动，并改善经营方法，以提高单位面积总产量的农业经营方式。

集约经营的目的，是从单位面积的土地上获得更多的农产品，不断提高土地生产率和劳动生产率。主要西方国家的农业，都经历了一个由粗放经营到集约经营的发展过程，特别是20世纪60年代以后，在农业现代化中,他们都比较普遍地实行了资金、技术密集型的集约化。然而由于各国条件不同,在实行集约化的过程中则各有侧重。有的侧重于广泛地使用机械和电力,有的侧重于选用良种,大量施用化肥、农药,并实施新的农艺技术。前者以提高(活)劳动生产率为主,后者以提高单位面积产量为主。集约农业具体表现为大力进行农田基本建设,发展灌溉,增施肥料,改造中低产田,采用农业新技术,推广优良品种,实行机械化作业等。集约农业的发展程度主要取决于社会生产力和科学技术的发展水平,也受自然条件、经济基础、劳动力数量和素质的影响。衡量集约农业发展水平的指标有以下两类。

(1) 单项指标　如单位面积耕地或农用地平均占有的农具和机器的价值(或机器台数、机械马力数)、电费(或耗电量)、肥料费(或施肥量)、种子费(或种子量)、农药费(或施药量)及人工费(或劳动量)等;

(2) 综合指标　如单位面积耕地或农用地平均占用生产资金额、生产成本费、生产资料费等。我国的长江三角洲、珠江三角洲和成都平原等地区均属集约农业。

2. 农田防护林

农田防护林是防护林体系的主要林种之一,是指将一定宽度、结构、走向、间距的林带栽植在农田田块四周,通过林带对气流、温度、水分、土壤等环境因子的影响,来改善农田小气候,减轻和防御各种农业自然灾害,创造有利于农作物生长发育的环境,以保证农业生产稳产、高产,并能对人民生活提供多种效益的一种人工林。

3. 中国防护林

(1) 三北防护林体系　1979年,国家决定在西北、华北、东北风沙危害、水土流失严重的地区,建设大型防护林工程,即带、片、网相结合的"绿色万里长城"。按照工程建设总体规划,从1978年开始到2050年结束,分三个阶段、八期工程,建设期限73年,共需造林3560万公顷。在保护现有森林植被的基础上,采取人工造林、封山封沙育林和飞机播种造林等措施。三北防护林体系工程已走过30年的历程,取得了举世瞩目的成就。超额完成了三北防护林体系一期(1978~1985年)、二期(1986~1995年)、三期(1996~2000年)工程规划任务。

(2) 长江中上游防护林体系　我国在长江中上游流域各省区实施的林业生态工程。规划造林667万公顷,以恢复和扩大森林植被,遏制水土流失。建设时间为1989~2015年。主要包括江西、湖北、湖南、四川、贵州、云南、陕西、甘肃、青海九个省的145个县(市)。

(3) 沿海防护林体系　我国在沿海各省市、自治区实施的林业生态工程。规划造林356万公顷,形成1.4万公里基本林带,以抗御台风和风沙等自然灾害。建设时间为1988~2010年。

4. 低品位矿

低品位矿(贫矿)既是一个技术上的概念,又是一个经济上的概念。在技术上,贫矿指因矿石品位低,现行采、选、冶技术尚不太成熟,还不能充分利用的矿产资源。在经济上,贫矿可以理解为因矿石品位低,导致开发利用经济效益差的矿产资源。

5. 共生矿产

共生矿产是在同一矿区(或矿床)内存在两种或多种符合工业指标,并具有小型以上规模(含小型)的矿产。伴生矿产是在矿床(或矿体)中与主矿、共生矿一起产出,在技术和经济上不具单独开采价值,但在开采和加工主要矿产时能同时合理地开采、提取和利用的矿石、矿物或元素(比如我国白云鄂博的铁矿,就含有大量的稀土)。

思 考 题

1. 什么是资源?自然资源有哪些类别?
2. 简述我国水资源利用存在的问题及保护措施。
3. 简述生物多样性保护途径。
4. 简述我国矿产资源现状及如何合理开发和利用矿产资源。
5. 简述我国在能源的利用和保护上的主要问题和解决途径。

3 生态系统与生态平衡

人类的生存和发展离不开生态系统，没有生态系统的物质循环和能量流动就没有人类的生存基础。但是，由于人类对自然资源的不合理开发和利用，对环境造成的污染与破坏使生态系统发生了一系列的变化，直接或间接地危及到人类本身的生存与健康。

3.1 概述

3.1.1 生态系统的概念

3.1.1.1 种群

在自然界，一个生物个体长期单独生存是没有任何生物学意义的，它或多或少，直接或间接地与其他生物相联系。生物只有形成一个群体，才能繁衍发展，群体是个体发展的必然结果。我们把一个生物物种在一定范围内所有个体的总和称为种群。也就是说，种群是同种个体组成的，占有一定的领域，是同种个体通过种内关系组成的一个统一体或系统。例如，一个池塘中的所有鲫鱼是一个鲫鱼种群；一片田地里的所有水稻也是一个水稻的种群。

种群的空间界限并不十分明确，除非种群栖息地具有清楚的边界，如岛屿、湖泊等。因此，种群的界限往往根据研究需要来划定。生活在自然界的种群成为自然种群，如某森林里的梅花鹿种群、野兔种群；在人工条件下或在实验室中饲养或培养的种群成为实验种群，如实验室里饲养的小白鼠种群、家兔种群等。

3.1.1.2 群落

在地球上，几乎没有一种生物是可以不依赖于其他生物而独立生存的，因此往往是许多生物共同生活在一起，彼此相互作用。在一定的区域内各种不同种群的生物的总和称为群落。如一片草原中的生物便可看作一个群落，包括在这片草原里生活着的各种动物、植物和微生物种群。

群落的范围有大有小，有时边界明显，有时边界又难以截然划分，大的如南美亚马逊河谷的热带雨林，小的如森林中一根倒木、树洞中一点积水、一块农田、一片草地、一口池塘都是一个群落。

3.1.1.3 生态系统

生态系统是指任何生物群落与其环境组成的系统。生态系统是生物与周围非生物环境共同组成的物质系统，是生物系统和环境系统在特定空间的组合。它包括生物和非生物部分，两者进行物质循环、能量流动和信息交换。根据生态系统的概念，含有藻类的一滴水、一块草地、一个湖泊、一片森林以及整个生物圈都可看作生态系统。

除了天然的生态系统以外，还有人工的生态系统，例如水库、运河、城市与农田等都是人工生态系统。

3.1.2 生态系统的分类

3.1.2.1 按生态环境划分

地球表面由于气候、土壤、水文、地貌及动植物区系的不同，形成了多种多样的生态系统。根据生态系统的环境性质与形态特征，可将生态系统分为以下两类。

（1）陆地生态系统　陆地生态系统包括整个陆地上的各类生物群落。按植被的优势类型可分为森林生态系统、草原生态系统、荒漠生态系统等。森林生态系统又可再分为热带林、亚热带林、温带林、寒带林等生态系统。

（2）水生生态系统　水生生态系统包括海洋和陆地上的江、河、湖、沼等水域。可分为海洋生态系统和淡水生态系统。前者又可分为滨海生态系统与大洋生态系统；后者又可再分为流水生态系统（河、溪）和静水生态系统（湖泊、水库）。

3.1.2.2　按人类对生态系统的影响划分

根据生态系统形成的原动力及人类对其影响程度，可将生态系统分为以下三类。

（1）自然生态系统　自然生态系统是指完全未受到人类的影响和干预，靠系统内生物与环境本身的自我调节能力来维持系统平衡与稳定的生态系统。如极地、原始森林等生态系统。

（2）人工生态系统　人工生态系统是指按人类需求建立起来的，受人类活动强烈干预的生态系统。如城市生态系统、农田生态系统等。

（3）半自然生态系统　半自然生态系统是介于自然生态系统与人工生态系统之间的生态系统。如放牧的草原、养殖的河塘、人工林等。

3.1.3　生态系统的组成

地球上生态系统的类型很多，它们各自的生物种类和要素存在着许多差异。然而，各类生态系统都是由两大部分、四个基本成分所构成。两大部分就是生物和非生物环境，四个基本成分是指生产者、消费者、分解者（还原者）和非生物环境，见图3-1。

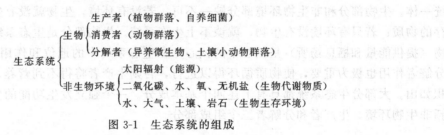

图3-1　生态系统的组成

3.1.3.1　生物部分

根据生物种类获取营养和能量的方式以及在能量流动和物质循环中所发挥的作用，可以概括为三大类。

（1）生产者　生产者主要是绿色植物和能用简单的无机物合成为复杂有机物的自养生物。绿色植物能进行光合作用，把二氧化碳和水等无机物转化为有机物。某些光能合成菌也能利用太阳能合成有机物。此外，化能合成菌能利用某些物质在化学变化过程中产生的能量，把无机物合成有机物。例如，硝化细菌能将氨氧化为亚硝酸和硝酸，利用氧化过程中放出来的能量把二氧化碳和水合成有机物。综上所述，生产者在生态系统中的作用主要是生产各种有机物，一方面满足自身生长发育的需要，另一方面为其他生物提供食物和能源。

（2）消费者　消费者是指直接或间接利用生产者所制造的有机物质为食物而获得生存能量的异养生物，主要是各类动物，也包括某些寄生生物。消费者范围很广，根据食性的不同可以分为以下几级。

一级消费者：指直接以植物为食的植食性动物，如牛、马、羊、兔、池塘中的草鱼、鲢鱼（以藻类为食）以及许多陆生昆虫等。

二级消费者：以一级消费者为食的肉食性动物，如食昆虫的鸟类、青蛙、蜘蛛、蛇、狐狸等。

以二级消费者为食的动物称为三级消费者……以此类推。三、四级消费者通常是体型较大、性情凶猛的种类，如虎、狮、豹、鲨鱼等。

杂食性消费者，如池塘中的鲤鱼、大型兽类中的熊等，由于其食性很杂，很难将其归类到第几级消费者中。杂食性消费者的这种营养特点构成了极其复杂的营养网络关系。

此外，寄生生物是一类特殊的消费者，它们寄生于活着的动植物体表或体内，靠吸收寄主养分为生，如虱子、蛔虫、线虫、菌类等。

在生态系统中，消费者实现了物质与能量的传递，也是一个极为重要的环节。

(3) 分解者　分解者又称为还原者，指具有分解有机物能力的微生物，如细菌、真菌和放线菌，也包括某些原生动物和腐蚀性动物，如白蚁、蚯蚓等。分解者属异养生物，它们以动植物残体和排泄物中的有机物质为食物和能量来源，把复杂的有机物分解成简单的无机物，归还到环境中，供生产者再利用。分解者在生态系统的物质循环和能量流动中具有重要意义。

3.1.3.2　非生物环境部分

非生物环境是生态系统中生物赖以生存的物质、能量及其生活场所，是除了生物以外的所有环境要素的总和。非生物环境包括气候因子（阳光、水分、空气等）、无机物质（C、H、O_2、N_2、矿质盐分等）、非生物的有机物质（碳水化合物、蛋白质、脂类、腐殖质等）。非生物环境为各种生物提供必要的生存环境和营养元素。

生态系统的四个基本成分，在能量流动和物质循环中相互影响和依存，紧密结合成一个统一体。生物部分和非生物环境部分缺一不可。若没有环境，生物就没有生存空间和赖以生存的物质；若只有环境没有生物，就谈不上生态系统。生物部分是生态系统的核心，绿色植物（提供能量和栖息场所）是核心中的核心，在生态系统中的地位和作用始终是第一位的。分解者作用也极为重要，使物质循环得以进行，否则生产者将得不到营养，动植物尸体将堆积如山。大部分生态系统都具有上述四个基本成分。一个独立发生功能的生态系统至少应包括非生物环境、生产者和分解者三个组成部分。

3.1.4　生态系统的营养结构

生态系统各组成部分之间建立起来的营养关系，构成了生态系统的营养结构。营养结构以食物关系为纽带，把生物和非生物环境联系起来，把生产者、消费者和分解者联系起来，使得生态系统中的物质循环和能量流动得以进行。

3.1.4.1　食物链

生态系统中，一种生物以另一种生物为食，而它又被第三种生物取食……彼此形成一种食与被食的关系，这种生物之间的以食物为纽带建立起来的锁链，称为食物链。"大鱼吃小鱼，小鱼吃虾米"就是食物链的形象说明。

3.1.4.2　食物链的类型

按照生物之间的关系可将食物链分成四种类型。

(1) 捕食性食物链　捕食性食物链以生产者为基础，继之以植食性动物和肉食性动物，是后者捕食前者的关系。其构成方式为：植物→植食性动物→肉食性动物。如：青草→野兔→狐狸→狼；藻类→甲壳类→小鱼→大鱼。

(2) 碎食性食物链　碎食性食物链以碎屑物为基础。所谓碎屑物是指植物的枯枝落叶等被微生物所利用，分解成的碎屑，然后再为多种动物所食用。其构成方式为：碎屑物→碎屑物消费者（如昆虫）→小型肉食性动物→大型肉食性动物。如：植物碎片及微小藻类→虾→鱼→食鱼鸟类。

(3) 寄生性食物链　寄生性食物链以大型动物或植物为基础，再寄生以小的动物。前者为寄主，后者为寄生物。这种食物链有两种情况：一种是以大型动物为基础，继之以小型动物、微型动物、细菌和病毒，后者与前者是寄生性关系。例如，哺乳动物或鸟类→跳蚤→原生动物→细菌→病毒。另一种情况是以植物为基础，继之以细菌或真菌或病毒。例如，大树或小草→细菌（或真菌或病毒）。

(4) 腐生性食物链　腐生性食物链以动植物的遗体为基础，这些腐烂的动植物遗体被土壤或水体中的微生物分解利用，后者与前者是腐生性关系。例如，枯枝落叶→枯草杆菌。

食物链是生态系统中能量和物质流动的渠道，食物链上某一环节的变化，会影响整条食物链的变化，甚至会影响生态系统的平衡。如，美洲为扩大鹿群，大量捕杀狼，造成鹿群增多，饲草不足，鹿开始吃树叶，导致树木衰亡，鹿因饥饿成批死亡，生态环境遭到严重破坏。在生态系统中，各种生物之间的食物关系往往很复杂，各种食物链有时相互交错，形成错综复杂的"食物网"。由食物链、食物网所构成的营养结构是生态系统物质循环和能量流动的基础。

3.1.4.3　生物放大作用

食物链中物质流动具有一个突出的特性，就是生物具有对污染物进行浓缩、放大的作用。所谓生物浓缩是指生物体内污染物的浓度远大于环境中污染物浓度的现象。生物放大是指在同一条食物链上，高位营养级生物体内污染物的浓度大于低位营养级生物的现象。比如，某些重金属元素或有毒物质在环境中的起始浓度并不高，但经过食物链浓缩，其浓度可能提高数百倍甚至数百万倍。人处于高位营养级，有可能通过生物浓缩和放大作用而受到农药或其他有毒有害物质的危害。

3.1.5　生态系统的功能

生态系统的三大基本功能包括：能量流动、物质循环和信息传递，三者紧密结合为一体，成为生态系统的动力中心。

3.1.5.1　能量流动

能量是一切生命活动的基础，是生态系统的动力。能量流动是生态系统的基本功能之一。

(1) 能量源泉　地球上所有生态系统的最初能量都直接或间接来源于太阳。到达地球的太阳能中约30%被反射和散射到空间中去，约20%被大气吸收，只有50%左右到达地表，而真正能被绿色植物利用的只占辐射到地面的太阳能的1%左右。

绿色植物通过光合作用将太阳能转化为化学能储存起来，这是能量流动的起点。然后，这些能量通过食物链和食物网，在消费者之间逐级向前流动，消费者部分能量用于生命活动，部分能量储存起来。最后，生产者和消费者的遗体和排泄物被分解者所分解，能量最终被消耗释放回环境中去。此外，生产者、消费者、分解者的呼吸作用也会消耗一部分能量到环境中去。生态系统中的能量流动方式见图3-2。

(2) 能量流动的特点　从图3-2可以看出，生态系统的能量流动具有下述几个特点。

① 生产者对太阳能的利用率很低，一般为1%左右。

② 能量流动是单向流动，沿着食物链营养级由低级向高级流动，这种流动既不可逆也

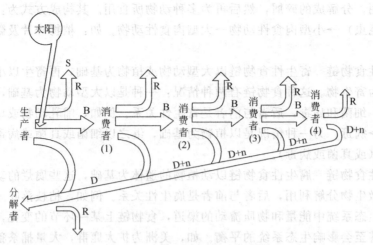

图 3-2 生态系统中的能量流动
S—太阳能；B—现存生物量；R—呼吸消耗能；D—凋落物及死亡有机体；D+n—粪便及死亡有机体

不能循环。

③ 流动过程中，能量急剧减少。一般说来，某一营养级只能从上一营养级处获取其能量的10%，其余约90%的能量通过呼吸代谢活动以热的形式散失到环境中。由于受到能量消耗的约束，大多数食物链营养级只能有3~5级。

④ 生态系统中，当生产的能量与消耗的能量保持一定的相对平衡时，生态系统结构和功能才能保持动态平衡。

3.1.5.2 物质循环

生物为了满足机体生长发育、新陈代谢的需要，需不断地从环境中获取营养物质，这些物质进入有机体后经传递、代谢和分解后，又重新回到环境中，这一过程称为物质循环。

维持生命的营养物质可以分为三类：能量元素（构成蛋白质的四种主要元素，包括碳、氢、氧、氮，约占97%），营养元素（生命活动中大量需要的元素，包括磷、硫、钙、镁、钾、钠等）和微量营养元素（生命活动必需但需要量很少的元素，包括锌、铜、锰、铁、铝、氟、碘、溴、硒等）。

物质在生态系统中的循环，最初以矿物质形式被植物吸收，结合到植物细胞内形成有机物，再被植食性动物、肉食性动物等吸收，形成动物的躯体。动植物残体经微生物分解，又成为矿物质释放到环境中，重新被植物吸收、利用。就这样，物质从环境进入生物体，再返回到环境，如此往复，循环流动。

物质循环中，最重要的是水、碳、氮、磷和硫的循环。

(1) 水循环　水是最重要的生命物质之一，是构成生物有机体的主要元素，水是生态系统中能量流动和物质循环的介质。

水循环的动力是太阳辐射和地球引力。在太阳辐射作用下，海洋、湖泊、河流等地表水不断蒸发，形成水蒸气进入大气，植物中的水分通过叶表面的蒸腾作用也进入大气。大气中的水汽遇冷凝结成雨、雪、雹、雾等降水降落到地球表面。降落到地面上的水一部分形成地表径流，流入海洋、河流和湖泊；另一部分渗入地下，形成地下径流，最终也流入海洋、河流和湖泊；还有一部分被植物根系吸收，经植物利用一小部分之后，大部分通过蒸腾作用，又重新返回到大气中。这一过程就是水循环，见图3-3。

(2) 碳循环　碳存在于生物有机体和无机环境中，是构成生物有机体的主要元素，约占

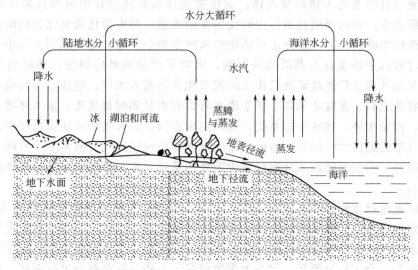

图 3-3 水循环示意图

生命物质的 1/4。地球上绝大多数碳是以无机态存在的，主要形式是二氧化碳和碳酸盐，有机态碳只占 0.05%。生物有机体中的碳主要来源于 CO_2。

碳循环的主要形式是从 CO_2 经生物物质再回到 CO_2，绿色植物在碳循环中起重要作用。绿色植物通过光合作用吸收大气中的 CO_2，合成有机物并释放出氧气，供消费者摄取。而消费者通过呼吸过程又释放出 CO_2，再被植物利用。动植物死亡的遗体经微生物的分解，变成 CO_2、水和无机盐，其中 CO_2 又可被植物利用。此外，化石燃料燃烧后产生 CO_2 释放到大气中，进入碳循环。岩石中的碳，可以通过风化、火山活动等，以 CO_2 或碳酸盐形式重新返回到大气层中，参加再循环。生态系统中的碳循环如图 3-4 所示。

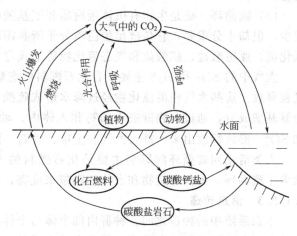

图 3-4 碳循环示意图

（3）氮循环　氮是蛋白质的主要成分，是组成生物有机体的重要元素之一。氮存在于生物体、大气和矿物质中。大气中氮占 78% 左右。

大气中的氮不能被植物直接利用，必须转化为氨（NH_3）和硝酸盐（NO_3^-）的形式才能被植物吸收。将大气中的氮转化为各种化合物，要通过固氮作用，具体有以下几种途径。

① 生物固氮，如生长在豆科植物和其他少数高等植物上的根瘤菌能固定大气中的氮，供植物吸收；某些固氮蓝绿藻等能固定大气中的氮，使其进入有机界。

② 工业固氮，人类通过工业手段，把大气中的氮合成氨或硝酸盐，供植物利用。

③ 大气固氮，雷雨时通过电离作用，使大气中的氮氧化成硝酸盐，随雨水进入土壤被植物吸收。

④ 岩浆固氮，火山爆发时喷射出来的岩浆也可以固定一部分氮。

氮循环过程中，首先是氮经过固氮作用合成为硝酸盐被植物吸收合成蛋白质和核酸等有机氮化物，通过食物链进入动物及人体。动植物残体及排泄物在细菌和真菌作用下转变成氨、二氧化碳和水。氨由亚硝化菌作用转变为亚硝酸盐，再由硝化菌氧化为硝酸盐。硝酸盐一部分重新被植物吸收，另一部分由反硝化细菌转变为分子氮，重新回到大气中。

氮循环过程越来越受到人类活动的影响，出现了严重的环境问题，其影响主要有两方面：一是汽车尾气和工厂燃烧矿物后排出的氮氧化合物输入大气，造成空气污染。二是家庭生活污物、农业肥料、畜牧业尿粪、屠宰废水等含有大量硝酸盐物质，输入环境，使水体出现富营养化，污染水体，破坏生态系统。究其主要原因，是人类活动使氮循环中固定的氮远远超过以氮气形式返回大气的氮。当前每年固定的氮比返回大气的氮多680万吨。

（4）磷循环 磷是生物新陈代谢过程中需要的重要元素。磷的主要来源是磷酸盐矿、鸟粪和动物化石。

磷酸盐矿通过风化侵蚀和人工开采进入水体或土壤，为植物所利用从而进入食物链中，当动植物死亡被分解后，磷又回到土壤，或被溶解最终进入海洋，一部分直到发生地质活动才又提升上来，另一部分被食物链中吃鱼的鸟类带回陆地，鸟粪被作为肥料施于土壤中。

磷的循环是一个不完全循环，因为大多数情况下，磷只有小部分进行循环，而大部分是一个单向流失过程，这使磷成为一种不可更新的资源。但目前，人类正在大量开发和利用磷酸盐矿制作化肥和洗涤剂，不但造成水体富营养化，更加剧了磷矿资源的消耗。据估计，世界上现有磷储量估计可维持100年左右。因此，人们必须采取措施，合理地开发利用磷矿资源。

（5）硫循环 硫是生物有机体蛋白质和氨基酸的重要组成部分。虽然有机体内硫的含量很少，但却十分重要，它是链接蛋白质分子所必需的原料。硫在自然界中主要以元素硫、二氧化硫、亚硫酸盐、硫酸盐和气态硫化物等形式存在。

大气中的 SO_2 和 H_2S 主要来自化石燃料的燃烧，火山喷发，海面散发以及有机物分解过程释放。这些大气中的硫化物经过降水形成硫酸和硫酸盐进入土壤，被植物吸收、利用成为氨基酸成分，通过食物链进入动物和人体内。动植物死亡后的遗体被微生物分解以 H_2S 和 SO_4^{2-} 形式释放出来，进入大气、土壤、岩石、海底。

人类活动对硫循环的影响主要是化石燃料的大量燃烧，向大气中排放了大量的 SO_2，增大了硫循环，不仅对生物和人体健康带来危害，而且还会形成酸雨。

3.1.5.3 信息传递

生态系统中的种群之间、种群内部个体与个体之间、生物（尤其是人）与环境之间，甚至几个生态系统之间（通过人）都存在着广泛的、各种形式的信息传递。信息传递与能量流动、物质循环一样，把生态系统各组分联系成一个整体，并具有调节系统稳定性的作用。生态系统中的信息形式主要有营养信息、化学信息、物理信息和行为信息。

（1）营养信息 通过营养关系，把信息从一个种群传递给另一个种群，或从一个个体传递给另一个个体，即为营养信息。食物链、食物网就代表营养信息。例如，在食物链"草本植物→田鼠→老鹰"中，田鼠是老鹰的食物，也是老鹰的营养信息。田鼠多的地方老鹰也多，田鼠少时，老鹰便飞到其他地方去觅食。再如，英国某乡镇三叶草生长茂盛，原因是当地猫比较多。乡镇中养了很多猫，导致田鼠减少，造成土蜂巢比较多（田鼠喜欢蜂蜜与捣毁蜂窝），致使三叶草普遍生长茂盛（传粉受精靠土蜂），这也是一个信息传递过程。

（2）化学信息 化学信息是指生物在某些特定条件下或生长发育的某个阶段，分泌出某种化学物质，如酶、生长素、抗生素、性引诱剂等，这些物质在生物种群或个体之间起着某种信息作用。化学信息深刻地影响生物种群或个体之间的关系，有的相互制约，有的相互吸引。例如，昆虫分泌性外激素吸引异性个体；蚂蚁爬行时通过分泌物留下化学痕迹，以便后来者跟踪；猫、狗通过排尿标记自己的行踪方向；老虎用小便划出自己的领地范围等。有些"肉食性"植物也是这样，如生长在我国南方的猪笼草就是利用叶子中脉顶端的"罐子"分泌蜜汁，来引诱昆虫进行捕食的。另外，化学信息也是动植物病虫害生物防治的基础，如胡桃树的叶表面可产生一种生产素，被雨水冲洗进入土壤后，可抑制土壤中其他灌木和草本植物的生长，但对自身有利。

（3）物理信息　物理信息包括声、光、色等，表达安全、警告、恫吓、危险、求偶等多方面信息。例如，猛兽的吼叫表达了警告、威胁的意思；萤火虫通过闪光来识别同伴；季节光照的长短变化能引起动物换毛、求偶、冬眠、储粮的迁徙；昼夜更替影响植物开花、结实、落叶等；毒蜂身上斑斓的花纹也表达了警告、威胁的意思。

（4）行为信息　许多同种动物、不同个体相遇，时常会表现出有趣的行为格式，即所谓的行为信息。这些信息表示识别、威吓、挑战、求偶等信息。例如，蜜蜂通过舞蹈告诉同伴花源的方向、距离等；雄孔雀通过开屏吸引雌孔雀；雄鸟发现敌情时急速起飞，扇动两翼，给孵卵的雌鸟发出信号等。

信息传递是一个比较新的研究领域，人类对它的认识还不够全面和深入，但可以肯定信息传递对于种群、生态系统的调节具有重要的作用。

3.2　生态平衡

3.2.1　生态平衡的概念

生态系统各组成成分在较长时间内保持相对协调，物质和能量的输入和输出接近相等，结构与功能长期处于稳定状态，在外来干扰下，能通过自我调节恢复到最初的稳定状态，这种状态叫做生态平衡。

生态平衡是一种动态的平衡，也就是说，生态系统并不是保持老样子不变，而是处于不断的变化之中。生态系统的生物与生物之间、生物与环境之间以及各环境要素之间，不停地进行着物质的循环与能量的流动，使生态系统不断产生变化与进化。因此，生态系统不是静止的，甚至会因系统中的某一部分发生改变而引起不平衡，然后通过系统的自我调节能力使其进入一个新的平衡状态。平衡是暂时的、相对的，不平衡是永久的、绝对的。正是这种从平衡到不平衡又建立新的平衡的反复过程，推动了生态系统的发展与进化。

自然界的生态平衡对人类来说并不是最有利的，因为其净生产量很低，人类不能依靠这样的系统，而需要建立更高效的农业生态系统来满足对食物等的需要。与自然系统相比较，农业生态系统是很不稳定的，它的平衡与稳定需靠人类来维持。人类的农业发展史，就是不断打破原有平衡、建立新平衡的历史。

3.2.2　影响生态平衡的因素

3.2.2.1　生态平衡的机制

生态系统之所以能够保持平衡，主要是由于其内部具有一定的自我调节能力，其表现为以下两个方面。

（1）环境的自净能力　环境的自净能力是指污染物进入环境后，经过自然条件下的物理和化学作用，使污染物质在空间扩散、稀释，其浓度下降，最后受污染的环境恢复原来的状况。

(2) 自我调节能力　当生态系统的某一部分出现异常时，就可能被其他部分的调节所抵消。例如，森林害虫大规模发生，以害虫为食的鸟类就会获得更多食物而大量繁衍，鸟类增多，捕食的害虫增多，从而抑制住害虫的大发生。这就是生态系统的一种自我调节能力。

生态系统的组成与结构越复杂，自动调节能力就越强。例如，草原生态系统，有青草、野兔、狼和有青草、野兔、山羊、鹿、狼相比，后者更能维持生态平衡。单一作物种植的农田和单一树种的人工林，很容易受病虫害或其他自然灾害。

但生态系统的调节能力是有限的，超出了这个限度，生态平衡就会遭到破坏。

3.2.2.2　破坏生态平衡的因素

生态平衡的破坏是指外界的压力和冲击超过了系统的忍耐力，系统内部自我调节不能使生态恢复平衡，导致系统的结构和功能严重失调，从而威胁到人类的生存和发展。生态平衡的破坏因素主要包括自然因素和人为因素。

(1) 自然因素　自然因素主要是指自然界发生的异常变化或自然界本来就存在的对人类和生物的有害因素。如火山爆发、山崩海啸、水旱灾害、地震、台风、流行病等自然灾害。例如，秘鲁海面每隔6～7年发生异常的海洋现象，即厄尔尼诺现象，结果使一种来自寒流系的鳀鱼大量死亡，吃鱼的海鸟也因失去食物而饿死，以鸟粪为肥料的农业因缺肥而减产，使秘鲁经济大受影响。近年来厄尔尼诺现象在世界各地引起气候异常，使得干旱和洪灾在不同地区相继发生。

(2) 人为因素　由于人类对自然资源的不合理利用，工农业生产发展带来的环境污染等，使生态系统的结构和功能发生了很大的变化，从而引起生态平衡的破坏。人为因素引起的生态平衡破坏主要有以下几种情况。

① 污染物质的排放。工农业生产的发展，大量污染物质进入环境，使生态系统的环境因素发生改变，从而影响整个生态系统，甚至破坏生态平衡。如工业"三废"和生活垃圾的排放，农业生产中杀虫剂和除草剂的大量使用，使毒物沿着食物链转移富集，直接威胁人类健康。

污染物质还能破坏生物的化学信息。如某些污染物质排放到大气中后，与昆虫的性激素发生化学反应，使其失去作用，从而影响昆虫的繁殖。

② 自然资源不合理利用。人类为了生存，必须从生态系统取得各种资源和能量。随着人口数量的增长，人类向生态系统的索取越来越多，如开垦土地、兴建住宅、采伐森林、开辟水源与能源等。资源的不合理利用造成资源减退、能源紧张、环境污染，严重破坏了生态平衡，甚至达到不可挽回的地步。

③ 物种改变。生态系统中因某一种生物的消失或引进，可能对整个生态系统造成影响。例如，澳大利亚原来并没有兔子，后来为了作肉用并生产皮毛和娱乐目的，从欧洲引进兔子。由于没有天敌，兔子大量繁殖，在短短的时间内遍布田野，吃光所有青草和灌木，使以牛羊为主的澳大利亚畜牧业受到很大的打击，田野一片光秃，土壤无植物保护而被雨水侵蚀，造成生态系统的破坏。最后，澳大利亚政府不得不从巴西引进兔子的流行病毒，才使99.5%的兔子死亡，控制了这次生态危机。我国也曾经犯过类似的错误。20世纪50年代，我国曾大量捕杀麻雀，致使有些地区出现了严重的虫害。

3.2.3　如何调整生态平衡

由生态平衡破坏的原因可知，人为因素是主因。为了自身的生存和后代的发展，人类必须要认识和掌握生态平衡规律，创造生物生产力更高、又能持续发展的人工生态系统。调整生态平衡，需要遵守以下规律。

3.2.3.1 收获量要小于净生物生产量

生物资源是可再生资源，但是可再生是有条件的，只有在收支相等的情况下，才能成为取之不尽的资源。这就需要人类从生态系统中收获产品的数量不能超过它的净生物生产量。这是必须遵守的生态平衡法则。因此，对森林的采伐量必须等于或小于其生长量，即植物生产量。否则，森林面积将日益缩小，或者将逆向演替为灌丛和草地，甚至成为基岩裸露的不毛之地。草原的载畜量必须和产草量相平衡，否则草原就会退化。

3.2.3.2 调整食物链与维护生态平衡

食物链是生态系统中能量和物质流动的渠道，因此是生态系统平衡的主要影响因素。

我国江苏和上海地区开展"综合养鱼"，把牛粪（最好经堆肥发酵）作为促进水质的肥料，增加鱼类饵料浮游生物的生长；把鱼塘淤泥用作饲料地的肥料。该措施既防止了牛粪对水域的污染，又能促使鲢、鳙等鱼类生长，提高了生态经济效益。

澳大利亚在草原生态系统中引入能消化家畜粪便的蜣螂也是一个成功调整食物链的例子。20世纪以来澳大利亚畜牧业发展很快，随之在牛粪上产卵并繁殖后代的牛蝇也迅速滋生蔓延起来，到60年代已十分猖獗。大批牛蝇吸吮牛的血液，危害牛的健康，导致畜产品质量与数量的下降。与此同时，牛群每天排到草地上的大量牛粪无法分解，遮压牧草，使其黄化枯死，草场退化，严重影响了畜牧业的发展。为解决这一问题，生态学家在对草原生态系统进行充分研究的基础上，从系统外引入一种蜣螂，它能在短时间内将牛粪滚成粪球埋入地下供其幼虫食用，使牛粪上的蝇卵不能孵化为幼虫，间接地消灭了牛蝇。同时，粪球埋入地下，还改善了土壤结构，增加了土壤养分，对牧草生长十分有利，促进了畜牧业的发展。

调整食物链的原理也可应用到工业生产上，将一个工厂生产后排出的废物作为另一个工厂的原料。这样的工业生态链能充分发挥物质和能量的利用率，防止环境污染。例如，我国南阳酒精厂以红薯为生产原料，产生的废渣利用发酵装置每天可生产数万立方米沼气，除了供给化工厂用作生产原料外，还给几万户城市居民提供了洁净、方便的燃料。经消化后的槽液是优质的有机肥，用于灌溉农田，提高了农作物的产量。

3.2.3.3 调整生态平衡与生态系统的整体性

生态系统是由多个基本成分构成的整体，某一成分发生变化，必然引起其他成分发生变化。

（1）治山与治水　许多河流的源头都是山区，山水相连，共为一体。在改造利用河流时，应当把影响河流水质和水量的一切因素都考虑在内，尤其是水源地。例如，我国长江水中泥沙含量增加的原因在于，近20多年来上游山区森林破坏严重，大面积的开荒种田造成严重的水土流失。因此，治理长江必须和整治长江流域各地山林相结合。

（2）水利工程与全流域的生态效应　修建水库可以给人类带来许多经济效益，但盲目兴建也会对生态系统造成破坏。如前苏联伏尔加河水力发电工程在灌溉、发电、航运、供水等方面产生了许多效益，但水坝高筑堵塞了鱼类产卵的通道，隔绝了流入黑海的鱼类食物，使下游捕鱼量减少了80％。另外，水库周围地下水位上升，土地盐碱化或沼泽化，使大面积森林、草原、农田遭到破坏。同时，修建水库后，进入黑海水量减少，黑海水位逐年下降，许多码头出现了沙滩，无法继续使用。综上所述，在进行这些大型水利工程时，必须充分研究、论证，谨慎实施，以免对全流域甚至全球生态环境产生不利影响。

3.2.3.4 创造生产力更高的生态系统

生态系统的发展，需要经过不断地自我调节，不断适应外界环境，只要有足够的时间和稳定的环境，都可能发展成具有一定结构和功能的生态系统。因此，要对生态系统进行全面研究，充分掌握其规律，以便于对生态系统进行合理的调控，建立起生产力更高的人工生态系统。如前文所述的"综合养鱼"，就是世界上较为先进的农业生态系统。它能充分利用各种能量，减少资源浪费和环境污染。

3.3 城市生态系统

城市人口的集中、工农业高度的发展及人类对自然改造能力的增强，使环境遭受了严重污染并引起生态平衡的破坏。这样的结果又反过来影响社会生产的发展和人类正常的工作与生活。因此，人类应重视生态系统的作用，促进经济有序发展和生态系统的良性循环。

3.3.1 城市生态系统的概念

城市生态系统是指城市空间范围内的居民与自然环境系统和人工建造的社会环境系统相互作用而形成的统一体，属人工生态系统。通常拥有10万以上人口，住房、工商业、行政、文化娱乐等建筑物占50%以上面积，具有发达的交通线网和车辆来往频繁的人类集居的区域，即可称为城市生态系统。

3.3.2 城市生态系统的结构

城市生态系统由城市居民和城市环境系统组成，是有一定结构和功能的有机整体。城市环境系统由自然环境系统和社会环境系统构成。目前城市生态系统结构没有统一的划分方法，从不同的研究出发点可以有以下两种划分。

(1) 城市居民和城市环境系统　如图3-5所示，城市生态系统包括城市居民和城市环境系统，城市环境系统包括自然环境系统和社会环境系统。城市居民，包括性别、年龄、智力、职业、民族、种族和家庭等结构；自然环境系统，包括生命部分（野生动植物、微生物、人工培育的生物群体等）和非生命部分（气候因子和各种自然资源）；社会环境系统，包括政治、经济、文化教育、科学等。

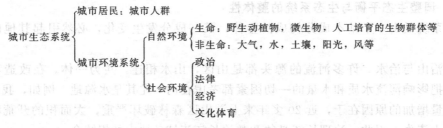

图3-5　城市生态系统的结构（一）

(2) 以人为中心的自然、经济、社会的复合人工生态系统　如图3-6所示，这种结构划分中，城市生态系统包括自然、经济与社会三个子系统。

3.3.3 城市生态系统的类型

城市的自然环境条件，经济、技术水平，社会的人口数量与素质总是在不断地变化和发展的，因此，各地城市系统之间必然存在着发展的不平衡和明显的区别。我们可以对城市生态系统进行以下分类，以便于对城市进行合理规划、管理和调控，使其更好地发展。

(1) 按人口规模分类　城市按人口数量的多少可划分为大、中、小城市。但各国划分标准不一致。我国一般规定100万人及以上为特大城市，50万人及以上为大城市，20万人及

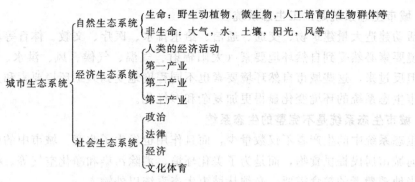

图 3-6 城市生态系统的结构（二）

以上为中等城市，20万人以下为小城市。

(2) 按城市性质或功能分类 这种分类方法，各国标准不完全统一。我国将城市分为以下几种类型。

① 综合性城市 如首都、省会。有经济、政治、文化、军事等综合职能。规模较大，在用地组成与布局上较复杂，如北京、南京、重庆等中心城市。

② 加工工业城市 用地及对外交通用地占有较大比重。如株洲、常州等。

③ 交通港口城市 交通运输用地在城市中占有很大比例，流动人口较多。由于交通运输的吸引而发展了很多工业，因而工业用地和仓库用地占有较大比例。如铁路枢纽城市徐州、蚌埠，港口城市大连、青岛等。

④ 风景旅游城市 如桂林、黄山等。

⑤ 革命纪念地和历史文化城市 如延安、苏州等。

⑥ 矿业城市 如大同、鞍山等。

⑦ 工业型城市 如大庆、马鞍山等。

⑧ 农村性城市 包括县级市，是联系城乡的桥梁和纽带。近年来县级市蓬勃发展，如张家港市、锡山市等。

(3) 按城市形态即空间格局分类 分为单中心块状城市、多中心组团式城市、一市多片星座式城市、手掌状放射式城市、带形城市等类型。不同形态城市的生产设施和生活设施的安排、道路网和交通布局等各不相同。实践表明，单一中心块状城市易产生交通的拥挤堵塞，环境恶化等生态系统问题。

3.3.4 城市生态系统的特点

城市生态系统相对于自然生态系统有许多不同的特点。

3.3.4.1 城市生态系统是以人为主体的生态系统

同自然生态系统和农村生态系统相比，城市生态系统的生物部分的主体是人类，而不是其他生物。因为在城市生态系统中，人口高度集中，其他生物的种类的数量都很少。动物群落基本上是家养动物群落，其生存除受气候、洪水与疾病等影响外，基本上不受天敌的威胁，而主要受人类的支配。因此，城市生态系统中，人是主要消费者，生产者和消费者所占的比例与在自然生态系统中相反，营养结构为倒三角形，如图 3-7 所示。

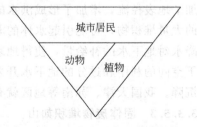

图 3-7 城市生态系统的营养结构

3.3.4.2 城市生态系统是人工生态系统

人类活动建造大量建筑物、交通、通信、给水排水、医疗、文教、体育等城市设施。虽然人工环境要素必然受到自然环境要素（太阳辐射、气温、气候、风、洪水、水源状况等）的控制，但反过来，这些城市自然环境要素也不同程度地受到人工环境要素和人类活动的影响，使城市生态系统的环境变化显得更加复杂和多样化。

3.3.4.3 城市生态系统是不完整的生态系统

城市生态系统中的生产者不仅数量少，而且作用也发生了改变。城市中的植物，其主要任务不是向城市居民提供食物，而是为了美化环境、消除污染和净化空气等。植物产量远远不能满足当地消费者的粮食需要，必须从城市生态系统以外输入。

另外，城市生态系统产生的各种废物，不能就地由分解者进行分解，需要靠人类通过各种环境保护措施来加以分解，如送至污水处理厂、化粪池或垃圾场进行处理，消耗了大量的人力、物力。

因此，城市生态系统是一个不完整、不独立的生态系统。

3.3.4.4 城市生态系统是高度开放的系统

因为城市生态系统是不完整的，所以它必须是高度开放的。城市规模越大，其开放程度越高，城市之间、城市与农村之间的交换越频繁。

城市生态系统具有大量、高速的输入输出流，包括人流［生死过程、迁出和迁入、劳动力转移、短期居留（贸易、旅游）］、能流、物流、资金流和信息流。能量、物质和信息在系统中高度浓集，高速转化，生产大量的财富，并产生废物流。自然生态系统主要通过食物网传递物质和能量，而城市生态系统中通过工业、农业部分传递。人为造成能流和物流效率下降，废物流增加（过度包装的物品，耗能多的汽车和家庭装置），使城市遭到污染。

3.3.5 我国城市生态环境状况

我国城市生态环境不容乐观，城市生态系统的破坏已给社会和经济发展带来了极其不利的影响。

3.3.5.1 城市规模迅速扩大

近年来，我国城市规模成倍地迅速扩大，大量毫无节制地占用土地，造成耕地面积急剧减少，严重威胁着土地资源。据统计城市建设用地90%以上为高产稳产的良田。

3.3.5.2 水环境和水循环状况

（1）城市水环境状况　由于城市经济发展和人口的增加，越来越多的污染物质，尤其是生产废水和生活污水未经很好的处理就大量排放，造成全国80%以上的城市河流水体的严重污染，加剧了水资源的短缺。

（2）城市水循环状况　城市不透水面积和排水工程的扩大，减少了雨水向下的渗漏，增加了地表径流，增加了形成洪水的频率。另外，地表径流冲刷堆积于街道、马路及建筑物上的大量堆积物，可能引起水体的非点源污染。城市绿地的减少，不透水面积的增加，减少了降水对地下水的补给量，使得地表及树木的水分蒸发和蒸腾作用相应减弱。另外，人们对地下空间的利用和过分的地下水开采，使地下水支出量远大于其收入量，结果引起区域性地面沉降。我国天津、苏南等地区就有这样的实例。

3.3.5.3 固体废物堆积如山

随着经济的发展和人们生活水平的提高，固体废物日益增多，给城市环境带来极大的危害。工业生产的固体废物可以通过清洁生产工艺将其资源化从而减少排放来解决。而生活中的垃圾如何处理则是一个极大的难题。我国绝大多数城市垃圾处理能力很低。垃圾处置的主要方式是传统的填埋法或堆放法，基建废料、工业废渣、生活垃圾随意丢弃、倾倒、乱堆乱放等对生态环境造成了极大破坏。即使像南京、上海这样的大城市，也都处于"垃圾围城"的困境之中。

3.3.5.4 大气环境状况

（1）大气污染严重　我国是一个以煤为主要能源的国家，煤炭占商品能源总消费的73%，燃煤造成严重的大气污染。近年来，随着汽车数量剧增和尾气排放管理不严，加剧了城市的大气污染。我国很多大城市如北京、石家庄、重庆等大气质量较差。

（2）形成城市气候

① 热岛效应。热岛效应是城市气候最典型的特征之一。城市释放大量废热，使市内气温明显高于市郊。其水平温度场的等温线构成了一条条以城市为中心的闭合圈，犹如海面上与一条条闭合等高线对应的岛屿，故称之为"城市热岛"。热岛效应使夏季空调度日（冷气开放时段气温平均超过18℃的度日数总和）增加，能耗增加，对缓解能源紧缺的压力是不利的。另外，空调制冷向室外排出的热量，更加增强了热岛效应的副作用。密闭的建筑物内通风不畅将引起密闭建筑综合征等损害人体健康的疾病，如心力衰竭等。据美国15个城市统计，每年有1150人因高温使身体衰竭致死。热岛效应还会导致热岛环流的产生。这种环流可将在城市上空扩散出去的大气污染物又从近地面带回市区，造成重复污染。

② 干岛、湿岛、雨岛、浑浊岛效应。由于城市地面干燥，排水系统发达，绿地面积小，气温高，致使市内空气湿度小于市郊，形成所谓"干岛"，尤以夏季晴天白天时为甚。

夜间地面迅速冷却，气温较高，水汽凝结很小，所以在近地层空气中的水汽含量反而高于市郊，形成了所谓"湿岛"。但与"干岛"相比，它是次要的。

城市民用炉灶、工业、交通排出的烟尘以及光化学烟雾使空气变得浑浊，能见度下降，日照和太阳辐射强度降低，形成以城市为中心的"浑浊岛"。

另外，城市排放大量的 SO_2、CO_x、NO_x 以及各种烟尘，为云雾的形成提供丰富的凝结核，有利于形成降水，称为"雨岛"。

3.3.5.5 城市噪声

交通的发展和建筑工地与工厂的增多，造成城市噪声污染相当严重，其中70%的噪声来自交通。据有关资料统计，我国城市平均等效声级在55分贝以上，很多城市在60分贝以上，严重地干扰居民的正常生活。

3.3.5.6 城市交通拥挤

由于土木工程和交通工程规划设计时缺乏环境意识和发展观念，使我国大多数城市存在交通拥挤问题，不仅造成严重的大气污染和噪声污染等问题，而且严重地影响城市的生活环境和投资环境。

3.3.5.7 城市森林覆盖面积较小

我国在城市规划和建设中，建筑物占据极大比例，对绿地、树木的覆盖面积考虑较少。我国很多城市绿地和树木覆盖面积仅占据城区面积的14%～20%，而西方发达国家达50%左右。近年来，各城市已普遍认识到绿化对城市的重要性，并大力推进城市绿化，如北京、上海、南京等大城市普遍建设了一批绿地和市民广场等，有效地提高绿地比例。但我国的城市绿化还处于相当初级的阶段，绿化偏重景观的改善而通常对市民封闭，可观赏而不能亲近；主要绿地一般在中央商务区、景观带和交通干线，居民区绿地过少；绿化设计上也未能考虑作为鸟类的栖息地或植被构成方面。

3.3.5.8 城市对周边地区的辐射影响

城市的发展不仅造成了自身的环境问题,而且也给周边小城镇及农村地区造成了许多环境问题。例如,长江流域沿江大中城市在自身的发展过程中也对长江流域的生态环境造成了破坏。从上游到下游,整个长江流域都处于工业污染的包围之中。生态环境的恶化,造成长江流域"湖泊少鱼、山中少林、林中少鸟",长江流域城市生态环境的恶化已经严重影响到整个流域的经济发展。

3.3.6 生态城市建设的基本途径

(1) 积极主动地吸收发达国家生态城市建设的经验 目前世界上绝大多数发达国家都非常重视生态城市的建设,十分重视环境质量的保护。第二次世界大战以来,欧洲各国都开始了生态绿化战略,成立专门的绿色空间设计组织。在此基础上还十分重视资源的保护和能源的节约。以大气环境为例,发达国家在环境治理上的成功,主要归因于产业结构的调整和实现了从燃煤向燃油和燃气的能源转变。从我国的长远发展来看,在坚持自我特色的基础上,吸收国外的有益经验应当成为发展生态城市的有效途径之一。

(2) 加强农村城镇化的生态控制,做到城镇化与生态环境协调发展

① 重点建设一些小城镇,健全小城镇功能,增强进一步改善生态环境的实力。

② 制定符合生态经济规律的小城镇规划。合理确定小城镇规模,统一安排用地,优化用地结构,增加公用设施和绿化用地,注意旧区改造与新区建设的结合,提高土地利用率。

③ 对小城镇中的乡镇工业要实现经济增长方式的转变,由粗放型转向集约型,减少小城镇发展过程中的资源浪费,改善生态环境。加大对乡镇工业的科技投入,提高生产技术水平,采用无污少害的新工艺、新设备、新技术,增加产品科技含量,广泛推行清洁生产,提高治理污染的能力。另外加强环境保护,加强执法力度,彻底改变"脏、乱、差"的现象,严格控制新污染源的产生。

(3) 重视城市发展过程中节约与保护水资源 我国淡水资源不足,虽然南方水量比较丰富,但水质污染十分严重。水资源的不足严重影响城市的发展。城市水资源规划不能很好地结合国情和自然条件,中小城市用水指标过大,因此,应按照不同类型地区、不同规模城市进行研究,探讨一套比较切合实际的城市用水方案,避免水资源的浪费。

另外,由于对水资源保护不力,水质污染情况严重。因此必须加强对污水的治理和资源化的回收利用。

(4) 加快与建设生态城市有关的法律法规的制定 我国城市园林绿化已经步入法制化的轨道,先后制定了《城市绿化条例》和一系列法规和条例,并通过实施取得了较好的成效,大大地改善了城市的生态环境,这说明只有在法制的大前提下生态城市建设才能成功。目前,我国已经颁布了《中华人民共和国环境保护法》,初步解决了有法可依、违法必究的问题。

3.3.7 土木工程对城市生态系统的影响

城市的物质建设对城市生态系统起决定性的作用,而城市的物质建设中土木工程占有绝对重要的位置,因此,土木工程的规划、设计、施工、管理直接影响到城市生态系统的好坏。

3.3.7.1 住宅建筑工程对城市生态系统的影响

住宅建筑工程对人类生存、生活和周围生态环境有着重要的影响。因此在进行住宅建筑

工程建设时，必须考虑人与生态系统的环境，从而更好地满足人们对居住的需求。

我国居住区规划十分重视建筑的物质环境功能，将住房的日照、通风、采光和朝向作为首要的、绝对的标准，忽视了综合效益及现代技术、设施及建设处理的自然通风采光的辅助作用。住宅群楼栋间按照日照距离行列式布置，在等距离平行排列的行列式建筑群中，有些为保证冬至前后若干小时的日照空间，将住宅布置得不符合生态系统的要求。孤立远离的单体建筑占据四通八达的空间范围，给人一种与亲切、宁静、安全的居住气氛完全不相一致的空旷之感。

此外，由于人多地少，造成住宅建设高楼林立、公用绿地减少、城市噪声及空气污染严重等生态环境问题。

3.3.7.2 城市中心区建设对城市生态系统的影响

城市中心区是城市的核心地区，是土木工程最集中的地方，市中心的建设对城市生态环境的影响主要表现在以下两个方面。

（1）交通拥挤是市中心环境质量的首要问题　交通拥挤是我国城市中心地区最为突出的环境问题。城市中心交通量增长十分迅速，北京、上海这样的大城市自不必说，即使中小城市也不例外。各种机动车、自行车大幅度增长，道路人车混行，矛盾十分突出，采用交通管理或局部改善措施也难以解决。

（2）缺乏以人为本的理性建筑规划设计观念　城市中心地区的规划，最终目的是提高其综合效益。但是，现在不少城市在市中心改建规划中常持单打一的交通观点或经济观点。有的为缓解交通矛盾，设置强制性的栏杆，把行人限制在狭小的空间内，结果市中心到处是车辆；另一些改建规划只从经济着眼，注重拆多少房子，盖多少房子，增加了多少建筑面积，却很少考虑人的环境，以致市中心一点绿地和休息场地都没有，这不符合城市生态的宗旨。在西方发达国家，即使市中心地价很高，但还是能依据法规限定留出必要的广场绿化。故应在规划设计时树立起以人为本的理性设计观点，充分考虑人的存在环境。

3.3.7.3 绿化布置对城市生态环境的影响

城市规划中，应做好绿化工作，尽量为居民创造健康的生活、成长的生态环境。

（1）生态需要与绿化功能　绿化能调节城市生态环境。绿化首先要满足居民的生态需要，在此基础上讲究美观。有的北方城市种植许多当年生的花卉，季节一过土地光秃秃一片，刮风尘土飞扬，这种绿化达不到生态要求。有的居住区绿化不结合功能，只是苗圃式地种上树，与生态绿化相差甚远。

城市绿化应满足一定的功能要求。首先，城市绿化应该具有物质功能，即能够遮阳、隔声、改善小气候、净化空气、防风、防尘、杀菌、防病等。其次，城市绿化应该具有精神功能，即能够美化环境、分隔空间、娱乐休闲、陶冶情操、消除疲劳等。

（2）室外活动与绿地　人们利用闲暇时间去公园绿地活动已成为城市生活的一部分。但使用率高的往往不是城市大公园，而是居住区绿地或居住区附近的小公园。小公园或绿地虽然规模小、内容不丰富，但更靠近人们的住所，使用方便，随来随往。因此针对居民的室外活动需要，搞好居住区的绿地布置更加重要。

3.3.7.4 城市声环境对居民居住环境的影响

目前，我国各类城市噪声中，城市道路交通噪声约占40％，对城市居民影响最大。平均65％的交通干线白天的等效噪声级超过70分贝。此外，工业噪声、土木工程施工噪声等也占有很大比例。

在城市规划建设中，合理安排城市道路交通网，会有效减少噪声对居住环境的影响。城市道路一般可分为三个等级，即环城干道、地区道路和市内道路。不同等级道路上的车流量必然不同。规划时，对噪声敏感强的住宅、医院等类建筑工程应布置在市内道路区；对噪声敏感稍弱的商店、办公楼、服务设施等类建筑工程应布置在地区道路两侧；对噪声不敏感的建筑工程可布置在环城干道两侧。

作住宅总体布局及单体建筑设计时，应根据环境噪声标准及其工程要求，进行合理的设计。如临交通道路，注意配置对噪声不敏感的建筑；在满足城市景观要求的同时，把一些住宅布置得垂直于交通线或是呈一定角度；尽量不出现由长条形的住宅楼围成"闭合"户外空间，以减少儿童户外活动噪声等形成的混响声场对住户的干扰等。

3.3.7.5 城市防洪工程对生态环境的影响

防洪工程对城市的社会、经济和生态环境具有较大的正面影响。它不仅能保护人们的生命财产的安全，而且对城市的生态环境起着决定性的作用。但防洪工程对城市环境也有许多负面影响。如防洪工程建设使城市内河和外河的自然通道隔绝，影响水系的自然循环；防洪工程的闸、坝使水体流动受阻，水域环境容量受损，污染物在部分河段内长时间停留，造成水体发黑、发臭，严重破坏水体环境。

3.3.7.6 水利工程对流域生态环境的影响

随着经济的发展，水利工程已受到广泛的重视。现代水利工程能在灌溉、发电、供水、调水、防洪、渔业、航运、旅游等方面产生很大的经济效益。但这种水资源的利用并不总是有利的，可以说水利工程既有利也有弊。例如，尼罗河阿斯旺水坝建成后，因上游来水和来沙量减少，使河口营养盐下降，致使渔业资源大幅度减产，同时由于使下游地区失去肥沃的有机质和淤泥，而加重了盐碱化的程度，三角洲海岸也因泥沙补给减少而发生侵蚀。我国20世纪50年代由于治理黄河以适应工农业发展的需要，从此黄河径流量不断减少，河床淤积，下游出现持续的断流，严重破坏生态环境。同时由于入海营养物减少，渔业减产，河口水域肥力下降。综上所述，为了更好地利用水资源，化害为利，应该加强对水利工程的论证、预测和环境影响评价，既要考虑经济效益，又要考虑生态环境；既要考虑现在，也要考虑将来；既要考虑本地区，也要考虑有关的其他地区。

3.3.8 土木工程对城市生态的调控

土木工程对城市生态的影响既有有利的一面，也有不利的一面。因而在工程的规划、设计和管理中要树立生态环境观念，探求利大弊小的工程布局规模和形式，创造良好的城市生态系统。

城市建筑环境设计主要包括室内环境设计和室外环境设计两大范畴。除此之外，还包括环境色彩、环境照明、环境装饰、空间构成、环境景观、环境绿化和环境设施等。

从土木工程中给水排水工程的角度考虑，需要通过完善市政排水系统工程，控制环境质量的方面加强对城市生态的调控，具体措施包括以下几个方面。

（1）整治和完善城市排水系统，有计划地兴建城市污水厂　目前大部分城市的排水系统都是污水-雨水合流制，进行排水系统改造的第一步就应该将这种合流制或部分合流的分流制系统改造成完全分流制系统。在改造过程中，城市旧雨水/污水沟渠除少数经整修后继续使用外，大部分合流制旧沟渠应结合城市危旧房改建以及道路拓宽而改造为雨水/污水分流制排水系统。新区建设应在规划时即考虑配套建设雨水/污水分流制排水系统。

在城市总体规划时，就应考虑城市污水处理厂的服务面积、厂址的选择与规划。城市污水处理厂的规划与建设应达到下列几项目标。

① 保护集中饮用水源地。
　　② 还清市区河道、湖泊或海域。
　　③ 实行污水资源化。
　　城市污水处理厂选址规划时，应重点处理好以下关系。
　　① 集中与分散相结合。集中的大型城市污水处理厂基本建设投资少，运行维护费用低，易于加强管理；而分散小型污水处理厂从净化水回用看，分散处理便于接近用水户，可省大型管道的建设费用。
　　② 近期与远期的需要。一次性建设处理能力很大的污水处理厂，会长期内不能达到设计水量，浪费投资，影响正常运行。因此，规划时要将近期和远期分开，远期发展计划常常会随城市发展与变化而进行调整。
　　③ 上、中、下游的关系。一般，城市污水处理厂应规划在城市河流的下游；对潮汐河流，还应考虑潮汐上涨时对上游取水点的影响。但有些城市（如北京）的市区河道为人工补给控制的河道，上游来水量很小，属市区排污河道。这时需要上、中、下游兼顾，在上游设立污水处理厂便于向市区河道补给处理后出水，有维护城市景观、调节城市气候的功能。
　　④ 处理后出水排放与利用的关系。污水处理的目标通常为达标排入水体，但在缺水地区更应考虑污水的再生回用。
　　(2) 城市污水厂污泥的处理、处置与利用的对策和措施　城市污水处理厂在处理污水的同时，会产生大量的污泥，如不妥善处理、处置和利用，将产生二次污染，危害水域和环境。目前污泥的处理利用途径有以下几种。
　　① 农业利用：干燥的污泥含有有机氮、磷、钾以及微量元素，是质量上好的农用肥料，可以直接施用于污水厂附近的城郊农田。
　　② 污泥堆肥或制造颗粒肥料，然后施用于农田。
　　③ 与生活垃圾一起进行卫生填埋，从中回收沼气能源。
　　④ 利用污泥作燃料，或厌氧发酵产生沼气作燃料，或用于发电。

知 识 拓 展

1. 腐殖质

　　土壤有机质在微生物作用下形成的胶体状大分子有机化合物，是土壤有机质的主要组成部分，一般占有机质总量的 50%～70%，主要组成元素为碳、氢、氧、氮、硫、磷等，是一系列有机化合物的混合物。

2. 生态农业第一村——留民营村

　　北京东南郊大兴区留民营村曾经是一个贫穷落后的小村子。1982 年北京市环境保护科学研究所与留民营村合作，开始了生态农业建设。经过五年研究与实践，1987 年留民营生态农业链已经形成，多种种植业用于食品、饲料加工、饲料用来发展养殖业，农业秸秆和养殖业及农业生活废物送入沼气池，为全村提供生活能源，沼气渣又回田或作饲料，从而建立了良性循环。其主要做了以下三方面的工作。

　　(1) 调整产业结构　在科技人员帮助下，该村大力发展饲养业使作物秸秆这种过去的废弃物得到充分利用。他们建立了奶牛场、肉鸡场、蛋鸡场、养鸭场、瘦肉型猪场和养鱼场。各个养殖场先后建起了孵化间、小型饲料厂、屠宰场，还建立了为种植业和养殖业服务的加工业体系，如饲料加工厂、面粉加工厂、食品加工厂（将本村鸭场的鸭子烤制成"北京烤鸭"）及农机修配和被服厂等。这些都是很少污染的工厂企业。从而改变了过去以种植业为主的产业结构，形成种植业、养殖业和加工业多种经营的生产结构。

　　(2) 进一步开发建设利用沼气和太阳能的新能源　在生态农业的建设中，各农户都建造了沼气池、太阳灶和太阳能热水器，并普遍改造了节柴灶。1992 年在联合国环境开发计划署帮助下，由中美两国专家设计建造了一座大型高温沼气发酵工程，用以代替过去的小沼气，一年四季都能发酵产气，通过管道集中供气，可满足全村人的日常生活所需。现在留民营已形成一个不同时空分布、多层次、多形式的新能源利用网络，把沼气环节掺入种、养、加的生产结构中。农业和粮食加工产生的米糠、麦麸作饲料送进饲料场，畜禽粪便和部分秸秆进沼气池，产生的沼气供农民作生活燃料，也可发电。一部分沼气渣加工后是猪的好饲料，另一部分沼渣、沼液送至农田作为肥料，使土壤有机质含量增加，农作物抗病能力增强，减少了农药使用量。鱼塘的塘泥又是农田、果园的好肥料，豆制品厂的下脚料用于喂奶牛和猪。通过这样的综合利用和多层次的循环利用，使全村的各业生产相互依存、相互促进，形成一个良性循环的有机整体。

（3）大规模植树造林，加强农田基本建设　留民营村在专家的指导下按照乔木、灌木、草本植物相结合，常绿树与阔叶、落叶树相结合的设计原则，营造了 1.25 公顷成片林，19 条林带及环田林和环村林，共植树 4.2 万株，形成了农田林网化和多树种、多层次的立体生态结构，提高了光能利用率。与此同时，他们合理规划农田，发展多种种植业，村里还投资修建了水利、购买了农机，全部农田都实现了水利喷灌化，使粮食年年稳产高产，从而能量转换率和秸秆还用率也得到了提高，有效地促进了自然资源的保护和利用，增强了农业发展的后劲。

思 考 题

1. 生态系统的功能是什么？
2. 什么是生态平衡？影响生态平衡的人为因素有哪些？如何调整生态平衡？
3. 城市生态系统的特点有哪些？
4. 从我国城市生态环境状况出发，阐述城市化带来的环境问题。
5. 试简述城市生态系统建设的基本途径。
6. 土木工程项目的建设活动对城市生态系统有哪几方面的影响？

4 水污染及其防治

4.1 水污染

4.1.1 水体污染的定义

水体污染是指排入水体的污染物质使该物质在水中的含量超过了水体的本底含量和水体的自净能力,从而破坏了水体原有的用途。

4.1.2 水体中的主要污染物及危害

污染水体的物质有很多,而且其存在形态各异,主要有以下几类。

4.1.2.1 需氧有机物质

需氧有机物包括碳水化合物、蛋白质、油脂、氨基酸、脂肪酸、脂类等有机物质。这些物质在被水体中好氧微生物分解过程中,要消耗水中的溶解氧,故而被称为需氧有机物质。在有氧的情况下,需氧有机物通过好氧微生物的降解生成 CO_2、H_2O 等稳定的无机物。需氧有机物也可以在缺氧或者无氧的条件下被厌氧微生物降解,主要产物是 CH_4、H_2S、CO_2、H_2O 等。

通常情况下,需氧有机物都是在好氧微生物的作用下,消耗水体中的溶解氧来进行降解的。由于需氧有机物种类很多,很难逐一区分并定量,所以常采用几个综合的指标来反映这类污染物。这几个指标包括:生物化学需氧量(BOD),化学需氧量(COD),总需氧量(TOD)和总有机碳(TOC)等。BOD 是指在有氧条件下,由于微生物的生活活动降解有机物所消耗的氧量,它间接地反映能被微生物降解的有机物的含量。COD 是指在酸性条件下,用强氧化剂将有机物氧化为 CO_2 和 H_2O 所消耗的氧量,它反映的是在一定条件下能用化学方法氧化的水体中的有机物含量。

水中需氧有机物来源广、数量大、污染也较严重,是水体污染中最常见的一种污染。生活污水和很多工业废水,如造纸、石油化工、食品、制革、焦化等工业废水中都含有大量需氧有机物。

当水中需氧有机物浓度较高时,微生物耗氧量大,从大气中补充的氧不敷需要,造成水体溶解氧亏缺,影响鱼类和其他水生生物的生长。溶解氧降低至4毫克/升以下时,鱼类和水生生物就不能生存。水中溶解氧耗尽后,有机物将转入厌氧分解,产生 H_2S、NH_3、硫醇等难闻气体,使水色变黑、水质恶化,除了厌氧微生物外,其他生物都不能生存。

4.1.2.2 植物营养物

植物营养物主要是指 N、P、K、S 及其化合物,其主要来源于生活污水、农田排水以及某些工业废水。

含有大量 N、P 等营养物的废水进入水体后,在微生物的作用下,分解为可供水中藻类吸收利用的形式,造成藻类植物大量生长,使水面呈现不同颜色,成为"水华"。大量藻类的生长覆盖了大片水面,使其下层处于缺氧或厌氧状态,影响了鱼类生长,甚至造成鱼类死亡。藻类或以藻类为食的鱼类死亡后,其体内的 N、P 等有机物又会重新被微生物分解,被藻类植物利用。这样周而复始，形成了 N、P 等植物营养物质在水体内部的物质循环，使其长期保存在水体中，形成水体富营养化，很难恢复。

另外，硝酸盐具有一定的毒性，如果进入人体，可被还原为亚硝酸盐并进一步反应生成有致癌作用的亚硝胺，所以作为饮用水源的水体中的硝酸盐含量超标会对人的健康产生影响。

4.1.2.3 重金属

重金属主要是指汞、镉、铅、铬以及类金属砷等生物毒性显著的重元素，通常这五种重元素被称为"五毒物质"。重金属污染物最主要的特性是：不能被微生物降解，有时还可能被转化为毒性更大的物质，能被生物富集于体内，通过食物链传递下去，严重危害人的健康。

（1）汞　汞是"五毒"之首，汞进入水体后，一部分会由于挥发而进入大气，大部分则沉降进入底泥。底泥中的汞在微生物作用下转化为甲基汞或二甲基汞。二甲基汞可溶于水，被水生生物摄入，在体内积累，通过食物链不断富集。鱼体内的二甲基汞浓度可比水中高达万倍。通过挥发、溶解、甲基化、沉降、降水冲洗等作用，汞在大气、土壤水与水三者之间不断进行交换和转移。

汞除了会通过食物进入人体，其蒸气有高度扩散性和脂溶性，也可经呼吸道进入人体，并在人体内积累。汞能抑制酶的活性，破坏细胞正常的新陈代谢。慢性汞中毒症状是神经性头痛、头晕、肢体麻木和疼痛、肌肉震颤、运动失调等。急性汞中毒症状为肝炎、肾炎、蛋白尿、血尿、尿毒症等。震惊世界的日本水俣病就是严重的甲基汞中毒事件。

（2）镉　水体中的镉主要来源于铅锌矿废水和有关工业排放的废水。水中的镉干扰水生脊椎动物的新陈代谢，使肠道吸收铁能力减低，破坏红细胞，引起贫血症。镉也能在植物生长过程中产生毒害作用。镉离子进入人体后，主要积累在骨骼和肾脏中，引起"骨痛病"和肾脏功能失调，潜伏期长达 10～30 年。

（3）铅　水体中的铅主要来源于冶炼、制造和使用铅制品的工矿企业向水体排放的废水和废渣。铅对人体具有危害，它可以通过饮水、食物进入人体，形成不溶性的磷酸铅沉积于骨骼中。当人生病或不适时，血液中酸碱失去平衡，骨骼中的磷酸铅可变为可溶性的磷酸氢铅，进入血液，引起铅中毒，破坏骨髓造血系统和神经系统，出现贫血等症状。

（4）铬　水体中的铬主要来源于冶炼、耐火材料、电镀、制革、燃料、化工等工矿企业排出的"三废"。铬是人体必需的微量元素，参与体内的脂类代谢和胆固醇分解与排泄。三价铬和六价铬都对人体有毒，六价铬毒性比三价铬约高 100 倍。六价铬对人主要是慢性毒害，它可以通过消化道、呼吸道、皮肤和黏膜侵入人体，在体内主要积聚在肝、肾和内分泌腺中。通过呼吸道进入的则易积存在肺部，有致癌性和致畸性。六价铬有强氧化作用，所以慢性中毒往往以局部损害开始逐渐发展到不可救药。经呼吸道侵入人体时，开始侵害上呼吸道，引起鼻炎、咽炎和喉炎、支气管炎。

（5）砷　水体中的砷主要来源于冶金、化工、造纸、皮革等工矿企业排放的废水。砷对人体有较强的毒性，而且三价砷的毒性远大于五价砷。砷进入人体后，可在各组织、器官（特别是毛发、指甲等）中蓄积，引起慢性砷中毒。慢性砷中毒往往表现为食欲不振、胃痛、恶心、肝肿大、神经衰弱和皮肤病变等。急性中毒一般是由误食砷化物所致。如砷化氢气体被人体吸收后，严重者全身呈青铜色，鼻出血，甚至全身出血，最终因尿毒症而死亡。此外，砷还有致癌作用，可引起皮肤癌，对动物有致畸作用。

4.1.2.4 农药

农药是消灭对人类和植物的病虫害的有效药剂,在农牧业的增产、保收和保存以及人类传染病的预防和控制等方面起着举足轻重的作用。农药包括许多种类,如杀虫剂、杀菌剂、除草剂、灭鼠剂等。造成环境污染并对人体有害的农药主要是一些有机氯农药和含铅、砷、汞等重金属制剂,以及某些除草剂。

农药使用后可残存于生物体、农副产品和环境中。残存在土壤和植物表面的农药还可以随地面降水进入水体,造成水污染,特别是一些农药可以溶解于脂肪,在水生生物的脂肪中积累下来。通过富集作用,水生生物中农药的含量可比水体中的高几十倍,而靠水生生物为食的鸟类中农药的含量则高达数百甚至数万倍。

农药对人体健康影响很大。进入人体在脂肪和肝脏中积累,影响神经系统和肝脏,并有致癌作用。另外,农药对益虫、益鸟也有杀伤作用。除此之外,农药的使用使害虫产生耐药性,因而增加用药的次数和数量,更加重了对环境的污染和危害。

4.1.2.5 石油类

石油及其制品是水体的主要污染物质之一。港口、河口和近海等水域中的石油污染较为突出。近年来,通过船舶排放、事故溢油、海底油田泄漏和井喷事故等排放入水体的石油及制品更加重了对环境的污染。

水体油污染主要来源于炼油和石油化学工业排放的含油废水、运油车船和意外事件的溢油及清洗废水、海上采油等。石油及其制品进入水体后,发生扩散、蒸发、溶解、乳化、光化学氧化等一系列物理和化学变化,不易氧化分解的部分形成沥青块沉入水底。

石油对环境的破坏主要表现在其具有一定的毒性,能够破坏生物的正常生活环境,造成生物机能障碍。

4.1.2.6 酚类

酚是一类含苯环化合物,可分为挥发性酚和非挥发性酚。水中的酚类主要来源于炼焦、钢铁、有机合成、化工、煤气、染料、制药、造纸、印染以及防腐剂制造等工业废水。目前酚类是水体第一位超标污染物,所以人们对酚类污染物很重视。

水中的酚类物质可以进行分解、挥发、化学氧化、生物化学氧化,从而得以去除。但如果水中酚类浓度超量时,就会造成水污染。当浓度低时,影响鱼类生殖回游,使鱼肉有异味,影响食用;浓度高时,可使鱼类大量死亡甚至绝迹。

酚类污染物进入人体,低浓度情况下可使蛋白质变性,高浓度使蛋白质沉淀,对各种细胞有直接损害,对皮肤和黏膜有强烈的腐蚀作用。长期饮用被酚污染的水源,可引起头昏、出疹、瘙痒、贫血及各种神经系统症状,甚至中毒。

4.1.2.7 氰化物

氰化物包括无机氰和有机氰,在工业中应用广泛,水中的氰化物主要来源于化工、冶金、炼焦、电镀、选矿等工业废水,天然物质如苦杏仁、枇杷仁、桃仁、木薯、白果等中也含有氰化物。

氰化物是一种剧毒物质,因此其污染问题引起人们的充分重视。天然水中不含氰化物,如有发现,即属污染。水中氰化物对鱼类及其他水生生物的危害较大,浓度达0.04~0.1毫克/升时,能使鱼类死亡。此外,含氰废水还会造成农业减产、牲畜死亡。氰化物可以经口、呼吸道或皮肤进入人体,且极易被吸收,造成细胞窒息死亡。急性氰化物中毒的症状则为呼吸困难,继而出现痉挛、呼吸衰竭以致死亡。

进入水体中的氰化物可被稀释,它可以与溶于水中的二氧化碳反应,生成氢氰酸,然后挥发进入大气，这是水中氰化物被去除的主要途径。此外，它也可以被水中的微生物降解。

4.1.2.8 热

热污染是指人类活动产生的一种过剩能量排入水体，使水体升温而影响水生态系统结构的变化，造成水质恶化的一种污染。水体热污染主要来源于动力、冶金、化工、石油、造纸、机械等工业排放的工业冷却水。

水体热污染最直接的危害是使水中溶解性气体发生显著变化，使水体溶解性气体过饱和，导致鱼类等水生生物患气泡病。另外，水温的升高使水中溶解氧下降，影响水生生物的生存。水温升高还可使水中的氰化物、重金属离子等有毒物质的毒性增强，加重其污染。除此之外，水体热污染还可使水生生物群落种群结构变化，有的消失，有的发展。如20℃河流中硅藻为优势种，30℃时就转变为绿藻为优势种，35～40℃时蓝藻就大量繁殖起来。又如，如果水温短时间内升高5℃左右，鱼类生活将受到威胁，甚至死亡。

4.1.2.9 酸、碱及一般无机盐类

酸性废水主要来源于矿山排水、冶金、染料、金属加工酸洗废水和酸雨等。碱性废水主要来源于碱法造纸、人造纤维、制碱、制革等工业废水。当酸、碱废水彼此中和，可产生各种盐类，所以酸和碱的污染也伴随着无机盐类污染。

酸、碱废水会改变水体的pH值，破坏水体自然缓冲作用，消灭或抑制细菌及微生物的生长，妨碍水体的自净功能，影响渔业，腐蚀管道、船舶和水下建筑。酸、碱废水中和产生的各种盐类，造成无机盐类污染，增加水的硬度。

4.1.2.10 放射性物质

水体中的放射性污染来源于化工、冶金、医学、农业等行业排放的废水，另外，原子能工业、反应堆设施、核武器制造产生的废水也是水体放射性污染产生的原因。

污染水体的最危险的放射性物质有锶90、铯137等，这些物质半衰期长，经水和食物进入人体后，能在一定部位积累，增加对人的放射性辐照，可引起遗传变异或癌症。

4.1.2.11 病原微生物

水体中的病原微生物主要来源于生活污水和医院废水、制革、屠宰、洗毛、酿造等工业废水，以及畜牧污水。病原微生物的种类主要包括致病细菌（如大肠杆菌、痢疾杆菌等）、病毒（如麻疹、流行性感冒等）和寄生虫（如疟原虫、血吸虫等）。病原微生物是水体的主要污染物，可随水流迅速蔓延，给人类健康带来极大威胁。

4.1.3 水体污染物质的主要来源

天然水体污染的主要来源有以下几个方面。

(1) 生活污水　人们的日常生活中所产生的生活污水是水体主要污染源之一。生活污水的主要污染成分是需氧有机物、病原微生物和各种洗涤剂，排入水体易引起水体缺氧或传染疾病的蔓延。

(2) 工业废水　工矿企业生产过程中所产生的废水是目前世界范围内水污染的主要污染源。水体中的许多污染物质，尤其是毒性大，具有致癌、致畸作用的物质，大部分来自于工业废水。如钢铁、焦化和炼油工业排出含酚废水和含氰废水；化工、化纤、化肥、农药、制革和造纸工业排出含砷、汞、铬、农药的废水；动力工业等排出高温冷却水等。工业废水具有水量大、种类繁多、成分复杂、毒性强等特点，因此其净化和处理比较困难。

(3) 农田排水　随着农药和化肥的大量使用，农药残留问题也日趋严重。大部分农药和化肥残留在农田的土壤和水中，然后随农田排水和地表径流进入水体，造成污染。长江水质

监测结果表明，在雨季和农田耕作繁忙季节中，长江水中的有机氯农药含量往往上升，约为枯水期和农闲时节的两倍之多。

(4) 大气降落物　随着工业生产的发展和矿物燃料的使用，许多污染物质进入大气，形成污染。这些污染物质的种类很多，成分复杂，有水溶性成分和不溶性成分、无机物和有机物等。它们可以自然降落，溶解于水，或在降水过程中被挟带至地面水体中，造成水体污染。世界上许多湖泊的酸化，就是由于大气中的酸性污染物溶于其中或通过酸性降水造成的。

(5) 工业废渣和城市垃圾　工业生产过程所产生的固体废物也是造成水体污染的主要原因之一。一些工矿企业把工业废弃物随意堆积于河滩、湖边、海滨或者直接倾入水中，造成水体污染。

此外，居民生活垃圾、商业垃圾和市政维修管理产生的垃圾等城市垃圾，有时也堆积水边，任水流冲洗，造成水体污染。

4.1.4　水体污染源类型

凡能排放或释放污染物引起水体污染的来源和场所均称为水体污染源，有很多分类方法。

(1) 按污染物的成因分类　污染源可分为自然污染源和人为污染源两大类。

① 自然污染源。自然因素引起水污染的来源和场所，如特殊的地质条件（矿藏）、森林地带、爆发的火山等。自然污染源难于控制，危害相对较小。

② 人为污染源。人类的社会、经济活动所形成的污染源。其特点是污染频率高、数量大、种类多、危害深，是造成污染的主要原因，因此，也是防治的重点。

(2) 按污染源排放污染物的属性分类　可分为物理污染源、化学污染源和生物污染源等数种。

① 物理污染源。指排放热能、放射性物质、悬浮物等的污染源。

② 化学污染源。指排放许多化学物质尤其是有毒化学物质的污染源。这种污染源排放污染物种类最多，涉及面最广，对人类和生物界的威胁较大。

③ 生物污染源。指排放细菌、病毒、寄生虫等的污染源，如医院等部门。

实际的污染源不一定单一地排放一种属性的污染物质，而可能排放多种属性的污染物，如同时释放热能和排放化学污染物等。

(3) 按污染源的空间分布分类　可分为点污染源和非点污染源。

① 点污染源。具有确定的空间位置，如工业污染源和生活污染源。

② 非点污染源。也称为面污染源，是以较大范围形式排放污染物而造成水体污染的污染源，如农田排水等，具有面广、分散、难于收集、难于治理的特点。

(4) 按污染源排放污染物在时间上的分布特征分类　可分为连续排放污染源、间断排放污染源和瞬时排放污染源等。根据其排放污染物的种类与数量在时间分布上是否均匀，连续排放污染源又可分为连续均匀性排放污染源和连续不均匀性排放污染源。瞬时排放污染源主要指事故性排放污染物的场所或设施等。其发生概率可能较低，但一旦发生事故，会在极短时间内将大量污染物排入水体，损失较大，所以不能忽视。

(5) 按产生污染物的行业性质分类　可分为工业污染源、农业污染源、交通运输污染源和生活污水污染源等数种。我国工业部门种类繁多、污染物数量多、种类多、毒性差异大、污水处理净化难度大，因此工业污染源是目前我国最主要的污染源。

(6) 按水体污染源有否移动性分类 可分为固定污染源和移动污染源。由固定排污点向水体排放污水的为固定污染源,而船舶等常为移动污染源。

(7) 按接纳水体分类 可分为降雨、地表水和地下水的污染源等。如引起酸雨的污染源即为降雨的污染源;引起河流、湖泊、水库或海水等水体污染者为地表水的污染源;能引起地下水污染者为地下水污染源。

4.2 水体自净、水质指标与水质标准

4.2.1 水体自净规律

废水或污染物进入水体后,立刻产生水体污染过程和水体自净过程,这两个过程相互关联。水体水质是否恶化要视这两个过程进行的强度而定。这两个过程进行的强度与污染物性质、污染源大小和受纳水体三方面及其相互作用有关。

4.2.1.1 水体污染

(1) 水体污染特征 水体被污染后,产生如下水质恶化特征。

① 水体中理化因素恶化,使大多数水生生物不能生存。如pH值过低或过高(pH<6.5或pH>8.5);溶解氧下降,甚至耗尽;有机物进行厌氧分解,水体变黑发臭;酚、氰、砷等有毒、有害物质在水中浓度上升;氮、磷等植物营养增加等。

② 水体被污染后,某些物质,如三价铬变六价铬;五价砷变三价砷;无机汞经生物作用产生甲基汞等,都使毒性加强。另一些物质,如重金属、难分解的有机物质等被生物捕食或富集,进入食物链。如六六六、DDT等有机氯农药,在水中的浓度虽然很低,并不威胁到生物的生存,但它能通过食物链被生物富集到惊人的数量,对人类健康构成危害。

③ 水体被污染后,一些生物被消灭了,另一些生物逃避了,构成很单一的生物区系,生物群落结构脆弱,往往经不住外来压力的冲击,生态系统平衡易遭破坏。

(2) 水体污染机制 水体污染机制十分复杂,往往是物理、物理化学、化学、生物及生物化学等基本作用组合而成的综合作用。

① 物理作用。废水或污染物进入水体后,在水力与自身力量的作用下,迅速扩大在水中所占的空间。在这个过程中,污染物只是改变其在水中的分布范围,随着分布范围的扩大,污染物浓度相应降低,但其化学组成和性质不发生变化。这种物理作用受污染物物理特性,湍流的纵向、横向、竖向扩散尺度和强度,以及水体的边界条件等条件影响,具体可以分解为以下几种作用。

a. 水流紊动作用。废水进入流动的水体后,在水流剪切力的作用下,沿着水体流动方向,迅速在纵、横和竖三个方向扩散。水体流速越大,紊动作用越强,污染物扩大范围的速度越快。

b. 污染物的分子扩散作用。向静止水体排放废水,在邻近排放口的一定范围内,废水借助自身的初始动量,在水体中紊动扩散,但在距排污口较远之处,废水失去了初始动量,此时,废水主要依靠分子扩散作用扩大污染范围。

c. 水流的冲刷作用。沉淀在水体底部的沉积物因水流速度变大,冲刷力量增强,可被冲刷而再次进入水中。

② 物理化学作用。水体中含有各种各样的胶体,如硅、铅、铁等的氢氧化物,黏土矿物,以腐殖质为主的有机胶体以及悬浮物等。污染物进入水体后,可与水中胶体之间通过吸附-解吸、胶溶-凝聚等作用进行物质交换。

③ 化学作用。污染物进入水体后，各成分之间以及与水体各种化学成分之间发生化学作用。如酸化和碱化-中和、氧化-还原、分解-化合、沉淀-溶解等化学过程。导致污染物在水体中污染空间的扩大，加重了水体污染的程度。

a. 酸化和碱化。含有大量酸性或碱性物质的废水进入水体后，会破坏水体的缓冲系统，使水中pH发生显著变化，其值可能小于3或大于10。酸性或碱性废水也可能与水体中碱性或酸性物质发生中和作用或复分解反应，产生新的盐类，使水体遭受新的污染。

大多数金属元素在强酸性环境中，形成易溶性化合物，有利于元素的迁移。在偏酸性和酸性环境（pH值小于7）条件下，便于钙、锶、钡、镭、铜、锌、三价铬、二价铁、二价锰、二价镍的迁移；在碱性水（pH值大于7）中，便于六价铬、硒、五价钒、砷的迁移，进一步扩大了污染的范围。

b. 氧化-还原作用。含有强氧化剂或还原剂的废水进入水体后，使水体中的变价元素之间发生氧化-还原过程。例如，在氧化条件下，三价铬变六价铬，其毒性增强；在还原条件下，五价砷变三价砷，其毒性增强。因此，污染水体的氧化与还原作用对污染物质的迁移、转化和存在形式等有重要影响。

④ 生物作用。通过生物作用而扩大其在水体中的污染空间或范围，使污染物毒性增强，或使污染物在水环境中发生富集现象。生物作用包括生物降解作用、生物转化作用和生物富集作用。

a. 生物降解作用。生物降解作用是指废水中的有机物或某些矿物成分在生物作用下进行的降解作用，它包括好氧降解和厌氧降解。

好氧降解过程中，含碳有机物质完全氧化而产生二氧化碳和水；含氮和磷有机物质的降解，使水中累积了大量植物所吸收利用的氮、磷，为水体富营养化提供了条件；含硫有机物的降解生成硫酸盐或硫代硫酸盐。

厌氧降解过程中，有机物在无氧条件下经厌氧细菌作用，产生大量恶臭性还原物，如甲烷、氨、硫醇、硫化氢等。其中，硫化氢是与氰化物具有同等毒性水平的物质，水中硫化氢浓度达0.1毫克/升可影响鱼苗生长和鱼卵的存活，达0.5毫克/升可产生恶臭，达0.5～1.0毫克/升时则对成鱼有严重危害。

b. 生物转化作用。某些元素可在生物作用下，发生形态和价态的变化，转变为毒性较强的物质，如汞的甲基化。

c. 生物富集作用。生物或生物种群可以从周围环境中浓缩某种元素或难分解有机物。生物富集作用包括生物积累和生物放大过程。经生物富集作用，生物体内的元素或难分解有机物的含量大大超过水体中的浓度。

4.2.1.2 水体自净

水体作为自然生态系统，具有自我调节能力。污染物质进入水体后，可参与水体中的物质转化，通过一系列物理、化学和生物作用，将其分解或从水中分离，降低污染物质的浓度和毒性，使水体恢复到原来的状态。广义的水体自净，是指受污染的水体经过水中物理、化学与生物作用，使污染物的浓度降低，并恢复到污染前的水平；狭义的水体自净，则指水体中的微生物氧化分解有机物而使水体得以净化的过程。

(1) 影响水体自净过程的因素　影响水体自净过程的因素包括：受纳水体的地形、水文条件，微生物种类与数量，水温，水体复氧能力，以及水体和污染物的组成与污染物浓度等。

(2) 水体自净过程的特征　污染物进入水体后，水体自净过程即开始。该过程由弱到强,直至趋于恒定,使水质恢复到正常水平。该过程的特点如下。

① 自净过程中,污染物浓度的总体变化趋势是逐渐下降。

② 大多数有毒污染物经各种物理、化学和生物作用,转变为低毒或无毒的化合物。如有毒的有机氯除草剂,经微生物分解为无毒的二氧化碳、水和氯根。又如氰化物会被氧化为无毒的二氧化碳和硝酸根(或氨)。

③ 重金属一类,从溶解状态逐渐被吸附或转变为不溶性化合物,沉淀后进入底泥,从水中分离出去。

④ 复杂的有机物,如碳水化合物、蛋白质、脂肪等,在好氧和缺氧条件下,都能被微生物利用和分解。先降解为较简单的有机物,再进一步分解为二氧化碳和水。

⑤ 不稳定的污染物可转变为稳定的化合物。如氨转变为亚硝酸盐、再氧化为硝酸盐。

⑥ 水体中溶解氧的变化规律是:自净初期水中溶解氧数量急剧下降,达到最低点后又缓慢上升,逐渐恢复到正常水平。

⑦ 如果进入水体的污染物有毒,则使生物逃避或死亡,水中生物种类和个体数量就要随之大量减少,随着自净进行,有毒物质浓度或数量下降,生物种类和个体数量逐渐回升,最终趋于正常的生物分布。如果污染物含有机物过高,则自净初期微生物利用丰富的有机物为食料而迅速繁殖。随着自净过程的进行,纤毛虫之类的原生动物有条件取食于细菌,使细菌数量随之减少。随后,轮虫、甲壳类吞食纤毛虫成为优势种群。此外,有机物分解生成的大量无机营养成分,如氮、磷等,使藻类生长旺盛,进而使鱼、贝类繁殖起来。

(3) 水体自净机制。水体自净机制包括物理作用、化学和物理化学作用、生物和生物化学作用等,各种作用相互影响、同时发生并相互交织进行。一般物理与生物化学作用占有重要位置。

① 物理净化作用。物理净化作用包括沉淀、稀释、混合、吸附凝聚等作用。

a. 稀释与混合。污染物进入水体之前,其浓度一般较大。进入水体后,由于清洁水的稀释作用,其浓度得以降低。水体的流量越大,稀释效果就越好。稀释作用伴随着污染物与水体的混合作用,混合效果一般受水体温度梯度、风力等因素的影响。

b. 沉淀。排入水体的废水中既含有各种大小不同的颗粒物质,也含有可溶性物质。当水流流速大或发生紊动时,颗粒物质呈悬浮状态。随着水流速度减低,较大颗粒物质首先在重力作用下沉降,较细颗粒物也陆续下降进入底泥中。同时,沉淀过程中,悬浮颗粒物也可吸附一定数量的可溶性污染物,一起进入底泥中,使水体澄清,水质得到改善。

污染物进入底泥后,有可能从此不再转移;也有可能因水流流速加快或发生紊动而被冲起,再次悬浮水中;还有可能被底栖生物摄取,进入食物链。

c. 吸附和凝聚。吸附作用是天然水体中普遍存在的现象,指水中的污染物被悬浮性矿物成分、黏土、泥沙、有机碎屑等固体吸附,并随同固相一起迁移或沉淀。

凝聚是指由于水体理化条件的变化,使胶体遭到破坏或不稳定,胶体颗粒凝结并生成颗粒较大的絮凝物,进而沉淀下来。

② 化学净化作用。化学净化作用是指污染物质与水体组分之间发生化学作用,使污染物浓度降低或毒性丧失的现象,主要包括分解与化合、氧化与还原、酸碱反应等。

a. 分解与化合。某些有毒污染物质在水体中可发生分解与化合反应,从水中去除,或转化为无毒物质,从而消除污染。如酚在pH值较高时,与钠生产苯酚钠;氰化物在酸性条件下,易分解而释放氢氰酸,后者可经挥发而进入大气中;重金属离子可与阴离子或阴离子团发生化合反应,生成难溶性重金属盐类而沉淀,如硫化汞、硫化镉以及重金属硫酸盐和磷酸盐等。

b. 酸碱反应。天然水体的pH值一般在6.5～8.5。污染物在水中的自净过程受pH值影响，因此，水体pH值过高或过低都会影响污染物在自净过程中的去除。如pH值过高或过低，会破坏胶体的稳定，降低胶体的吸附性能。某些重金属元素在偏酸或偏碱性条件下易生成沉积物。如在pH值小于7时，砷和硒的溶解量变小；而pH值升高时，铜的溶解量降低；镍在碱性水体中，易生成氢氧化镍而沉淀。此外，过酸或过碱的环境，对水中微生物的生存都是不利的，影响自净过程中生物和生物化学过程。

c. 氧化与还原

氧化与还原反应也是水体中去除某些污染物质的净化作用之一。如铁、锰等重金属离子可以被氧化成难溶性的氢氧化铁、氢氧化锰而沉淀。硫离子可被氧化成硫酸根随水迁移。还原反应则多在微生物的作用下进行，如硝酸盐在水体缺氧条件下，由反硝化菌还原成氮而被去除。

③ 生物净化作用。生物净化作用是进入水体中的污染物被生物分解或转变为无毒或低毒物质的过程。污水的二级处理作用就是生物净化。

a. 生物分解作用。悬浮和溶解性有机物质在溶解氧充足时，被好氧微生物氧化分解为简单的、稳定的无机物，如二氧化碳、水、氨和磷酸盐等，并把氨转化为硝酸盐，使水体净化。

b. 生物转化作用。某些有毒污染物能在生物作用下转变为无毒或低毒的化合物。如极毛杆菌、类极毛杆菌等不仅有很高的耐汞能力，而且能将二价汞还原为元素汞，元素汞易挥发，使水质净化。又如氨对水生生物有毒害作用，但在硝化细菌的作用下可被氧化为无毒的亚硝酸盐和硝酸盐。

c. 生物富集作用。许多水生生物能吸收污染物，储藏于体内，使水中污染物浓度降低，从而使水体净化。如水葱可净化酚类物质。水葱体内有较大的气腔，干枯后漂浮于水面，冲到岸边后可被清除。又如凤眼莲能吸收水中的锌；黑藻、金鱼藻能吸收水中的砷等。

4.2.2 水质指标

通过水体污染和自净的规律可知，水的物理学、化学和生物学特征可以描述水体水质的好坏。反映这些特征的水质参数称为水质指标。

水的物理性水质指标主要包括感官物理形状指标（水温、色度、臭味等）和总固体、悬浮固体、溶解固体等。水的化学性指标中包括一般化学性指标（pH值、碱度、硬度、总氮、凯式氮、氨氮、总磷、硫酸盐、硫化物、氯化物等）、有毒的化学性指标（氰化物、砷化物、重金属离子等）和有关氧平衡的水质指标[化学需氧量（COD）、生化需氧量（BOD）、总需氧量（TOD）、总有机碳（TOC）等]。水的生物学指标包括细菌总数、总大肠菌群数、各种病原细菌、病毒等。下面就一些主要的水质指标进行介绍。

4.2.2.1 生化需氧量（BOD）

(1) 定义　在水温为20℃的条件下，由于微生物（主要是细菌）的生活活动，将有机物氧化成无机物所消耗的溶解氧量，称为生物化学需氧量或生化需氧量，用BOD表示，单位为毫克/升。

有机物降解过程分为两个阶段：有机物转化为CO_2、NH_3和H_2O的过程；NH_3在亚硝化菌和硝化菌的作用下转化为亚硝酸盐和硝酸盐的过程（即硝化过程）。生化需氧量一般只指第一阶段所需要的氧量。

(2) 测定

① 标准温度：20℃。微生物降解有机物的最适宜温度是 15～30℃。

② 标准时间：5天。有机物降解 20 天能完成 99%，由于时间较长，一般以 5 天作为标准时间。BOD_5（五日生化需氧量）约为 BOD_{20} 的 70% 左右。

(3) 缺点　BOD 的测定时间较长，如果水中难生物降解有机物浓度较高，用此法结果误差较大。如某些工业废水中的污染物不含微生物生长所需的营养物质，或者含有抑制微生物生长的有毒有害物质，则用此法影响测定结果。

4.2.2.2　化学需氧量（COD）

(1) 定义　用强氧化剂（我国法定用重铬酸钾），在酸性条件下，将有机物氧化成 H_2O 和 CO_2 所消耗的氧量，称为化学需氧量，用 COD_{Cr} 表示，一般简写为 COD，单位为毫克/升。

测定化学需氧量时也可用高锰酸钾作为氧化剂，但其氧化能力较重铬酸钾弱，测出的耗氧量较低。此法测定的化学需氧量用 COD_{Mn} 或 OC 表示。

(2) 特点　COD 能精确表示有机物量，氧化效率为 80%～90%。其测定所需时间较短，只要数小时就可完成。另外，COD 测定过程中不受水质限制，既能测定易生物降解的有机物，也能测定难生物降解的有机物。但是，COD 法测定时，强氧化剂同时能氧化一部分还原性物质（如硫化物），因此有一定误差。

(3) BOD_5/COD　BOD_5/COD 可作为衡量是否适宜采用生物处理法进行处理的项目指标，其值越高，污水的可生化性越强。如生活污水的 BOD_5/COD 比值为 0.4～0.65，适宜采用生物处理法进行处理。而工业废水 BOD_5/COD 比值不确定，根据工业生产的性质不同而不同。若该比值>0.3，可采用生化处理法；比值<0.25，不宜采用生化处理法；比值<0.3，则难进行生化处理。

4.2.2.3　总需氧量（TOD）

(1) 定义　总需氧量是有机物完全被氧化时的需氧量。有机物的主要组成元素是 C、H、O、N、S 等，被氧化后分别产生 CO_2、H_2O、NO_2 和 SO_2 等，这时所消耗的氧量就是总需氧量，用 TOD 表示。

(2) 测定　将一定数量的水样，注入含氧量已知的氧气流中，再通过以铂钢（高镍钢）为催化剂的燃烧管，在 900℃ 高温下燃烧，使水样中含有的有机物被燃烧氧化，消耗掉氧气流的氧，剩余的氧量用电极测定并自动记录，计算总需氧量 TOD。

(3) 特点　TOD 的测定时间很短，仅需几分钟就可完成。同时，由于测定时是在高温下燃烧，有机物可被彻底氧化，故 TOD 值大于 COD 值。

4.2.2.4　总有机碳（TOC）

(1) 定义　总有机碳是指水中有机污染物的总含碳量，以 C 含量表示，单位为毫克/升。TOC 与 TOD 测定原理相同，但有机物数量的表示方法不同，前者用消耗的氧量表示，后者用含碳量表示。

(2) 测定　将一定数量的水样，注入已知含氧量的氧气流中，再通过以铂钢为催化剂的燃烧管，在 900℃ 高温下燃烧，把有机物所含的碳氧化成 CO_2，用红外气体分析仪记录 CO_2 的数量并折算出其中的 C 含量。

(3) BOD_{20}、BOD_5、COD、TOD、TOC 之间的关系　根据 BOD_{20}、BOD_5、COD、TOD、TOC 的定义，同一水样中它们的数值关系是 TOD>COD>BOD_{20}>BOD_5>TOC。

4.2.2.5 悬浮固体

悬浮固体也称悬浮物，是水的物理性指标之一。其测定时是把水样用滤纸过滤后，被滤纸截留的滤渣在105～110℃的烘箱中烘干至恒重，所得重量即为悬浮固体，其单位是毫克/升。

4.2.2.6 有毒物质

造成水污染的有毒物质种类繁多，危害较大。因此，要检测哪些项目，应视具体情况而定。其中，非重金属的氯化物和砷化物及重金属中的汞、镉、铬、铅等，是国际上公认的六大毒物，也是水体监测和污水处理中的重要水质指标。

4.2.2.7 pH值

天然水体的pH值一般在6.5～8.5之间。pH值超出这个范围时，会影响水生生物的生长，影响水体自净，在酸性条件下还会腐蚀管渠、水下建筑、污水处理构筑物及设备等。因此，pH值是常规的化学性指标。

4.2.2.8 大肠菌群数

大肠菌群数是指单位体积水中所含的大肠菌群的数目，单位为个/升，它是常用的生物学指标。大肠菌属非致病菌，对人体无害，但它可以间接反映水中病原菌的多少，且容易培养检验。因此，常常以大肠菌群数作为卫生指标，水中若存在大肠菌，就表明受到粪便的污染，并可能存在病原菌。

4.2.3 水质标准

水质标准是指为了保障人体健康，维护生态平衡，保护水资源，控制水污染，在综合水体自然环境特征、控制水环境污染的技术水平及经济条件的基础上，所规定的水环境中污染物的容许含量、污染源排放污染物的数量和浓度等的技术规范。

水的用途十分广泛，包括生活、工业、农业、渔业、景观等各个方面。不同用途的水要求不一样，水质标准也不一样。水质标准可按水体的类型划分为地表水水质标准、海水水质标准、地下水水质标准等，也可按水的用途分为生活饮用水水质标准、渔业用水水质标准、农业灌溉水质标准、娱乐用水水质标准和工业用水水质标准等。污水水质标准按污水种类可分为污水综合排放标准、污水排入城市下水道水质标准、生物处理构筑物进水中有害物质容许浓度，以及各工业专用的排放标准，如肉类加工工业水污染物排放标准、钢铁工业水污染物排放标准、纺织染整工业水污染物排放标准等。下面就几种主要的水质标准进行说明。

(1) 地表水环境质量标准（GB 3838—2002）《地表水环境质量标准》（GB 3838—2002）为我国国家环保总局于2002年颁布的。该标准按照地表水环境功能分类和保护目标，规定了水环境质量应控制的项目及限值，适用于我国江河、湖泊、运河、渠道、水库等具有使用功能的地表水水域。

依据我国地表水水域环境功能和保护目标，按功能高低依此划分为五类。

Ⅰ类：主要适用于源头水、国家自然保护区；

Ⅱ类：主要适用于集中式生活饮用水地表水源地一级保护区、珍稀水生生物栖息地、鱼虾类产卵场、仔稚幼鱼的索饵场等；

Ⅲ类：主要适用于集中式生活饮用水地表水源地二级保护区、鱼虾类越冬场、洄游通道、水产养殖区等渔业水域及游泳区；

Ⅳ类：主要适用于一般工业用水区及人体非直接接触的娱乐用水区；

Ⅴ类：主要适用于农业用水区及一般景观要求水域。

对应地表水上述五类水域功能，将地表水环境质量标准基本项目标准值分为五类，不同功能类别分别执行相应类别的标准值。水域功能类别高的标准值严于水域功能类别低的标准值。地表水环境质量标准基本项目标准限值、集中式生活饮用水地表水源地补充项目标准限值和特定项目标准限值分别见附表1、附表2和附表3。

(2) 生活饮用水卫生标准（GB 5749—2006）　供应城镇用户使用的水，必须达到国家《生活饮用水卫生标准》（GB 5749—2006）的要求，见附表4～附表6。生活饮用水水质应符合附表4和附表5的卫生要求，集中式供水出厂水中消毒剂限值、出厂水和管网末梢水中消毒剂余量均应符合附表6的要求。

(3) 污水综合排放标准（GB 8978—1996）　为了控制水体污染，保障人体健康，维护生态平衡，促进国民经济和城乡建设的发展，1996年国家环保总局颁布了《污水综合排放标准》（GB 8978—1996）。该标准按照污水排放去向，分年限规定了69种水污染物最高允许排放浓度及部分行业最高允许排水量，适用于现有单位水污染物的排放管理，以及建设项目的环境影响评价、建设项目环境保护设施设计、竣工验收及其投产后的排放管理。

该标准规定，排入《地表水环境质量标准》（GB 3838）中Ⅲ类水域（划定的保护区和游泳区除外）的污水，执行一级标准；排入GB 3838中Ⅳ、Ⅴ类水域的污水，执行二级标准；排入设置二级污水处理厂的城镇排水系统的污水，执行三级标准；GB 3838中Ⅰ、Ⅱ类水域和Ⅲ类水域中划定的保护区禁止新建排污口，现有排污口应按水体功能要求，实行污染物总量控制，以保证受纳水体水质符合规定用途的水质标准。

在制定水质指标的标准值时，标准将排放的污染物按其性质及控制方式分为两类。第一类污染物是指能在环境或动植物体内积累，对人体健康产生长远不良影响的污染物。含有此类污染物的污水，不分行业和污水排放方式，也不分受纳水体的功能类别，一律在车间或车间处理设施排放口采样，其最高允许排放浓度必须达到本标准要求，见附表7。第二类污染物的长远影响小于第一类污染物。含此类污染物的污水，在排污单位排放口采样，其最高允许排放浓度必须达到标准要求，见附表8和附表9。

4.3　水污染的防治

地球上可供人类直接利用的水资源是有限的，而水体污染又进一步减少了可用的水资源。因此，为了保护水资源，改善水环境质量，必须对水污染进行控制与治理。

4.3.1　水污染的预防

4.3.1.1　制定水环境质量标准

水质标准是为了保证人体健康，维护生态平衡，保护水源而规定的技术规范，是控制水体污染的重要措施之一。世界各国都十分重视水环境质量标准的制定。但对于天然水体应保持什么样的水质标准，各国的认识并不完全一致。多数认为，保护水体的目标应该是使受污染水体恢复到符合当地人们需要的最有利的用途。水的用途不同，对水质的要求就不一样，因此就出现了各种各样的水质标准。我国的有关水质标准在前文已介绍，其总体的原则是，对饮用水源和风景游览区的水体，严禁污染；对渔业水域和农田灌溉用水，则要求保证动植物生长条件和动植物体内有害物质不得超过食用标准；对工业水源，则要求符合生产用水要求。

由于工业企业发展迅速，控制工业废水排放对于保证天然水体水质的意义十分重大。对此，我国颁布了《污水综合排放标准》，对一切排放污水和废水的企、事业单位进行控制。

4.3.1.2　水污染预防的技术措施

（1）减少耗水量　我国水资源利用方面浪费现象十分严重。在城市用水总量中，工业用水比重较大，占80％左右。许多工业的单位产品耗水量比发达国家高很多，严重浪费了水资源。耗水量大也是造成水环境污染的重要原因。我国城市地区70％的污染源来自工业，由于工业废水量大、面广、含污染物多、成分复杂，尤其是含有大量有毒有害污染物，进入水体后，水体难以恢复到原来的状态，从而加重了对水环境的污染。因此，必须减少耗水量。

① 减少用水量及废水量。工业中减少耗水量的措施很多，例如在工业生产中采用先进工艺，实行清洁生产，尽量不用或少用易产生污染的原料及生产工艺，从而压缩单位产品的用水量。如采用无水印染工艺（即干法印染工艺）代替有水印染工艺，可消除印染废水的排放；采用无毒工艺，如用酶法制革代替碱法制革，便可避免产生危害大的碱性废水，而酶法制革废水稍加处理即可成为灌溉农田的肥料；采用无氟电镀工艺，在生产过程中用非氟化物电解液代替氟化物电镀工艺，可使废水中不含有毒的氟化物；在造纸工业方面，西方一些国家采用了无污染的氧蒸煮法，即利用氧气、碳酸钠蒸煮木片，产生的废液量仅为硫酸盐法的1/10，且无色无臭，能循环使用。

② 提高水的重复利用率。一水多用，提高水重复利用率是行之有效的措施，应当引起重视。例如。水的串级使用是根据不同生产工艺对水质的不同要求，将甲工段排出的废水送往乙工段使用，再将乙工段的废水送往丙工段使用，以此类推，实现一水多用。另外，采用闭路循环技术也是提高水重复利用率的途径之一，是将生产过程中产生的废水，经处理或不经处理全部送回原来的生产过程中重新使用，不补充或只补充少量的清洁水，不排放被污染的废水。这是合理用水、减少排放的一个新的发展方向。

③ 建立"中水道"系统。废水经过不同程度的处理后再利用是一个新的发展趋势。在城市中建立"中水道"系统，开辟第三水源，既可以节约新鲜水，缓和水资源短缺的矛盾，又可大大减轻水污染程度，保护水资源。城市废水经过净化处理后，可以根据水质情况分别用作农作物灌溉、工业冷却用水、锅炉用水等，也可以用于市政设施的维护，如冲洗汽车或路面、浇灌草地或行道树等。

（2）建立城市污水处理系统　为了控制水污染的发展，工业企业还必须积极治理水污染，尤其是有毒有害物质的排放必须单独治理或预处理。在发达国家，除了大型、集中的或工业区采用独立废水处理设施外，对于大量的中、小企业的工业废水大多采取综合治理，即与生活污水共同处理的方式。各企业的工业废水在厂内经过必要的处理，排入城市排水系统，进入污水处理厂，与生活污水共同处理，水质达标后再一起排入水体，不仅减少污染物的排放量，同时也可降低基建和运行费用。在我国，随着工业布局、城市布局的调整和城市排水管道系统的建设与完善，也可逐步实现城市污水的集中治理，使城市污水处理与工业废水治理结合起来。

为此，我国正积极建设城市二级污水处理厂，在许多中小城市以及大城市的开发区等已经有不少在建的污水处理厂，不久将投入使用。但根据我国的国情，完全普及二级污水处理厂的投资和运行费用较高，有些地区还存在困难。因此，近年来开始实验污水处理塘、土地处理系统、排江排海工程等，依靠天然环境的净化能力处理污水，这也是一条污水治理的途径。

4.3.2 水污染的治理

水污染治理的系统工程包括很多内容,包括对水体污染和自净规律进行调查和研究,进行城市污水处理、工业废水治理,进行水系污染防治,对饮用水源进行污染控制和污染原水的深度净化,对流域或区域水污染进行综合防治等重要内容。因此,水污染治理的工作是十分复杂又繁重的,需要各个相关专业机构和人员共同完成。其中,城市污水处理工程是目前我国为治理水污染而进行的一项重要的工作。

污水处理的目的就是以某种方法将污水中的污染物分离出来,或者将其分解转化为无害稳定物质,从而使污水得到净化。一般要达到防止毒害和病菌的传染;避免有异臭和恶感的可见物,以满足不同用途的要求。

4.3.2.1 污水处理的基本方法

采用何种污水处理方法,取决于污水中的污染物的性质、组成、状态及对水质的要求。一般污水处理方法大致可分为物理法、化学法、物理化学法和生物法。

(1) 物理法 物理法是利用物理作用处理、分离和回收污水中不溶解的、呈悬浮状的污染物,处理过程中不改变污染物的化学性质,是操作简单而又经济的方法。常用的方法有筛滤、沉淀、过滤、气浮和离心分离等。

① 筛滤。筛滤法的处理设备是格栅。格栅是由一组平行的金属栅条制成的框架,斜置在污水流经的渠道上或泵站集水池的进口处,用以截留污水中的大块悬浮物或漂浮物,如杂草、树叶、碎纸片、破布头等。

格栅截留的污染物可以采用人工清除或机械清除。清除下来后可以作为垃圾被填埋、焚烧、堆肥,或与其他污泥混合后进行消化处理。

② 沉淀。沉淀法是利用重力作用,将水中密度较大的悬浮颗粒沉淀,进而从水中分离出去。沉淀法的处理设备有沉砂池和沉淀池。

在污水处理过程中,沉淀法常常作为其他处理方法前的预处理。沉砂池的功能是去除污水中的砂粒等无机颗粒物。沉淀池按工艺布置的不同分为初次沉淀池和二次沉淀池。初次沉淀池设在沉砂池之后,用于去除污水中的有机固体颗粒,降低后续生物处理构筑物的负荷。二次沉淀池设在生物处理构筑物之后,沉淀生物处理构筑物出水中的有用的微生物固体。

③ 过滤。过滤法是利用过滤介质截流污水中细小悬浮颗粒的方法。过滤常被用于污水的深度处理和饮用水处理过程。过滤法的处理设备是滤池。

④ 气浮。气浮法是将空气通入水中,产生高度分散的微小气泡作为载体,将污水中相对密度较小的悬浮物黏附于其上,使其随气泡上升到水面,形成泡沫,再从水中除去。

⑤ 离心分离。含有悬浮污染物质的污水在反应器中做高速旋转时,污水及污水中的悬浮固体颗粒将受到器壁所施加的向心力作用,由于悬浮颗粒和污水的密度不同,密度大的悬浮颗粒被甩到外围,密度小的污水则留在内圈,然后再通过不同的出口分别排放,从而达到回收污水中的有用物质并净化污水的目的。这种方法就是离心分离法。采用离心分离法的处理设备包括旋流分离器和离心机。旋流分离器广泛用于轧钢污水处理和高浊度河水的预处理。离心机则多用于污泥和化学沉渣的脱水、废水中乳化油的分离、洗毛废水中羊毛脂的回收等。

(2) 化学法 化学法是向污水中投加化学药剂,利用化学反应来分离、回收污水中的溶解性或胶体污染物质。常用的方法有混凝、中和、氧化还原和化学沉淀等。

① 混凝。混凝是向污水中投加混凝剂,使难以沉降的污染颗粒互相聚集增大,成为具有沉降性能的絮体,以便能通过自然沉降或过滤的方法从水中分离出去。通过混凝法可以去

除污水中分散的固体颗粒、乳状油及胶体物质等，可用于降低污水的浊度和色度，去除多种高分子物质、有机物、某些重金属毒物和放射性物质等。该法也可以去除能够导致富营养化的磷等可溶性无机物，此外还能改善污泥的脱水性能。因此，混凝法在水处理中应用十分广泛，既可以作为独立的处理工艺，又可以与其他处理法组合使用，作为预处理、中间处理或最终处理环节。

目前常用的混凝剂有硫酸铝、聚合氯化铝等铝盐和硫酸亚铁、三氯化铁、聚合硫酸铁等铁盐，以及一些有机合成高分子絮凝剂等。

② 中和。中和法主要用于处理酸性废水和碱性废水。可采用酸、碱性废水相互混合的中和法，或向酸、碱性废水中投加药剂中和。向酸性废水中投加的碱性药剂有石灰、石灰石、氢氧化钠、碳酸钠等；向碱性废水中投加的酸性药剂有硫酸、盐酸等，或利用 CO_2 气体中和。

③ 氧化还原。氧化还原法是通过化学药剂与污染物质之间的氧化还原反应，将污水中的有毒有害污染物转化为无毒或微毒物质的方法。

常用的氧化剂有氧气、臭氧、液氯、漂白粉、次氯酸钠、三氯化铁、高锰酸盐等；常用的还原剂有亚硫酸盐、硫酸亚铁、氯化亚铁、铁屑、锌粉、二氧化硫、硼氢化钠等。

氧化还原法在污水处理中的应用有：空气氧化法处理含硫污水；碱性氯化法处理含氰污水；臭氧氧化法对污水进行除臭，脱色，杀菌，除酚、氰、铁、锰，降低 BOD 与 COD；还原法处理含铬废水等。

④ 化学沉淀。化学沉淀法是向污水中投加沉淀剂，使之与水中溶解性物质发生化学反应，生成难溶于水的化合物，并将其去除的方法。此法常用于处理含重金属离子、砷化物、氟化物等的工业废水。

常用的沉淀剂有氢氧化物、硫化物、碳酸盐、钡盐等。例如，处理含锌废水时投加石灰沉淀剂，使其生成氢氧化锌沉淀；处理含汞废水时投加硫化钠沉淀剂；处理含铬废水时可投加碳酸钡、氯化钡、硝酸钡、氢氧化钡等沉淀剂，生成难溶的铬酸钡沉淀等。

(3) 物理化学法 在工业废水的回收利用中，经常遇到物质由一相转移到另一相的过程，如萃取、吸附、离子交换等物理化学过程。利用这些过程处理、回收利用工业给水的方法可称为物理化学法。

① 萃取。萃取法是利用溶解性污染物在水和萃取剂中的溶解度不同，将污染物溶于萃取剂而从污水中分离出来的方法。此法常用于含酚废水的处理，可回收废水中90%的酚类污染物。

常用的萃取剂有醋酸丁酯、苯等。

② 吸附。吸附法是利用多孔性的吸附剂，将污水中细小悬浮污染物和溶解性污染物吸附在它的表面，使污水得到净化的方法。此法可用于吸附污水中的酚、汞、铬、氰等有毒物质，也可用于污水的脱色、除臭等。

常用的吸附剂有活性炭、活化煤、焦炭、煤渣、吸附树脂、木屑等。

③ 离子交换。离子交换法是用离子交换剂中的离子置换污水中的离子态污染物的方法。此法广泛用于去除污水中的重金属、放射性物质等。

常用的离子交换剂有磺化煤和离子交换树脂等。

(4) 生物法 生物法是利用微生物的生化作用处理污水中有机污染物的方法。根据参与作用的微生物种类和供氧情况，生物法可以分为好氧生物处理法和厌氧生物处理法两类。

① 好氧生物处理法。好氧生物处理法是在有氧的条件下，借助于好氧微生物的作用来

进行的。按照好氧微生物在处理系统中所呈现的状态不同，又可分为活性污泥法和生物膜法。

a. 活性污泥法。活性污泥法是当前使用最为广泛的一种生物处理法。该法是将空气连续注入曝气池的污水中，经过一段时间，水中即形成微生物的絮凝体——活性污泥。活性污泥能够吸附水中的有机污染物，以其为食料，将有机物降解为无机物，从而净化污水，同时活性污泥获得能量并不断繁殖。

b. 生物膜法。生物膜法是将污水连续经过固体填料，经过一段时间，填料上大量繁殖微生物，形成生物膜。生物膜上的微生物能够起到与活性污泥同样的净化作用，吸附和降解水中的有机污染物，使水净化。

② 厌氧生物处理法。厌氧生物处理法是在无氧的条件下，利用厌氧微生物的作用来进行的。与好氧法相比，此法不需供氧，且可生产生物能源——沼气，但由于此法处理时间长，对污染物的氧化分解不彻底，分解产物会对环境造成二次污染，且对低浓度有机污水的处理效率较低，因此，常用于处理污泥或高浓度有机废水。

以上各种污水处理方法各有其适应范围。由于污水中存在的污染物质是复杂多样的，往往很难用一种方法就能达到良好的处理效果，因此需要采用几种方法组成处理系统，才能达到处理要求。

4.3.2.2 城市污水处理厂处理流程

城市污水成分的 99.9% 是水，固体物质仅占 0.03%～0.06% 左右。城市污水的生化需氧量（BOD_5）一般在 75～300 毫克/升。根据对污水的不同净化要求，污水处理的步骤可划分为一级、二级和三级处理。

(1) 一级处理　一级处理可由筛滤、沉淀和气浮等方法串联组成，主要除去污水中大部分粒径在 100 微米以上的大颗粒物质。筛滤法是利用格栅除去较大物质；沉淀法可除去无机颗粒和相对密度略大于 1 的凝聚性的有机颗粒；气浮法可去除相对密度小于 1 的颗粒物，如油脂等。污水经过一级处理后，其悬浮物的去除率为 40% 左右，BOD 的去除率为 30% 左右，处理后出水一般达不到排放标准，需要进行二级处理。因此，一级处理一般属于污水处理过程中的预处理。

(2) 二级处理　二级处理常采用生物法，主要去除一级处理后污水中的有机物。在二级处理中，通过污水处理构筑物中微生物的作用，把污水中可生化降解的有机物分解为无机物，以达到净化的目的。生物法分为好氧生物处理法和厌氧生物处理法。目前实际工程中主要采用好氧生物处理，包括活性污泥法和生物膜法。经过二级处理后的水，BOD 和悬浮物的去除率分别为 90% 和 88% 以上，处理后出水 BOD 含量可以降到 20～30 毫克/升，一般能达到排入水体的标准，也可用于农田灌溉。但水中还存留一定悬浮物、生物不能分解的溶解性有机物、溶解性无机物和氮、磷等富营养物，并含有病毒和细菌，在一定条件下，仍然可能造成天然水体的污染。

(3) 三级处理　三级处理是在二级处理的基础上作进一步的深度处理，以去除污水中的氮、磷等植物营养物质，从而预防受纳水体的富营养化，或使处理出水回用于工业和城市用水，以达到节约水资源的目的。所采用的处理方法通常为物理法、化学法和生物处理法三类。如曝气、吸附、混凝与沉淀、离子交换、氯消毒等。

城市污水处理厂的处理目的一般是将城市污水进行处理，达到排放水体的标准即可，其工艺流程图如图 4-1 所示。

污水进厂后，首先经过格栅除去大颗粒的漂浮或悬浮物质，防止损坏水泵或堵塞管道。

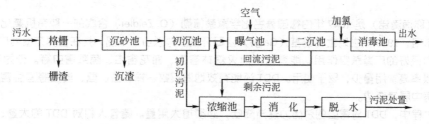

图 4-1 城市污水处理厂工艺流程示意图

随后,污水进入沉砂池,将大粒粗砂、细碎石块、碎屑等颗粒都分离沉淀而从污水中去除。随后污水进入初次沉淀池,在较慢的流速下,使大多数悬浮固体沉淀至沉淀池底部,并借助于连续刮泥装置将污泥收集并排出沉淀池。初沉池的水力停留时间一般为 90~150 分钟,可去除废水中 50%~65% 的悬浮固体和 25%~40% 的 BOD。

初沉池出水进入曝气池。曝气池是二级处理(即生物处理)的主要构筑物,是整个污水处理厂处理系统的核心。在曝气池中,污水利用活性污泥在充分的搅拌和不断鼓入空气的条件下,使大部分可生物降解有机物被微生物氧化分解,转化为 CO_2、H_2O 和 NO_3^- 等一些稳定的无机物,曝气时间一般为 6~8 小时。此后,污水进入二次沉淀池进行泥水分离,澄清的水经加氯消毒后排入天然水体。二沉池的部分沉淀污泥回流至曝气池以保持曝气池中一定的污泥数量。

在污水处理过程中,初沉池和二沉池均有污泥产生,需要进行适当的处置。初沉池的污泥称为初沉污泥,与二沉池的剩余污泥一起,进入污泥浓缩池进行浓缩处理以减小污泥的体积,便于后续处理。经浓缩后的污泥进入消化池中进行厌氧发酵分解,产生沼气可回收用于燃料或发电,余留的固体残渣性质已比较稳定,经过脱水干燥处理后被填埋、排海、焚烧或用作农肥和建筑材料等。

知识拓展

1. 几种废水简介

造纸废水:造纸工业应用木材、稻草、芦苇、破布等为原料,经高温高压蒸煮而分离出纤维素,制成纸浆。在生产过程最后排出原料中的非纤维素部分称为造纸黑液。黑液中含有木质素、纤维素、挥发有机酸等,黑液有臭味,污染性很强。

皮毛加工及制革废水:皮毛和皮革的清理和鞣制等加工过程中,经浸泡、脱水、清理等预备工序排出的污水,以及经过单宁酸鞣制或铬盐鞣制所排出的废水。水中富含单宁酸和铬盐,有很高的耗氧性,是污染很强的工业废水。

2. 洗涤剂中磷对水体造成的严重污染

我国年人均消耗洗涤剂 2.5 千克(保守数),科学实验表明,1 克磷入水,可使水内生长蓝藻 100 克。目前我国的湖泊几乎都处于"富营养化"状态,太湖水的磷含量由 1981 年的 0.02 毫克/升提高到 1995 年的 0.13 毫克/升,平均每年上升 0.008 毫克/升。

20 世纪 70 年代,美国提出洗涤品禁磷、限磷,90 年代末美国有一半以上的州禁止家庭使用含磷洗涤剂。之后,西欧国家竞相效仿,提出洗涤品禁磷、限磷,瑞典、德国对家庭洗涤剂实行限磷措施,瑞士和意大利已经全面禁止在洗涤剂中使用磷。1980 年,日本提出洗涤品禁磷,用沸石代替磷作洗涤剂的助洗剂,目前洗涤剂无磷化率几乎达到 100%。

我国 20 世纪末上规模的洗衣粉企业 100 多家,小规模洗衣粉企业有几百家,年生产洗衣粉 230 万吨,消耗三聚磷酸钠 45 万吨。如果按平均 15% 含磷计算,每年就有 6 万多吨的磷排放到地表水。

我国无磷洗衣粉的生产量只有 20 万吨。只有七八家洗衣粉企业认证绿色标志。1995 年国家颁布了无磷洗涤剂的行业标准。20 世纪 90 年代,我国部分地区开始禁磷、限磷。

3. DDT

DDT（又称滴滴涕）是1847年由德国著名化学家蔡德勒（O. Zeidler）合成的一种有机氯化合物。由于其具有杀虫作用，1940年由瑞士的嘉基（Geigy）公司开发成为杀虫剂产品，并在世界范围内广泛使用。

DDT具有很好的广谱杀虫作用，能有效地消灭森林害虫、棉花害虫、蔬菜害虫等。作为有机合成农药，DDT的效率高，用量少，易于使用。DDT还能有效地消灭蚊、蝇、蚤、虱、臭虫等卫生害虫，在防治致命的传染病中屡建奇功。

在使用过程中，DDT对害虫的杀伤力逐渐降低，必须加大用量。随着人们对DDT的大量、过度使用，它对生态环境的负面影响日益显露出来。由于DDT的化学性质稳定，不易降解，在自然界及生物体内可以较长时间存在，通过食物链富集，毒性更大，导致鱼类和鸟类死亡，甚至在南极大陆的企鹅体内都有DDT的存在，对人类的健康也构成了威胁。20世纪70年代起，美国及西欧等发达国家和地区开始限制和禁止使用DDT，我国于1983年宣布停止生产和使用DDT，从此DDT这一曾经为人类健康和农业发展做出过杰出贡献的农药退出了历史舞台。

思 考 题

1. 何谓水污染？水污染有哪几种类型？
2. 简述水体污染物的种类及其主要危害。
3. 试说明水体的自净过程。
4. 水质指标有哪几类？分别有哪些主要指标？
5. 生活饮用水的色度和pH值应满足什么要求？
6. 排入城镇污水处理厂的污水，其BOD应满足什么要求？污水处理厂出水BOD又须满足什么要求？
7. 水污染防治的途径有哪些？

5 大气污染及其防治

5.1 概述

空气是自然界中最宝贵的资源，人类的生存离不开空气。空气特别是洁净的空气，对于动植物的生长和人类的生存起着十分关键的作用。近年来，随着现代化生产的发展，大规模地使用煤和石油等矿物燃料及其他化学燃料，给环境大气造成了很大程度的污染，使大气质量急剧恶化。世界上发生过的严重"公害事件"中，大多数是大气污染造成的。大气污染已经严重地影响了人类的健康生存，破坏了整个地球生态系统。

5.1.1 大气的结构

大气层的厚度约有 1×10^4 公里。由于地球旋转作用及距地面不同高度的各层次大气对太阳辐射吸收程度上的差异，使大气温度、密度等要素在垂直方向上呈不均匀的分布。在近地面的大气里，空气的密度随高度的上升而迅速减少，超过 1000～1400 公里的高空，气体已非常稀薄。

根据大气温度垂直分布的特点，可将大气层划分为对流层、平流层、中间层、暖层和散逸层五部分，如图 5-1 所示。

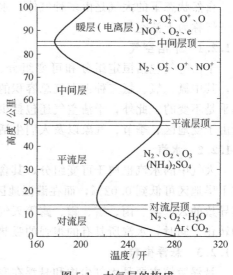

图 5-1 大气层的构成

5.1.1.1 对流层

对流层是大气的底层，集中了占大气质量 80% 的空气和几乎全部的水蒸气量。其厚度随纬度的增加而降低，热带约 16～17 公里，温带 10～12 公里，两极附近只有 8～9 公里。对流层的温度分布特点是温度随高度的增加而下降，一般每升高 1 公里，气温下降 6℃。由于空气温度不均匀，使空气具有强烈的对流运动，从而使对流层上下的空气发生交换。人类活动排放到对流层的污染物，其迁移和转化过程主要发生在这一层内。同时，大气中的风、雨、雷电和冷暖转变等复杂的天气现象也都主要发生在这一层中。

5.1.1.2 平流层

平流层位于对流层之上，其高度在 17～55 公里。在约 35 公里以下的低层，气温随高度的增加保持不变或稍有上升。从 35 公里开始，气温随高度的增加而升高，这主要是由位于 15～35 公里处的臭氧层决定的。臭氧层能吸收来自太阳的紫外辐射，使平流层升温，到平流层顶时，温度可上升到 −3℃ 以上。平流层内由于上热下冷，空气垂直对流运动很小，只能随地球自转而产生平流运动，因此该层内气体状态非常稳定，污染物进入平流层后，会由此而形成一薄层，使污染物遍布全球，且滞留时间可长达数十年，易造成大范围以致全球性的影响。平流层内水汽和尘埃都很少，几乎没有云、雨等天气现象出现，大气透明度也很好，因此是现代超音速飞机飞行的理想场所。

5.1.1.3 中间层

从平流层顶到约 85 公里高度处为中间层。中间层没有可直接吸收太阳辐射能量的物质，因此气温随高度的增加而下降，顶部可达－83℃左右。由于下热上冷，该层中空气垂直对流运动相当强烈。

5.1.1.4 暖层

暖层的高度从中间层顶到 800 公里之间。该层内空气稀薄，在太阳紫外线和宇宙射线的辐射下，空气处于高度电离状态，因而该层也可称为电离层。由于电离后的原子氧能吸收太阳辐射，因此暖层中的温度随高度的增加而迅速上升。电离层能使无线电波反射回地面，使全球无线电通信得以实现。

5.1.1.5 散逸层

超过 800 公里以上的高空称为散逸层。该层空气更为稀薄，又远离地面，气体分子受地球引力极小，因此气体质点很容易就克服地球引力逃逸到宇宙空间。

5.1.2 大气的组成

自然状态下的大气是由多种气体、水汽和悬浮微粒组成的混合物。除去水汽和悬浮微粒的空气称为干洁空气。

5.1.2.1 干洁空气

干洁空气包括恒定组分和可变组分。恒定组分包括氮、氧、氩、氖、氦、氪、氙、氢等，其中氮、氧、氩三种占大气总容积的 99.96%。在近地层大气中，这些气体组分的含量几乎是不变的。此外，干洁空气还包括少量可变组分，如二氧化碳、臭氧等，这些气体的含量由于受地区、季节、气象以及人们生活和生产活动等因素的影响而有所变化。

5.1.2.2 水汽

大气中的水汽也属于可变组分，其含量随着时间、地区、气象条件的不同而变化很大，在干旱地区可低到 0.02%，而在温湿地区可高达 6%。水汽含量对气象、气候的影响很大，其导致的云、雾、雨、雪、霜、露等天气现象不仅引起空气中湿度的变化，而且还引起热量的转化。同时，水汽所具有的很强的吸热能力对地面的保湿起着重要的作用。

5.1.2.3 悬浮微粒

悬浮微粒主要是大气尘埃和悬浮在空气中的其他物质，主要来源于自然界的岩石风化、火山爆发、森林火灾、海啸、地震等，以及人类活动产生的煤烟、尘、硫氧化物和氮氧化物等。悬浮微粒属于大气中的不定组分，其种类和数量与该地区工业类别、排放的污染物以及气象条件等多种因素有关。悬浮微粒对大气中的各种物理现象和过程有着重要的影响，如削弱太阳辐射，在大气中形成各种光学现象，影响大气能见度等。

上述为大气的组成。如果大气中某种物质的含量大于表 5-1 所列该物质的含量时（水汽

表 5-1 干洁空气的组成

气体类别	含量(体积分数)	气体类别	含量(体积分数)
氮(N_2)	78.09	氪(Kr)	1.0×10^{-4}
氧(O_2)	20.95	氢(H_2)	0.5×10^{-4}
氩(Ar)	0.93	氙(Xe)	0.08×10^{-4}
二氧化碳(CO_2)	0.03	臭氧(O_3)	0.01×10^{-4}
氖(Ne)	18×10^{-14}	干空气	100
氦(He)	5.24×10^{-4}		

含量除外），就可以认为大气被污染了。如果某物质在表 5-1 中完全不存在，那么只要存在就构成污染。

5.2 大气污染物及污染源

5.2.1 大气污染的定义

大气污染通常是指由于人类活动和自然过程引起的某种物质进入到大气中，呈现出足够的浓度、达到足够的时间，并因此危害了人体的舒适、健康和福利或危害了环境的现象。自然过程包括火山活动、森林火灾、海啸、岩石和土壤风化及大气圈的空气活动等。一般来说，由于自然环境所具有的物理、化学和生物机能，即自然环境的自净作用，会使自然过程中造成的大气污染，经过一定时间后自动消除，从而使生态平衡自动恢复。因此，造成大气污染的原因主要是人类活动的结果、工业的发展、城市人口的增加、人们的生活以及运输等因素，使大气中增加了多种有害气体和悬浮微粒，造成了大气污染。

从大气污染的范围来说，大致可分为以下四类。

（1）局部地区大气污染 如某个工厂烟囱排气的直接影响。

（2）区域性大气污染 如工矿区或其附近地区或整个城市大气受到污染，这在城市、工矿区经常出现。

（3）广域性大气污染 这在城市、大工业地带可以看到。

（4）全球性大气污染 由于人类的活动，大气中硫化物、氮氧化物、二氧化碳、氯氟烃化合物和飘尘的不断增加，造成跨国界的酸性降雨、温室效应、臭氧层破坏。

5.2.2 大气污染物的种类

大气污染物是指由于人类的活动或是自然过程所直接排入大气或在大气中新转化生成的对人或环境产生有害影响的物质。迄今为止，从大气中已识别出污染物超过 2800 种，根据其存在的状态，可分为颗粒污染物和气态污染物两大类。

（1）颗粒污染物 是指分散在气体相中的固态或液态微粒。根据颗粒污染物的大小，将其分为飘尘、降尘和总悬浮微粒。

① 飘尘。指大气中的粒径小于 10 微米的固体颗粒。它能较长期地在大气中飘浮。

② 降尘。指大气中粒径大于 10 微米的固体颗粒。在重力作用下它可在较短时间内沉降到地面。

③ 总悬浮微粒（TSP）。指大气中粒径小于 100 微米的所有固体颗粒。

颗粒污染物还可根据其来源和物理性质，分为以下几类。

① 粉尘。系指悬浮于气体介质中的细小固态粒子，能因重力作用发生沉降，但在某一段时间内能保持悬浮状态。它通常是固体物质的破碎、研磨、分级、输送等机械过程，或土壤、岩石的风化等自然过程形成的。粒子的形状往往是不规则的。粉尘粒径一般为 1~200 微米。属于粉尘类的大气污染物的种类很多，如黏土粉尘、石英粉尘、煤粉、水泥粉尘、各种金属粉尘等。

② 烟。通常系指由冶金过程形成的固体粒子的气溶胶。它是由熔融物质挥发后的冷凝物，往往为氧化产物。烟的粒子尺寸很小，一般为 0.01~1 微米。产生烟是一种比较普遍的现象，如有色金属冶炼过程中产生的氧化铅烟、氧化锌烟，在核燃料后处理厂中的氧化钙烟等。

③ 飞灰。系指由燃料燃烧后产生并由烟气带走的分散得较细的灰分。灰分系含碳物质燃烧后残留的固体渣。

④ 黑烟。通常系指由燃料燃烧过程产生的能见气溶胶。它不包括水蒸气。黑烟的粒径范围为 0.05～1 微米。

⑤ 雾。是气体中液滴悬浮体的总称。在工程中,雾一般指小液体粒子悬浮体,它可能是由于液体蒸气的凝结、液体的雾化及化学反应等过程形成的,如水雾、酸雾、碱雾、油雾等。雾的粒径范围在 200 微米以下。

在某些情况下,粉尘、烟、飞灰、黑烟等小固体粒子气溶胶的界限是很难明显区分的。我国一般将冶金过程或化学过程形成的固体粒子气溶胶称为烟尘,将燃烧过程产生的飞灰和黑烟,在不需仔细区分时,也称为烟尘;而其他情况,或泛指小固体粒子的气溶胶时,则统称粉尘。

(2) 气态污染物 是指在大气中以分子状态存在的污染物。气态污染物的种类很多,大部分为无机气体,也有少量气态有机污染物。常见的气态污染物有五大类:以二氧化硫为主的含硫化合物,以一氧化氮和二氧化氮为主的含氮化合物,碳氧化物,碳氢化合物及卤素化合物等。

① 含硫化合物。主要指二氧化硫 (SO_2)、三氧化硫 (SO_3) 和硫化氢 (H_2S) 等,其中以 SO_2 的数量最大,危害也最大。SO_2 是一种无色、刺激性很强的有害气体,其在空气中的质量分数为 $3\times10^{-7}\sim1\times10^{-6}$ 时即可被明显感觉到,是影响大气质量的主要污染物。从全球范围来看,大气中的含硫化合物在很大程度上是由人类活动造成的,据粗略估计,每年因人类活动排入大气中的含硫化合物达 1.5×10^{11} 千克,其中化石燃料,包括煤和石油的焚烧是大气 SO_2 最重要的来源之一。此外,大气中的含硫化合物来自微生物活动产生的 H_2S,其数量几乎与人类活动排放量相近。

② 含氮化合物。其种类很多,包括一氧化氮 (NO)、二氧化氮 (NO_2) 和氨 (NH_3) 等。NO 无色无臭,而 NO_2 则是一种棕红色的刺激性气体,这两种气体在大气污染中占有重要地位。它们被统称为氮氧化物 NO_x。大气中的 NO_x 有天然来源,如生物过程和闪电作用,但更重要的是人工来源。排入大气的人工 NO_x 几乎完全是由化石燃料燃烧过程产生的。据不完全估计,每年全球性因燃烧化石燃料而排入大气的 NO_x 约有 8.6×10^{11} 千克。除此之外,汽车尾气与工业废气也是人为排放的 NO_x 污染的来源。

③ 碳氧化物。大气中的碳氧化物主要是一氧化碳 (CO) 和二氧化碳 (CO_2)。全球 CO 的排放量极大,每年排入大气的 CO 总量约在 $2.5\times10^{11}\sim3.0\times10^{11}$ 千克,是全球人为排放量最大的一种气态污染物。其主要人为来源是以内燃机为动力的汽车尾气、化石燃料的不完全燃烧以及工业废气。

④ 碳氢化合物。大气中的碳氢化合物一般是指可挥发的所有碳氢化合物,属于有机烃类。全球每年向大气排放的碳氢化合物约为 1.86×10^{12} 千克,主要来源于化石燃料燃烧和森林植物释放等。

⑤ 卤素化合物。主要指氟化氢 (HF)、氯化氢 (HCl)、氯气 (Cl_2) 及氯氟烃化合物等污染物。氯氟烃化合物被广泛用作制冷剂,如氟利昂。它一旦排入大气就会在平流层中分解,其中的氯原子能与臭氧分子连续不断地发生反应,从而破坏臭氧层。

根据大气污染物的形成过程,又可将其分为一次污染物和二次污染物。

(1) 一次污染物 是指由污染源直接排入大气中且物理和化学性质均未发生变化的污染物。如 SO_2、CO、NO 和碳氢化合物等。

(2) 二次污染物 是指由一次污染物与大气中原有成分之间，或几种一次污染物之间，经过一系列的化学或光化学反应而生成的与一次污染物性质不同的新污染物。在大气污染中，受到普遍重视的二次污染物主要有硫酸烟雾和光化学烟雾等。

① 硫酸烟雾。是大气中的 SO_2 等硫化物在有水雾、含有重金属的飘尘或氮氧化物存在时，发生一系列化学或光化学反应而生成的硫酸雾或硫酸盐气溶胶。硫酸烟雾是强氧化剂，对人和动植物有极大的危害。从19世纪中叶以来，英国曾多次发生这类烟雾事件。

② 光化学烟雾。是在阳光照射下大气中的氮氧化物、碳氢化合物和氧化剂之间发生一系列光化学反应而生成的蓝色烟雾（有时带有紫色或黄褐色），其主要成分有臭氧、过氧乙酰硝酸酯（PAN）、酮类及醛类等。光化学烟雾具有特殊气味和强氧化性，对环境和人体的危害极大，易发生在工厂或交通密集地区。最典型的光化学烟雾事件是在1955年美国洛杉矶，两天内造成65岁以上老人死亡400余人。

5.2.3　大气污染源

大气污染从总体来看，是由自然界所发生的自然灾害和人类活动所造成的。由自然灾害所造成的污染多为暂时的、局部的。由人类活动所造成的污染是经常发生的，可引起一定区域或整个城市的大气污染。一般所说的大气污染问题，多为人为因素所引起的。人为因素造成大气污染的污染源种类繁多，根据产生来源，可大致划分为生活污染源、工业污染源和交通污染源三种。

(1) 生活污染源 是人们由于烧饭、取暖、沐浴等生活上的需要，燃烧化石燃料向大气排放煤烟等所造成大气污染的污染源。在我国城市中，这类污染源具有分布广、排放量大、排放高度低等特点，是造成城市大气污染不可忽视的污染源。生活污染源多数是在固定位置上排放污染物的，因此又称固定污染源。

(2) 工业污染源 是由火力发电厂、钢铁厂、化工厂、石化厂、焦化厂等工矿企业燃料燃烧和生产过程中所排放的煤烟、粉尘及无机化合物等所造成大气污染的污染源。这类污染源因生产的产品和工艺流程的不同，所排放的污染物种类和数量有很大的差别。但其共同特点是排放源较集中而且浓度较高，对局部地区或工矿区的大气质量影响较大。工业污染源也属于固定污染源。

(3) 交通污染源 是由汽车、飞机、火车和船舶等交通工具排放尾气所产生的污染源。这类污染源是在移动过程中排放污染物的，又称移动污染源。

5.3　大气污染的危害

空气是最宝贵的自然资源之一，是地球表面一切有生命的物质赖以生存的基本条件。清洁的大气一旦受到污染，其性质就会发生改变，既危害人体的健康，又影响动植物的生长，损坏经济资源、破坏建筑材料，严重时会改变地球的气候，例如温室效应增强，破坏臭氧层，形成酸雨等。

5.3.1　大气污染对人体健康的影响

大气被污染后，由于污染物的来源、性质、浓度和持续时间的不同；污染地区的气象条件、地理环境等因素的差别；甚至人的年龄、健康状况的不同，对人均会产生不同的危害。

大气污染物是通过以下三个途径进入人体造成危害的：①通过人的直接呼吸而进入人体；②附着在食物或溶解于水，随饮水、饮食而侵入人体；③通过接触或刺激皮肤而进入到人体，尤其是脂溶性物质更容易从完整的皮肤渗入人体。其中，通过呼吸而侵入人体是主要的途径，危害也最大。

大气污染对人体的影响，首先是感官上受到影响，随后在生理上显示出可逆性的反应，再进一步就出现急性危害的症状。大气污染对人体健康的危害大致可分为急性中毒、慢性中毒和致癌作用三种。

(1) 急性中毒　是指人体受到大气污染物的侵袭后，在短时间内即表现出不适或中毒症状的现象。当存在于大气的污染物浓度较低时，通常不会造成人体的急性中毒，但是在某些特殊条件下，如工厂在生产过程中出现特殊事故，大量有害气体逸出，外界气象条件突变等，便会引起居民人群的急性中毒。历史上发生过数起大气污染急性中毒事件，最典型的是1952年伦敦烟雾事件。当时伦敦地区上空受强大的移动性冷空气控制，整个泰晤士河谷及毗连的地区完全处于无风状态，在距地面60~130米的高空形成强逆温层，大雾弥漫，这种天气整整持续了四天。在这样的地形、气象条件下，从伦敦的居民灶和工厂烟囱排出的烟尘被逆温层封盖而停滞在底层无法扩散。当时测定大气中SO_2的浓度高达3.5毫克/米^3，总悬浮颗粒物浓度高达4.5毫克/米^3。与历年同期相比，伦敦地区多死亡3500~4000人。死亡的原因，以慢性气管炎、支气管肺炎以及心脏病为最多。

(2) 慢性中毒　是指人体在低污染物浓度的大气长期作用下产生的慢性危害。这种危害往往不易引人注意，而且难于鉴别，其危害途径是污染物与呼吸道黏膜接触，主要症状是眼刺激、鼻黏膜刺激、慢性支气管炎、哮喘、肺炎及因生理机能障碍而加重高血压、心脏病的病情。实践证明，美、日、英等工业发达国家近30年来患呼吸道疾病的人数和死亡率不断增加，就是这种慢性危害的结果。

(3) 致癌作用　随着工业、交通运输等事业的发展，大气中致癌物质的种类和数量也在不断增加。根据动物实验结果，能确定有致癌作用的物质有数十种，如某些多环芳烃、脂肪烃以及砷、镍、铍等金属。近年来，世界各国肺癌发病率和死亡率明显上升，特别是工业发达国家增长尤其快，而且城市高于农村。虽然肺癌的病因至今尚不完全清楚，但大量事实说明大气污染是重要致病因素之一，且大气污染程度与居民肺癌死亡率之间呈一定正相关关系。例如，有明显致癌作用的多环芳烃，其中主要代表是3,4-苯并芘，它是燃料不完全燃烧的产物，与工业企业、交通运输和家庭炉灶的燃烧排气有密切关系，并且随着大气中3,4-苯并芘浓度的增加，居民的肺癌率上升，大致是大气中3,4-苯并芘浓度增加百万分之一，将使居民的肺癌死亡率上升5%。

5.3.2　大气污染对植物的影响

大气污染对植物的影响，随污染物的性质、浓度和接触时间，植物的品种和生长期，气象条件等的不同而异。气态污染物通常都是经过叶背的气孔进入植物体，破坏叶绿素，使组织脱水坏死，抑制植物的生长。颗粒污染物则能擦伤叶面、阻碍阳光、影响光合作用，从而影响植物的正常生长。

大气污染对植物的危害，可根据受害植物的叶片出现的变色斑纹，做出初步鉴定，同时从受害症状也可初步确定污染物的种类。对植物生长危害较大的大气污染物主要是二氧化硫、氟化物和光化学烟雾。

(1) 二氧化硫　二氧化硫能妨碍叶面气孔进行正常的气体交换，影响光合作用，对叶面组织有腐蚀作用，致使叶面出现失绿斑点，甚至全部枯黄，严重者可引起植物全部死亡。由二氧化硫形成的酸雨沉降到土壤中后，会导致钾、钙、磷等类碱性营养物质被淋洗而使土壤肥力显著下降,大大影响作物的生长。不同植物受二氧化硫危害的程度是有差异的。大麦、小麦、棉花、大豆、落叶松等特别容易遭受二氧化硫的损害;而玉米、马铃薯、柑橘、黄瓜、洋葱等植物对二氧化硫有一定的抗性。

(2) 氟化物　大气中的氟化物主要是氟化氢和四氟化硅。它们对植物危害的症状表现为,从气孔或水孔进入植物体内,积累到足够的程度时,与叶片内钙质反应生成难溶性氟化钙类沉淀于局部,从而起着干扰酶的作用、阻碍代谢机制、破坏叶绿素和原生质,使得遭受破坏的叶肉因失水干燥变成褐色。对氟化物敏感的植物有玉米、苹果、葡萄、杏等;有抗性的植物有棉花、大豆、番茄、烟草、扁豆、松树等。受害的植物一旦被人或牲畜所食,便会导致人或牲畜受氟危害。

(3) 光化学烟雾　光化学烟雾中对植物有害的成分主要是臭氧、氮氧化物等。臭氧等强氧化剂对植物有很大的伤害作用。经臭氧损害的叶片,在栅栏组织的坏死部分出现有色斑点和条纹。同时,植物组织机能衰退,生长受阻,发芽和开花受到抑制,并发生早期落叶、落果现象。对臭氧敏感的植物有烟草、番茄、马铃薯、花生、小麦、苹果、葡萄等;有抗性的植物有胡椒、蚕豆、桧柏等。氮氧化物通过植物叶片气孔进入植物体,使植物生长缓慢。过氧乙酰硝酸酯(PAN)是光化学烟雾的剧毒成分,其危害植物的症状表现为叶子背面气室周围海绵细胞或下表皮细胞原生质被破坏,使叶背面逐渐变成银灰色或古铜色,而叶子正面却无受害症状。对PAN敏感的植物有番茄和木本科植物;抗性较强的植物有玉米、棉花等。

5.3.3　大气污染对全球气候的影响

大气污染对全球气候的影响,虽不像对局部区域环境影响那么明显,但从长远来看,它们的影响是绝不能忽视的。近十几年来,人们普遍感到气候异常,这与大气污染对气候的影响密不可分。人类的活动,特别是工业的不断发展,某些有害物质的排放,已影响到大气成分的改变,从而也引起了地球上气候的变化。目前,全球大气环境问题突出地表现在温室效应、臭氧层的破坏、酸雨这三个方面。

(1) 温室效应　温室效应主要是由大气中以CO_2为主的温室气体增加造成的。人们在燃烧化石燃料时,大量CO_2气体被排放到大气中。不断增加的CO_2气体,正在影响全球性气候和气象的变化。大气中的CO_2不仅能选择性地吸收太阳的辐射能,而且还吸收地球表面辐射出的红外线能量,由于近地大气层中CO_2浓度的增加,使储存在大气中的能量增多,并得到升温,升温的大气层再将能量逆辐射到地球表面。大气层中的CO_2起到阻隔地球向宇宙空间散热的屏蔽作用,增强了近地层的热效应。生存在地球表面上的一切动植物就如同在冬季为农业所建造的温室里一样,所以把大气中CO_2对环境的效应,叫做"温室效应"。温室效应对环境的危害不容忽视。由于能源的大量消费,大气中CO_2的浓度逐渐增加,造成地球上冰雪融化、海平面上升,将来有可能淹没大量沿海地区和城市,从而也会导致人类的自然环境和生态系统的破坏。

(2) 臭氧层的破坏　臭氧层能吸收太阳辐射,起着保护地球表面生物,使之免受紫外线照射之害的作用。但高空飞行的超音速飞机和气溶胶喷雾(氟里昂)的释放物,一旦进入平流层后,可以在那里滞留几个月甚至几年,对臭氧的破坏起了一定的作用。氮氧化物和氟里昂破坏臭氧层的作用原理,主要是氮氧化物或氟里昂降解产生的Cl原子与臭氧发生反应,使臭氧分解为氧原子,进而化合成氧气,从而破坏了臭氧层。

(3) 酸雨的危害　酸雨对环境污染的危害,不仅是局部性的问题。例如,19世纪70年代,曾经发现美国哥伦比亚特区的 Trall 冶炼厂排出的 SO_2 竟迁移到了 100 公里以外的华盛顿地区,危害了当地的植被。这充分说明,大气中的有害物质可以散布到很远的地区,甚至越过国界,不仅形成区域性环境破坏,甚至是全球问题。随着工业的迅速发展,北欧、美国、日本以及中国等国家和地区都出现了酸雨。目前酸雨的酸度在上升,酸雨影响的地区在继续扩大,它已经给这些国家和地区的生态系统以及农业、森林、水产资源带来严重危害。

5.3.4 大气污染的其他危害

大气污染影响广泛,对金属制品、油漆涂料、皮革制品、纺织衣料、橡胶制品和建筑物等的损害也是十分严重的,这种损害包含玷污性损害和化学性损害两个方面,都会造成很大的经济损失。玷污性损害是造成各种器物的表面污染不易清洗除去;化学性损害是由于污染物对各种器物的化学作用,使器物腐蚀变质。在污染的大气中,金属的腐蚀速率要大大高于无污染或较少污染的情景。油漆涂层的寿命也有同样的情况。光化学烟雾能使轮胎这类橡胶制品龟裂和老化,使人们不得不在橡胶制品中添加抗氧化剂,它还会加速电镀层的腐蚀。高浓度的氮氧化物能使某些织物的染料褪色,还能使尼龙织物分解。大气污染还会造成建筑物的褪色、腐蚀和建筑材料的老化分解。如酸雨对于建筑物和露天材料有较强的腐蚀性。一些露天的价值连城的文物古迹和艺术瑰宝因受酸雨侵蚀而变得面目全非,这类现象在欧洲已经发现多起。据报道,我国的历史名胜故宫和天坛也有被酸雨腐蚀的迹象。

5.4 大气污染的防治

随着工业、交通运输等国民经济各部门的迅速发展,城市化程度的提高,大气污染等问题已引起世界各国的高度重视。控制大气污染应以合理利用资源为重点,以预防为主、防治结合、标本兼治为原则,采取有效的对策,阻止或减少污染物进入大气中。

5.4.1 大气污染控制标准

在对大气污染物与人类健康、生态环境之间的效应关系进行广泛的研究之后,世界各国制定了相应的法规及标准体系。我国全国人大常委会于 2000 年九届十五次会议对 1995 年公布的《大气污染防治法》做了修改,新《大气污染防治法》的内容包括总则,大气污染防治的监督管理,防治燃煤产生的大气污染,防治机动车船排放污染,防治废气、尘和恶臭污染的法律责任,附则等。此外,我国还制定了环境空气质量标准和大气污染物综合排放标准等一系列环境标准。

(1)环境空气质量标准(GB 3095—1996) 环境空气质量标准是以保护人类健康生存、防止生态环境破坏和改善环境空气质量为目标,而对各种污染物在大气环境中的容许含量所做出的规定。

我国于 1982 年制定并颁布了《大气环境质量标准》(GB 3095—82),1996 年做了修订,并命名为《环境空气质量标准》(GB 3095—1996)。该标准规定了环境空气质量功能区划分、标准分级、污染物项目、取值时间及浓度限值等,适用于全国范围的环境空气质量评价。

该标准把环境空气质量功能区分为三类:一类区为自然保护区、风景名胜区和其他需要特殊保护的地区;二类区为城镇规划中确定的居住区、商业交通居民混合区、文化区、一般工业区和农村地区;三类区为特定工业区。该标准还将环境空气质量标准分为三级:一类区执行一级标准,二类区执行二级标准,三类区执行三级标准。

该标准规定了各项污染物不允许超过的浓度限值。2000年1月，国家环保总局又对标准中二氧化氮和臭氧指标进行了修订，并取消了氮氧化物指标，修订后各项污染物的浓度限值见附表10。

(2) 大气污染物综合排放标准（GB 16297—1996） 大气污染物综合排放标准是以大气环境质量为目标，而对排放源中污染物的容许含量所作的限制规定。它是环境管理部门执法的依据，也是进行大气污染控制设计的依据。我国在1996年颁布了《大气污染综合排放标准》（GB 16297—1996），规定了33种大气污染物的排放限值，适用于现有污染源大气污染物排放管理，以及建设项目的环境影响评价、设计、环境保护设施竣工验收及其投产后的大气污染物排放管理。

该标准规定的最高允许排放速率，现有污染源分一、二、三级，新污染源分为二、三级。按污染源所在的环境空气质量功能区类别，执行相应级别的排放速率标准，即：位于一类区的污染源执行一级标准（一类区禁止新、扩建污染源，一类区现有污染源改建执行现有污染源的一级标准）；位于二类区的污染源执行二级标准；位于三类区的污染源执行三级标准。1997年1月1日前设立的污染源（或称为现有污染源）执行附表11所列标准值；1997年1月1日起设立（包括新建、扩建、改建）的污染源（或称为新污染源）执行附表12所列标准值。

5.4.2 大气污染的预防

大气污染的防治，首要任务是通过一系列措施做好对大气污染的预防工作，包括加强管理、清洁生产等。

(1) 加强环境管理 加强环境管理，须利用法律、行政、经济、技术、教育等手段，对造成大气环境污染的各种行为活动施加影响，以达到保护大气环境的目的。我国在1987年通过了《大气污染防治法》，并于1995年做了修正。1989年颁布了《中华人民共和国环境保护法》，1991年颁布了《大气污染防治实施细则》等许多环境法规。

在对大气污染进行区域性的综合防治时，以技术可行性和经济合理性为原则，对区域大气环境进行功能分区，对不同地区确定相应的大气污染控制目标，并对污染源集中地区实行总量排放标准。按照工业分散布局的原则规划新城镇的工业布局和调整老城镇的工业布局，控制城镇内工业人口。

(2) 推行清洁生产 清洁生产通常是指在产品生产过程及其消费中，既合理利用自然资源，把对人类和环境的危害减至最小，又能充分满足人类需要。清洁生产内容涵盖了整个产品生产、服务和消费环节，体现在三个方面：①自然资源和能源利用的最合理化，即以最少的原材料和能源消耗，生产尽可能多的产品，提供尽可能多的服务，如节约能源和原材料、利用清洁和可再生能源、利用无毒无害原材料、减少使用稀缺原材料和现场循环利用物料等；②经济效益最大化，即通过不断提高生产效率，降低生产成本，增加产品和服务的附加值，以获取尽可能大的经济效益，如采用高效生产技术和工艺以减低原材料和能源的消耗、减少副产品、提高产品质量，此外还包括合理安排生产进度、培养高素质人才、完善企业管理制度；③对人类和环境的危害最小化，即把生产活动和预期的产品消费活动对环境的负面影响减至最小，如减少有毒有害物料的使用、采用低污染或无污染生产技术和工艺、使用可回收利用的包装材料、合理包装产品、采用可降解和易处置的原材料、延长产品寿命、合理利用产品功能等。

按清洁生产的要求，发展无污染和低污染、低能耗的生产工艺。化工、冶金等企业要充分利用硫资源,减少排污量。同时要改造低效率的老式锅炉,尽量采用大型锅炉,减少热效率低和SO_2较难治理的中小型锅炉,提高热效率,减少排污量。我国当前的大气污染在很大程度上是由于能源利用率低造成的。所以各企、事业单位都要在降低消耗上挖潜力。事实已经证明,在同样的产品产出率甚至高于过去的产出率的条件下,技术进步可以使污染量大大减少。所以,改进生产工艺,加大科技含量,做好污染物的源头控制是预防污染物产生的重要环节。

① 发展集中供热和区域采暖。居民集中供热同各家各户分散供热相比,可节约30.5%～35%的燃煤,且单位燃煤所产生的烟尘也少很多。而且集中供热便于控制源的排放。发展集中供热和区域采暖是消除煤烟污染大气的有效措施,而且可以提高热效率。

② 改进燃烧装置、燃烧技术和运转条件。不完全燃烧排出的污染物,无论数量和种类,都比完全燃烧排出的多。改进运转条件(如调解燃烧空气比、控制燃烧温度),改进燃烧方式(如采用沸腾燃烧、分段燃烧、排气循环燃烧、水或蒸汽喷射燃烧),改进燃烧装置(如采用新式炉排,增设导风器、蓄热花墙以及改进燃烧室的形式)等,可以减少烟尘和气态污染物的生成量。

③ 改变燃料组成。可采用对燃料进行脱硫处理,对煤进行气化或液化,普及民用型煤等方法,既节煤又可减少污染物的排放量。一些发达国家采用无烟低硫固体燃料及与之相适应的各种燃烧装置来控制燃煤污染,取得良好效果。他们选用了不同的煤种,以无黏结剂法或以沥青为黏结剂,经干馏成型或直接压制成型,制得多种清洁燃料。美国采用型煤加石灰的方法控制燃煤污染,使表面脱硫率达87%,同时粉尘减少2/3。我国对工业原料用的型煤和直接燃煤用的型煤也有较好的研究基础。

④ 采用高烟囱和集合式烟囱排放。在污染源排放污染物数量不变的情况下,接近地面的大气中污染物浓度与烟囱的有效高度的平方成反比。因此,增加烟囱的有效高度是防治局部地区大气污染的措施之一。高烟囱一般高度为200米左右。集合式烟囱是把几个(一般为2～4个)排烟装置排放的烟气集中到一个烟囱里排放。这样可以使排烟温度高达130～150℃,排烟速度达30～50米/秒。烟气呈环状上升,相当于增加了烟囱的有效高度,有利于发挥大气的扩散作用的自净能力。但是这种治理措施只是减轻了局部地区的大气污染,进入大气圈中的污染物数量并未减少。

⑤ 发展城市燃气。气态燃料具有净化方便、燃烧完全等优点,是减轻大气污染较好的燃料形式。只要具有中等热值和毒性小的气体燃料都可用作城市燃气。可以利用的气源有天然气、矿井气、液化石油气、油制气、煤制气(包括炼焦煤气)和中等热值以上的工业余气等。

⑥ 开发清洁能源。开发和利用太阳能、地热能、风力、水力、核能、潮汐能、氢能和生物能等无污染能源,以取代矿物燃料。

5.4.3 大气污染的治理

5.4.3.1 颗粒污染物控制

大气中的颗粒污染物与燃料燃烧关系密切,由燃料及其他物质燃烧或以电能为热源加热等过程产生的烟尘,以及对固体物料破碎、筛分和输送等机械过程所产生的粉尘,都属于颗粒污染物。减少颗粒污染物排放的方法可以分为两类:①改变燃料的构成,以减少颗粒物的生成,比如用天然气代替煤、用核能发电代替燃煤发电等,这属于大气污染预防措施,在前文已有介绍;②在颗粒污染物排放到大气之前,采用控制设备将颗粒污染物除掉,以减少大气污染程度。以下着重介绍这种方法。

颗粒污染物净化装置的种类很多，按作用原理大致可分为机械除尘器、湿式除尘器、过滤除尘器和静电除尘器四类。它们的性能不同，各有优缺点，要根据实际需要适当地加以选择或配合使用。

(1) 机械除尘器　机械除尘器是利用重力、惯性力及离心力等沉降机理将尘粒从气流中分离出来的设备。其主要类型有重力沉降室、惯性分离除尘器和离心力除尘器。机械除尘器的主要特点是结构简单、易于制造、造价低、实施快、便于维护及阻力小等，因而广泛应用于工业上。但这类除尘器对小粒径的颗粒物去除效率较低，因而一般用于去除大粒径颗粒物或对除尘效率要求不高的情况，有时也作为前置预除尘器。

① 重力沉降室。重力沉降室是使含尘气体中的尘粒借助重力作用而沉降，并将其分离捕集的装置。含尘气体通过横断面比管道大得多的沉降室时，由于含尘气流水平流速大大降低，致使其中较大的颗粒物在沉降室中有足够的时间受重力作用而沉降，如图5-2所示。一般重力沉降室可捕集粒径在50微米以上的尘粒，气体的水平流速通常取1~2米/秒，除尘效率约为40%~60%。

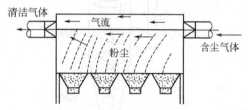

图 5-2　重力沉降室示意图

重力沉降室结构简单、投资少、操作维修简便，但其体积大，效率低。因此，重力沉降室不适于去除细小尘粒，一般安装在其他收集设备之前，作为去除较大尘粒的预除尘装置。

② 惯性分离除尘器。惯性分离除尘器是使含尘气流与挡板相撞，或使气流急剧改变方向，借助其中颗粒物粒子的惯性力，使粒子分离并捕集的一种装置，如图5-3所示。

图5-3(a) 和图5-3(d) 为单级型或多级型惯性除尘器。在这种设备中，沿气流方向设置一级或多级挡板，使气体中的尘粒冲撞挡板而被分离。图5-3(b) 为回转式，图5-3(c) 为百叶窗式，这两种除尘器中含尘气体进入后，粗尘粒依靠惯性力和重力的作用落入灰斗，而细小尘粒则与气体一起改变方向后排走。

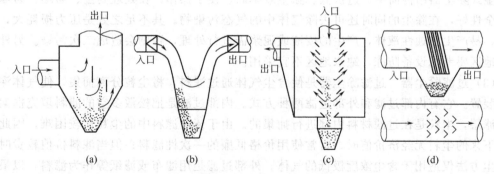

图 5-3　惯性分离除尘器示意图

惯性除尘器对于密度和粒径较大的金属和矿物性粉尘具有较高的去除效率，而对黏结性和纤维性粉尘，则因易堵塞而不适宜采用。由于惯性除尘器的净化效率不高，一般只用于多级除尘中的第一级除尘，用以捕集粒径在10~20微米以上的粗尘粒。

③ 离心力除尘器。离心力除尘器又称为旋风除尘器，如图5-4所示。含尘气体从除尘器圆筒上部切向进入，由上向下作螺旋状运动，逐渐到达锥体底部。气流中的颗粒在离心力作用下被甩向外筒壁，由于重力的作用和气流的带动落入底部灰斗。向下的气流到达锥底

后，再沿轴线旋转上升，形成内旋流，最后由上部排气管（内筒）排出。

离心力除尘器设备结构简单，造价低，便于维修，一般用于捕集 5 微米以上的尘粒，去除效率可达 50%～80%。

（2）湿式除尘器 湿式除尘器是一种采用洗涤水或其他液体与含尘气体相互接触实现分离捕集粉尘粒子的装置。这种除尘器种类很多，有重力喷雾洗涤除尘器、离心（旋风）洗涤除尘器、填料塔洗涤除尘器、文丘里洗涤除尘器等多种。其中文丘里除尘器在实际工程中应用较多、效率较高，如图 5-5 所示。

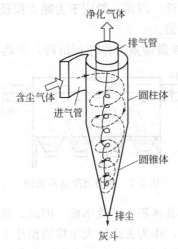 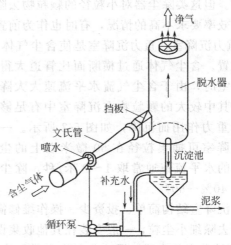

图 5-4 离心力除尘器示意图　　　　图 5-5 文丘里除尘系统示意图

文丘里除尘器的除尘机理是使含尘气流经过文丘里管的喉径形成高速气流，并与在喉径处喷入的高压水所形成的液滴相碰撞，使尘粒黏附于液滴上而达到除尘目的。文丘里除尘器不仅能去除气体中的颗粒物，而且还能脱出烟气中部分硫氧化物和氮氧化物。但这种除尘器压力损失大，动力消耗大，并需要有污水处理的装置。

湿式除尘器结构简单、造价低、除尘效率高、便于操作，在处理高温、易燃、易爆气体时安全性好，在除尘的同时还可去除气体中的气态污染物。其不足之处是压力损耗大，用水量大，易产生腐蚀性液体，产生的废液或泥浆需进行处理，否则会造成二次污染。另外，在寒冷地区要考虑设备防冻，缺水地区不宜采用。

（3）过滤除尘器 过滤除尘器是使含尘气体通过滤料，将尘粒分离捕集，使气体深入净化的装置。它有内部过滤和外部过滤两种方式。内部过滤是把松散多空的滤料填充框架内作为过滤层，尘粒是在过滤材料内部进行捕集的。由于清除滤料中的尘粒比较困难，因此，当被除下来的尘料无经济价值时，常常使用价格低廉的一次性滤料；但当滤料价值较贵时，这种除尘方法仅适用于含尘浓度极低的气体。外部过滤是用滤布或滤纸等作为滤料，以最初黏附于滤料表面上的粒层（初层）作为过滤层，在新的滤料上可阻隔粒径 1 微米以上的尘料形成初层，由于初层具有多孔性，仍起滤料作用，可阻隔粒径小于 1 微米的尘粒。当滤料上的粉尘黏附到一定厚度时，阻力增大，则要进行清灰收尘。清灰后的初层仍附着在滤料上。

袋式滤尘器是含尘气体通过滤袋滤去其中的粉尘颗粒物的分离捕集装置，是过滤除尘器的主要形式之一，如图 5-6 所示。在除尘器的壳体内装有一定数量的滤布袋，含尘气流从下部进入圆管形滤袋，在通过滤料的孔隙时，颗粒污染物被滤料阻留下来。透过滤料的清洁气流由排出口排出。袋式滤尘器除尘效率高，对直径 1 微米颗粒的去除率接近 100%，它结构简单，造价低廉，运行稳定可靠，操作、维护简单，适合于含细小干燥粉尘的气体。其缺点是占地多，维修费用高，不耐高温、高湿、高黏性气流。

（4）静电除尘器 静电除尘器是利用高压直流电源产生的静电沉积作用去除气体中固态或液态颗粒污染物的除尘装置。含颗粒物气体进入电晕放电的高压电场，会使颗粒物带上电荷。荷电颗粒在电场力的作用下向集尘极运动，并沉降在集尘极上，从而从气相中分离出来。当集尘极上形成一定厚度的集尘层时，振打集尘极使凝聚成较大的尘粒集合体从集尘极上沉落于集尘器中，从而达到除尘的目的。

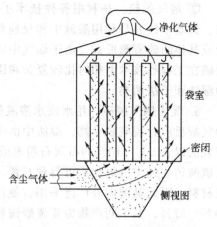

图 5-6 袋式滤尘器示意图

图 5-7 是一个管式静电除尘器的构造示意图。放电极为一根用重锤绷直的细金属线，与一高压直流电源相接，金属圆管的管壁为集尘极，与地相接。

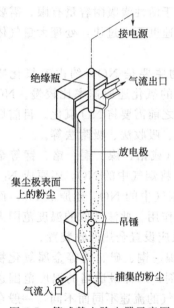

图 5-7 管式静电除尘器示意图

静电除尘器的优点是高效、低阻、使用范围广，能捕集粒径 0.1 微米或更小的烟雾，除尘效率高达 99.9% 以上，既可用于废气净化，也可用于空气调节；既可控制固体颗粒，也可控制液体颗粒；并可用于高温（500℃）、高湿（湿度 100%）、高压气体的净化。其缺点是占地大，建造费用较高，技术要求高，用于处理含可燃物气体时有爆炸的危险。

选择合适除尘设备的主要根据是要求达到的控制标准的高低。对于除掉大直径颗粒，使用廉价的机械设备，如重力沉降室或离心力除尘器等就已足够。但要去除较小颗粒的尘粒，则需要采用除尘效率高的过滤除尘器或静电除尘器。

5.4.3.2 气态污染物控制

废气中的气态污染物不能像颗粒污染物那样，用机械的或简单的物理方法进行去除，而要利用气态污染物与载气的物理和化学性质的差异，经过物理、化学变化，使污染物的组成或物质结构改变，从而实现分离或转化。在此过程中，需要各种吸收剂、吸附剂、催化剂和能量。因此，气态污染物的净化技术比较复杂，所需代价较高。

气态污染物种类繁多，其控制方法和设备可分为两类：分离法和转化法。分离法是利用污染物与废气中其他组分的物理性质的差异使污染物从废气中分离出来，如物理吸收、吸附、冷凝及膜分离等；转化法是使废气中污染物发生某些化学反应，把污染物转化成无害物质或易于分离的物质，如催化转化法、燃烧法、生物处理法、电子束法等。

（1）二氧化硫的治理 目前控制 SO_2 污染的方式主要有两种方法，即燃料脱硫和烟气脱硫。

① 燃料脱硫。目前对煤而言的燃料脱硫的方式包括煤炭洗选，煤的气化、液化，水煤浆等技术。而对含硫量较高的重油或渣油，一般采用加氢脱硫催化法，将重油中的有机硫转化成简单的固体或气体的化合物，而从重油中分离出来。

② 烟气脱硫。是利用各种技术手段将烟气中的 SO_2 从气相中分离转化的净化技术措施。其基本核心是利用酸碱中和反应将气相中的 SO_2 转化成固态或液态的硫酸盐、亚硫酸盐或其他的硫资源形式。由于烟气中的浓度相对很低而需处理的风量往往又很大，因此烟气脱硫在工程和技术上相对比较复杂和困难。根据处理工艺产物的形态，可将烟气脱硫技术分为湿法和干法两类。

a. 湿法烟气脱硫。用水或水溶液作吸收剂吸收烟气中 SO_2 的方法，其特点是脱硫过程为气液反应，脱硫效率高。湿法中由于所使用的吸收剂不同，主要有石灰乳法、氨法等。石灰乳法以含5%～10%的石灰石粉末或消石灰的乳浊液作为吸收剂，吸收烟气中的 SO_2 成为亚硫酸钙，经空气氧化后可得到石膏。此法所用的吸收剂低廉易得，回收的大量石膏可作建筑材料，因此被国内外广泛采用。氨法是利用氨水溶液作为 SO_2 的吸收剂，吸收率可达到93%～97%。其中间产物为亚硫酸铵和亚硫酸氢铵，采用不同的方法处理中间产物，可回收硫酸铵、石膏和单体硫等副产物。

b. 干法烟气脱硫。用固体粉末或非水的液体作为吸收剂或催化剂去除烟气中 SO_2 的方法，主要有活性炭法、接触氧化法等。活性炭法以活性炭作为吸附剂，使烟气中的 SO_2、SO_3 在活性炭表面上和氧及水蒸气发生反应生成硫酸而被吸附，这种方法的脱硫率可达90%以上。活性炭法不耗酸、碱等原料，又无污水排出，但由于活性炭吸附容量有限，需要不断再生，操作麻烦。为保证吸附效率，烟气通过吸附装置的速度不宜过快，处理大量气体时吸收装置需较大体积，因此不适于大量烟气的处理。

(2) 氮氧化物的治理　工业企业排放废气中的氮氧化物主要是NO，约占氮氧化物（NO_x）总量的90%以上。NO比较稳定，在一般条件下，它的氧化还原速率比较慢。NO不与水反应，几乎不会被水或氨所吸收。因此在用吸收法脱氮之前需要将NO氧化。目前烟气脱氮的净化方法有非选择性催化还原法、选择性催化还原法、吸收法、吸附法等。

① 非选择性催化还原法。非选择性催化还原法是利用铂（或钴、镍、铜、铬、锰等金属氧化物）为催化剂，以氢或甲烷等还原性气体作为还原剂，将烟气中的 NO_x 还原成 N_2。所谓"非选择性"是指反应时的温度条件不仅仅控制在只是烟气中的 NO_x 还原成 N_2，而且在反应过程中，还能有一定量的还原剂与烟气中过剩的氧起作用。此法选取的温度范围大约为400～500℃。这种净化系统因在反应过程中产生热量，故应设置余热回收装置。

② 选择性催化还原法。选择性催化还原法是以铂、钴、镍、铜、矾、铬等金属氧化物（铝矾土为载体）为催化剂，以氨、硫化氢及一氧化碳为还原剂，选择最适当的温度范围进行脱氮。反应所需温度随着所选用的催化剂、还原剂不同，烟气的流速不同而不同，一般在250～450℃之间。

③ 吸收法。吸收法是利用某些溶液作为吸收剂。根据吸收剂的不同分为碱吸收法、熔融盐吸收法、硫酸吸收法及氢氧化镁吸收法等。

碱吸收法可同时去除烟气中的 SO_2。由于NO极难溶于碱液中，只有当$NO:NO_2$ 为1时，NO_x 才能有效地被碱液吸收。熔融盐吸收法的吸收剂主要是碱金属和碱土金属的熔融盐。

(3) 汽车尾气净化　汽车尾气净化技术主要有机内净化和机外净化两方面。

① 机内净化技术。机内净化是指减少发动机内有害气体生成的技术。在汽车以汽油或柴油作动力燃料的情况下，开发机内净化技术是减少汽车排气污染的根本途径。汽车排气的机内净化包括回收利用燃油、燃气，对曲轴箱废气进行密封循环，改进发动机的燃烧方式控制有害物质的产生等，尽可能减少排放废气的危害。

近年来，采用"分层燃烧技术"来净化汽车的废气获得了很大的成功。这就是让混合气的浓度有组织地分成各种层次，使燃料得到充分燃烧，从而减少废气中的有害物质。其中采用汽油喷射的供油方法来降低汽车有害物的排放量是一种较好的方法。汽油喷射是将汽油喷入进气管或直接喷入汽缸的供油方法，它利用电子技术，根据使用的要求自动改变喷油量，从而实现精确、动态地控制供油量和供油时刻，不但能使耗油量下降，还能大幅度减少排气中的碳氢化合物（HC）、CO 和 NO_x。

② 机外净化技术。机外净化是汽车排气进入大气前的最后处理，净化效果直接决定有害物质的排放浓度。目前对机外净化的通用且成功的方法是催化法，它能迅速而有效地解决汽车排污问题，因此这种方法受到重视。该法是在发动机舱外面安装催化转化器，利用排气自身温度及组成，在铂、钯等贵金属催化剂的作用下，将有害物质 HC、CO 及 NO_x 转化为无害的 H_2O、CO_2、N_2，其净化效率在 90% 以上。

知 识 拓 展

1. 温室气体

大气中能强烈吸收地面辐射产生温室效应的气体，称为温室气体。温室气体远在人类出现之前大都已经存在，在地球长期的演化过程中，温室气体变化很缓慢，处于一种循环过程、平衡状态，这时的温室效应也被称为自然温室效应。在自然温室效应中，主要的温室气体有水汽、二氧化碳、甲烷、氧化亚氮、臭氧等。水汽和二氧化碳贡献最大。

2. 我国不同地区酸雨的主要来源和成因

多年的研究结果表明，我国酸沉降的来源是多机制的。总体来说，南方重污染城市的酸性降水主要来源于城市高浓度大气污染物的局地冲刷，广阔区域和清洁地区的酸性降水则主要来源于大气污染物的中、长距离传输。但各个地区的具体情况又有所不同。

西南地区主要燃烧高硫煤，硫排放量大，局地源强。长沙、青岛等地主要为本地大气污染所致。江西南昌地区局地源弱，硫的长距离输送是降水酸化的主要原因。广东、广西、厦门等存在中尺度和大尺度酸性物质输送。闽南地区受局地污染和邻近地区传输的影响。图们至丹东一带，酸雨主要来自朝鲜半岛和日本。

思 考 题

1. 大气的组成部分有哪些？其中干洁空气包括哪些组分？
2. 何谓大气污染？其主要来源于哪几个方面？有哪几种主要污染物？对人体的危害如何？
3. 简述导致酸雨、温室效应以及臭氧层破坏的原因，以及这些环境问题的主要危害。
4. 我国都制定了哪些大气污染控制标准？各标准都对哪些主要污染物浓度进行了限定？
5. 大气污染的预防措施主要有哪些？
6. 颗粒污染物的控制方法有哪些？气态污染物的控制方法有哪些？

6 固体废物及其防治

6.1 概述

固体废物是人们在开发和利用自然资源从事生产和生活活动过程中的产物。随着社会经济的发展和人民生活水平的提高，固体废物的排放量也迅速增长。大量固体废物的排放给环境带来极大的危害。同时，由于固体废物产生量大，目前的处理和处置水平也远远不及废水、废气的处理，存在综合利用少、占地多等问题，已经成为影响环境的另一个重要因素。

6.1.1 固体废物的概念及特点

6.1.1.1 固体废物的概念

固体废物是指在生产建设、日常生活和其他活动中产生的以固体或半固体状态存在的物质。包括从废水、废气中分离出来的固体颗粒物。实际上，"废物"是个相对的概念，一般是指在某个系统中不再有利用价值的物质，因为在某一过程中产生的废物可以成为另一个过程中的原料。比如，城市生活垃圾中含有大量的有机物质，这些所谓的"垃圾"如经过适当的处理可作为植物肥料。在生产环节中，由于原材料的混杂程度，产品的选择性以及燃料、工艺设备的不同，从一个生产环节来看被称作是废物的物质，从另一个生产环节来看，往往又可以作为另外产品的原料，是不废之物。因此，固体废物又有"放错地点的原料"之称。

6.1.1.2 固体废物的特点

与废水、废气相比，固体废物具有以下几个显著的特点。

(1) 固体废物是各种污染物的最终形态 固体废物是各种污染物质的最终形态，特别是从废水、废气等污染控制处理设施中排放到大气或水体中的污染物质经过吸附、浓缩、转化，最终成为体积小、浓度高的固体物，其中许多固体废物的毒性集中，无法处理。比如，核废料是核电站和其他原子能工业必不可少的排出物，至今没有一个科学的方法能够对其进行可靠的处理，只能将其固化，包容在惰性、耐腐蚀、不渗漏的固体基质中，置放在相对安全的地方。

(2) 固体废物具有长期潜在的危害性 存在于固体废物中的有害成分不易破坏衰减，在环境中长期搁置，一些有害成分在自然因素的作用下又会转入大气、水体和土壤中，成为大气、水体和土壤污染的另一个源头。特别是许多危险废物一旦出现泄漏、爆炸等恶性事件，后果不堪设想。因此说固体废物对环境的危害具有长期性和潜伏性，而且往往不易引起人们的注意，加上法制不健全、管理不完善等原因，有的甚至直接倒入江、河、湖、海中造成严重污染。

(3) 固体废物具有全程管理的特点 固体废物的危险性、呆滞性和潜伏性，决定了从其生产到运输、储存、处理、处置的各个环节中都必须妥善控制和管理，使其不危害环境，即具有全程管理的特点。

6.1.2 固体废物的来源及其分类

6.1.2.1 固体废物的来源

固体废物来自于人类活动的许多环节，主要来源于人类的生产和生活活动。人们在开发利用自然资源及产品制造的过程中，生产出有用的工农业产品，供给人们的衣、食、住、行等生活生产所需，同时也产生了许多废物，如垃圾、废纸、废器具、废料、废渣等。这些产品在使用一段时间或一个时期之后，由于失去了原有的使用价值而成为废物，如饮料瓶罐、破旧衣物、废电池、废电器等。另外，在人们进行环境治理的过程中也会产生一些固体废物，如废气收集和处理的过程中除尘器截留的飞灰以及排放气体中的残余飘尘等。

6.1.2.2 固体废物的分类

固体废物品种繁多，来源复杂，性质各异，因而有多种分类方法。

（1）按化学性质分类　可分为有机废物和无机废物，其中有机废物又可以分为可分解废物和不可分解废物两大类。例如，聚乙烯薄膜和聚苯乙烯泡沫塑料制品，可制作成购物袋、一次性餐盒，还可用于产品的外包装。价格低廉，使用方便，曾经风靡全球，但很快发现，它的不可分解性对环境的巨大危害，随之而来的"白色污染"成了令人头痛的社会问题。

（2）按物理形态分类　可分为固体（块状、粒状、粉状）和泥状废物。例如在使用活性污泥法处理废水的过程中会产生大量的污泥，这些污泥可能含有有害的物质，不能随意排放，仍然需要处理，因此也是固体废物的来源之一，这些污泥的含水率很高，一般呈泥状或浆状。

（3）按危害状况分类　可分为有害废物和一般废物。固体废物中凡是有毒、易燃性、易爆性、腐蚀性、反应性、放射性的废物均被列为有害废物，在有害废物中，又有直接使人和动物受到伤害甚至死亡的有毒废物，如汞、镉、铬、砷、铅等，还有一些具有极其严重的潜在性危险的废物，如许多化学品、放射性废物等，这些有毒有害废物又可以称之为危险废物。

（4）按来源分类　可分为矿业固体废物、工业固体废物、农业固体废物、城市固体废物和放射性固体废物五大类。

① 矿业固体废物。矿业固体废物是指矿石开采、洗选过程中产生的废物，是在采取有经济价值的矿产物质过程中产生的废料，主要包括废石、尾矿、煤矸石等。废石是指各种金属、非金属矿山开采过程中从主矿上剥离下来的各种围岩。尾矿是选矿过程中提取精矿以后剩下的尾渣。煤矸石是在煤的开采及洗选过程中分离出来的脉石。

② 工业固体废物。工业固体废物是指在工业生产过程和工业加工过程中产生的废渣、粉尘、碎屑、污泥等。主要包括冶金固体废物（高炉渣、钢渣、铬渣、赤泥等）、燃料灰渣（粉煤灰、烟道灰、页岩灰等）、化学工业固体废物（硫铁矿烧渣、纯碱盐泥、废母液、废催化剂等）、石油工业固体废物（碱渣、酸渣以及冶炼厂污水处理过程排出的浮渣、含油污泥等）、粮食及食品工业固体废物（谷屑、下脚料、渣滓等）、机械及木材加工等过程中产生的工业固体废物。

③ 农业固体废物。农业固体废物是指农业生产、畜禽饲养、农副产品加工以及农村居民生活活动排出的废物。包括园林与森林残渣、作物枝叶、植物秸秆、壳屑、禽畜粪便和尸骸等。

④ 城市固体废物。城市固体废物是指居民生活、商业活动、市政建设与维护管理、机关办公等过程中产生的固体废物。一般包括生活垃圾（厨房垃圾、玻璃陶瓷碎片、废电器制品、废塑料制品、煤灰渣等）、商业固体废物（废旧的包装材料、废纸等）、城建渣土（用过的混凝土、砖瓦碎片、渣土等）以及城市生活污水处理厂的污泥及居民粪便等。

⑤ 放射性固体废物。放射性固体废物属于危险废物的范畴，主要来源于核工业（核燃料生产加工、同位素应用）、核电站、核研究机构、医疗单位以及放射性废物处理设施产生

的废物。

6.1.3 国内外固体废物排出的现状

6.1.3.1 世界固体废物排出情况

随着生产力的发展、居民生活水平的提高及人类需求的不断提高,固体废物的产生量也在迅速增加。1981年一些工业发达国家排出的各种固体废物的数量列于表6-1中。

表6-1 1981年主要发达国家固体废物排出情况 单位:×10^6 吨

废物种类	英国	法国	荷兰	比利时	意大利	瑞典	芬兰	日本	前联邦德国	美国
城市垃圾	20.0	12.5	5.2	2.6	21.0	2.5	1.1	35.0	20.0	150.0
工业废物	45.0	16.0	2.0	1.0	19.0	2.0	—	—	13.0	60.0
污泥	—	8.0	1.0	—	—	—	—	125.0	7.0	—
有害废物	5.0	2.0	1.0	—	—	—	0.4	—	3.0	57.0
炉灰	12.0	—	—	—	—	—	—	—	13.0	—
矿业废物	60.0	42.0	—	—	—	—	—	—	80.0	1890.0
建筑废物	3.0	—	6.5	—	—	—	0.3	75.0	96.0	—
农业废物	250.0	220.0	1.0	—	130.0	32.0	—	44.0	260.0	660.0

20世纪70年代以来,工业发达国家在经济高速发展的情况下,工业废物排出量越来越多,每年以2%~4%的增长率增加。固体废物的来源主要集中在冶金、煤炭、火力发电三大部门,其次是化工、石油、原子能等工业部门。1980年,美国工业固体废物排放量大约为4亿吨,日本约为3亿吨,远高于其他国家。发展中国家从粗放的农业经济向工业经济发展的过程中,工业固体废物的排放量也与日俱增。

近年来,工业化国家的城市化和居民消费水平逐年提高,城市生活垃圾的增长也十分迅速。全球年排放垃圾量达到80亿~100亿吨,发达国家城市垃圾增长率为3.2%~4.5%,发展中国家为2%~3%。其中,美国年递增率约为5%,欧共体国家生活垃圾平均增长率为3%,韩国达12%。发展中国家的垃圾排放量也迅猛增加,例如,墨西哥城有2150万人口,平均每人每天产生垃圾2千克,全城每天就产生43000吨,这些废物都是露天堆放,导致腐烂,污染土壤和空气,严重威胁人群的健康。

6.1.3.2 我国固体废物排出情况

随着经济的发展、人口的增多,我国固体废物的排放量也急剧增加。工业固体废物的排出量1990年已达5.8亿吨,1997年增长为10.6亿吨,其中,煤矸石和尾矿各占1亿多吨,各种工业炉渣为8000多万吨,乡镇企业固体废物产生量为4.0亿吨,危险废物1077万吨,造成的各种污染损失和资源浪费高达近百亿元。全国工业固体废物的累积堆存量已达650亿吨,占地约517万平方千米,其中危险废物约占5%。

近年来,我国城市化进程加快,城市生活垃圾以平均每年10%的速度在增长。1998年,我国城市生活垃圾清运量达1.4亿吨,到2000年我国城市垃圾的产生量已达到1.5亿吨。全国许多城市出现"垃圾围城"的景象,尤其是近年来,塑料包装物用量迅速增加,"白色污染"问题突出,已成为世界性城市公害之一。

6.1.4 固体废物的危害

在一定条件下,固体废物会发生物理、化学或生物的转化,若处置不当,有害成分可以通过水、大气、土壤、食物链等途径进入环境,给周围环境及人体健康造成潜在的、长期的危害。固体废物对环境的危害主要表现在以下几个方面。

(1) 侵占土地 固体废物如无法利用，则需占地堆放，据估计，1万吨固体废物占用土地约667平方米。在固体废物排放量增多、处理效率又相对较低的情况下，固体废物的堆放必然侵占大量土地，堆积量越大，占地就越多。这已经是国内外普遍存在的问题。日本在20世纪60年代末，仅煤矸石的累计堆积量已达到6.4亿吨，占地0.273平方公里，约为日本耕地的万分之五，对国土面积狭小的日本来说是个很大的负担。截至1996年，我国单是工矿业固体废物历年累计堆积量就达65亿吨，占地58175公顷。随着我国工农业生产的发展和城乡人民生活水平的提高，城市垃圾占地的矛盾也日益突出。许多城市利用四郊设置垃圾堆场，也侵占了大量农田，造成了极大的经济损失，并且严重地破坏了地貌、植被和自然景观。例如，根据北京市高空远红外探测的结果显示，北京市区几乎被环状的垃圾群所包围。这种现象在我国的许多大城市普遍存在。

(2) 污染土壤 固体废物如管理不当，任意堆放，没有采取适当的防渗措施，会对处置地的土壤造成严重的污染。土壤是许多细菌、真菌等微生物聚居的场所。这些微生物在自然界的物质循环中担负着重要的角色。固体废物长期露天堆放，其中的有害成分很容易随渗透液浸出，经过风化、雨雪淋溶、地表径流的侵蚀产生高温和有毒液体渗入土壤，杀害土壤中的微生物，破坏微生物与周围环境构成的生态系统，导致土壤盐碱化，破坏植物、农作物赖以生存的基础，甚至草木不生，无法耕种。未经处理的生活垃圾直接用于农田时，由于垃圾中含有大量杂物，破坏土壤的团粒结构和理化性质，致使土壤保水保肥能力降低。其中的有害成分还可能被农作物吸收富集，最终通过食物链进入人体，危及人类身体健康。很多国家曾为此付出了惨痛的代价。

20世纪60年代，英国威尔士北部康卫盆地，某铅锌尾矿场由于雨水冲刷，毁坏了大片肥沃草原，土壤中铅含量超过限值一百多倍，严重污染了植物和牲畜，造成该草原废弃，不能再放牧。

20世纪70年代，美国密苏里州曾把混有2,3,7,8-四氯二苯并对二噁英（2,3,7,8-TCDD）的废渣当作沥青铺洒路面，造成严重污染，致使牲畜大批死亡，居民受多种疾病折磨。在市民的强烈要求下，美国环保局同意全体市民搬迁，并花了3300万美元买下该城镇的全部地产，赔偿市民的一切损失。

20世纪80年代，我国内蒙古包头市的某尾矿堆积如山，造成大片土地被污染，一个乡的居民被迫搬迁。

(3) 污染水体 固体废物中不仅含有病原微生物，在堆放腐败的过程中还会产生大量酸性有机物，如果不加处置任意堆放或处置不当，其渗滤液会随天然降水和地表径流进入江、河、湖、海，污染地表水；或是较小的颗粒、粉尘随风飘扬，落入水体后也会对地表水和地下水造成污染，毒害生物，造成水体缺氧，富营养化，不仅减少水体面积，甚至影响水资源的利用。

1930～1953年，美国胡克化学公司在纽约附近的罗芙运河废河谷填埋了2800多吨桶装有害固体废物，1953年填平，在上面兴建了学校和住宅，1975年大雨和融化的雪水造成有害废物外溢，此后，陆续发现该地区井水变臭，婴儿畸形，居民身患怪异疾病，大气中有害物质浓度超标500多倍，测出有毒物质82种，致癌物质11种。1978年，美国总统颁布了一条紧急法令，封闭住宅，关闭学校，710多户居民搬迁，并拨款2700万美元进行治理。

我国某铁合金厂的铬渣堆场，由于缺乏防渗措施，六价铬污染了附近20多平方千米的地下水，使七个自然村的1800多眼井无法饮用。工厂为此花费7000万元用于赔偿和补救措施。

哈尔滨市韩家洼子垃圾填埋场，地下水浊度、色度和锰、铁、酚、汞含量及细菌总数、大肠杆菌数都严重高于生活饮用水标准，锰含量超过3倍，汞含量超过29倍，细菌总数超过4.3倍，大肠杆菌数超过41倍。贵阳市两个垃圾堆场使邻近的饮用水源大肠菌值超过国家标准70倍以上，为此，该市政府拨款20万元治理，并关闭了这两个堆放场。

有资料介绍，我国沿河流、湖泊建立的一部分企业，每年向附近水域排入大量灰渣，有的排污口外形成的灰滩已延伸到航道中心，灰渣在航道中大量淤积，有的湖泊由于排入大量灰渣造成水面面积缩小。

除地下水之外，海洋也正面临着潜在污染。某些先进国家将工业废物、污泥与挖掘泥沙倾倒入海洋，对海洋环境造成了各种不良影响。固定栖息的动物群体数量减少；污泥中过量的营养物质会导致海洋浮游生物大量繁殖，水体缺氧，产生富营养化现象，同时，污泥及其他固体废物中释放出来的病原微生物和有毒物还可以经过水生生物富集放大，通过食物链进入人体，影响人类健康；倾入海洋中的难以降解的塑料对水生生物的影响较大，海鸟、海龟等生物会因吞食塑料盒、塑料薄膜等塑料制品而窒息死亡。有研究发现，海鸟食道中有25%含有塑料微粒。此外，塑料也是一种激素类物质，可以破坏生物的繁殖能力等。

(4) 污染大气　固体废物在运输、处理、利用和处置过程中未进行封闭处理会挥发出大量废气、粉尘，以细粒状态存在的废渣和垃圾也会随风飘逸，扩散到很远的地方，直接污染大气。如美国首都华盛顿上空的浑浊度在过去的几十年间提高了57%，导致浑浊度升高的气溶胶中的金属微粒主要来自工业废渣和工业烟雾。

一些有机固体废物在适当的温度和湿度下被微生物分解，能释放出大量有害气体，造成严重的大气污染。如煤矸石中的黄铁矿会缓慢氧化自燃，这种现象曾在各地的煤矿多次发生，散发出大量的二氧化硫、二氧化碳、氨气等有害气体，矸石夹带的碳在黄铁矿自燃产生的热量的诱发下，也会发生缓慢氧化自燃，产生一氧化碳，这些反应中产生的气体释放入大气，直接影响人体健康，而且，这些气体的浓度达到一定的范围时甚至会产生爆炸等危害事件。1978年和1984年云岗矸石山先后两次发生雨后自爆事件，造成人员伤亡；美国20世纪60年代中期也曾有多处废渣堆发生火灾，火势蔓延，难以扑灭，造成了巨大的经济损失。

另外，目前采用焚烧法处理固体废物已成为有些国家大气污染的主要污染源之一。据报道，美国固体废物焚烧炉约有2/3由于缺乏空气净化装置而污染大气；我国部分企业，采用焚烧法处理塑料，排出氯气和大量粉尘，也曾造成严重的大气污染；一些工业企业和民用锅炉，由于收尘效率不高而造成的大气污染在一些中小城镇更是随处可见。

(5) 影响环境卫生　城市的生活垃圾、粪便等由于清运不及时，便会产生堆存现象，不仅妨碍市容，而且影响人们居住环境的卫生状况。这些城市垃圾中含有的有机物非常容易发酵腐化、产生恶臭、滋生蚊蝇，容易引起传染病，对居民的健康构成潜在的威胁。

6.2　固体废物污染的防治

6.2.1　固体废物的管理与减量化
6.2.1.1　固体废物的管理

(1) 固体废物管理的基本原则　固体废物既是各种污染物质的最终形态，又可成为水体、大气、土壤等环境污染的"源头"。由于固体废物对环境污染的特点不同于废水、废气，因此，对固体废物的控制也不能采用单纯的污染源控制或终端控制的方式，而应从废物的产生、收集、运输、处理到处置实行全程控制。

20世纪70年代以来,世界各国开始重视对固体废物的控制和管理。为了最大可能地减少固体废物对环境及对人类的危害,世界各国的学者提出了各种观点。目前,在世界范围内取得共识的解决固体废物污染控制问题的基本对策是避免产生(Clean)、综合利用(Cycle)、妥善处置(Control)的"3C"原则。

我国对固体废物的控制和管理起步较晚。根据我国国情,20世纪80年代中期我国提出了以"资源化"、"无害化"、"减量化"作为控制固体废物污染的技术政策,并确定今后较长一段时间内应以"无害化"为主。

(2) 固体废物管理法规的发展 解决固体废物污染控制问题的关键之一是建立和健全相应的法规、标准体系。美国是世界上工业发达国家中环境法规最完善的国家之一。在该国制定的环境法规中,与固体废物有关的法规主要有四个,主要对固体废物管理设施的设计、建设和运行作了规定,并且,提出了有关处理、储存和处置的中间和最终设施的标准。日本战后20年,经济快速发展,忽略了环境问题,各类污染事件不断发生,使日本成了公害列岛。20世纪70年代开始,陆续颁布了一系列与环境有关的法规,迄今已形成包括固体废物资源化、减量化、无害化及危险废物管理在内的相当完善的法规体系。我国全面开展环境立法的工作始于20世纪70年代末期。早期,关于固体废物管理的法律内容多包括在其他法规中。1985年,国家环保局开始组织人力制定《中华人民共和国固体废物污染环境防治法》,历时10年,于1995年10月30日颁布,1996年4月正式实施,后经修订,于2005年4月实施。

环境立法对于促进和加强我国固体废物的管理工作起着十分重要的作用。目前,我国在固体废物立法方面仍然存在法规、标准数量有限,内容不够全面,缺乏系统性,与国际标准存在一定差距等亟待解决的问题。

(3) 我国固体废物管理制度 根据我国国情,我国《中华人民共和国固体废物污染环境防治法》中制定了一系列行之有效的管理制度。

① 分类管理制度。《中华人民共和国固体废物污染环境防治法》中确立了对城市生活垃圾、工业固体废物和危险废物分别管理的原则,明确规定了主管部门和处置原则。在《中华人民共和国固体废物污染环境防治法》第50条明确规定:"禁止混合收集、储存、运输、处置性质不相容的未经安全性处理的危险废物,禁止将危险废物混入非危险废物中储存。"

② 工业固体废物申报登记制度。为了使环境保护主管部门掌握工业固体废物和危险废物的种类、产生量、流向以及对环境的影响等情况,进而有效地防止工业固体废物和危险废物对环境的污染,《中华人民共和国固体废物污染环境防治法》要求实施工业固体废物和危险废物申报登记制度。

③ 固体废物污染环境影响评价制度及其防治设施的"三同时"制度。环境影响评价和"三同时"制度是我国环境保护的基本制度,《中华人民共和国固体废物污染环境防治法》进一步重申了这一制度。

④ 排污收费制度。排污收费制度也是我国环境保护的基本制度。《中华人民共和国固体废物污染环境防治法》规定:"企事业单位对其产生的不能利用的或者暂时不用的工业废物,必须按照国家环境保护主管部门的规定建设储存或处置的设施、场所",也就是说,任何单位都被禁止向环境排放固体废物,固体废物排污费的交纳是对那些在按照规定和环境保护标准建成工业固体废物储存或处置设施、场所,或者经改造这些设施、场所达到环境保护标准之前产生的工业固体废物而言的。

⑤ 限期治理制度。《中华人民共和国固体废物污染环境防治法》规定,没有建设工业固体废物储存或者处置设施、场所,或者已建设但不符合环境保护规定的单位,必须限期建成

或者改造。实行限期治理制度是为了解决重点污染源污染环境问题。对于排放或处理不当的固体废物造成环境污染的企业者和责任者,实行限期治理,是有效地防治固体废物污染环境的措施。

⑥ 进口废物审批制度。《中华人民共和国固体废物污染环境防治法》明确规定,"禁止中国境外的固体废物进境倾倒、堆放、处置";"禁止经中华人民共和国过境转移危险废物";"国家禁止进口不能用作原料的固体废物;限制可以用作原料的固体废物。"

⑦ 危险废物行政代执行制度。《中华人民共和国固体废物污染环境防治法》规定:"产生危险废物的单位,必须按照国家有关规定处置;不处置的,由所在地县以上地方人民政府环境保护行政主管部门责令限期改正;逾期不处置或处理不符合国家有关规定的,由所在地县以上地方人民政府环境保护行政主管部门指定单位按照国家有关规定代为处置,处置费由产生危险废物的单位承担。"行政代执行制度是一种行政强制执行措施。这一措施保证了危险废物能得到妥善处置。处置费用由危险废物产生者承担,也符合我国"谁污染谁治理"的原则。

⑧ 危险废物经营许可证制度。《中华人民共和国固体废物污染环境防治法》规定:"从事收集、储存、处置危险废物经营活动的单位,必须向县级以上人民政府环境保护行政主管部门申请领取经营许可证。"由于危险废物的特点决定,从事危险废物的收集、储存、处理、处置活动,必须具备达到一定要求的设施、设备,有相应的专业技术能力等条件,必须对从事这方面工作的企业和个人进行审批和技术培训,建立专门的管理机制和配套的管理程序,因此,对从事这一行业的单位的资质进行审查是非常必要的。

⑨ 危险废物转移报告单制度。危险废物转移报告单制度的建立是为了保证危险废物的运输安全,防止危险废物的非法转移和非法处置,保证危险废物的安全监控,防止危险废物污染事故的发生。

6.2.1.2 固体废物的减量化

(1) 实现固体废物减量化的方法　固体废物"减量化"的基本任务是通过适宜的手段,减少和减小固体废物的数量和容积。实现固体废物的减量化需要从两方面入手,一是对固体废物进行处理利用,二是减少固体废物的产生。

对固体废物进行处理利用属于对于固体废物的末端控制。例如,城市生活垃圾采用焚烧法处理后,体积可减少80%~90%,余烬便于运输和处置,产生的热量可以供居民日常生活使用;固体废物采用压实、破碎等方法处理也可以达到减量化的目的,方便运输和处理处置。但是,由于堆放处置固体废物需要占用大量土地,而且从我国目前城市生活垃圾的特点来看,有机物、可燃物较少,无机物较多,焚烧处置费用较高,而且容易产生二次污染,要切实有效地解决固体废物的环境污染问题,还需从减少固体废物的产生方面加大力度。

减少固体废物的产生属于对于固体废物的首端控制。即减少污染源的废物产生量,从资源的综合开发和生产过程中物质资料的综合利用着手,这是目前公认的解决固体废物问题的最佳方案。20世纪70年代末,美国环保局制定了一份废物管理实施方案,其第一选择是减少废物的产生;其次是废物的重复利用;最后的选择才是处理。在固体废物处理的研究中,最为突出的是固体废物的减量化及清洁生产工艺。

工厂减少废物的措施至少可以从五个方面进行:① 改变生产过程;② 革新工厂设备;③ 重新调整化学品配方;④ 用无害化学品替代有害化学品;⑤ 简化操作和改善运行管理。通过技术革新,在使废物减量化的同时,还减轻了对人体健康和环境的危害,而且还可能使很多部门提高经济效益。例如,美国博登公司在加利福尼亚经营的树脂制造厂成功地减少了

93％的苯废物，从减少原料损失和控制污染费用中节省了几百万美元。

（2）清洁生产工艺的开发和推广　清洁生产工艺是适应减量化要求的一种新型的工业发展模式。清洁生产的具体概念是前苏联学者首次提出的，并立即得到广泛的认可和赞同，不少国家的政府把创建清洁生产工艺作为经济发展的战略目标。国际上对于清洁生产的定义是："清洁生产是这样一种生产产品的方法，借助这种方法，所有的原料和能量在原料资源—生产—消费—二次原料的循环中得到最合理和综合的利用，同时对环境的任何作用都不致破坏它的正常功能"，即用最少的资源损耗，最佳的生产过程，最大限度地回收利用材料。清洁生产的模式如图6-1所示。

清洁生产工艺是现阶段作为传统工艺向无废生产转化的一种过渡形式，实现清洁生产的主要途径是：①原料的综合利用；②改革原有的工艺或开发全新流程；③实现物料的闭路循环；④工业废料转化为二次资源；⑤改进产品的设计，加强废品的回收利用。例如，在选矿工序中，提高铁矿石的品位，可减少造渣剂和焦炭，从而减少高炉渣的排放量，高炉渣的排放量比原来可减少一半；新型无焦炼铁工艺，采用氢气或天然气转化气直接从铁精矿中制铁，取代了传统工艺中的焦炭和高炉，这项流程减少了工序和原料，用水量减少三分之一，基本上没有废气和废渣，可以获得较高的经济效益；南京化工厂开发的流化床气相加氢制取苯胺工艺，取代了传统的铁粉还原法，一改传统生产过程中产生大量含硝基苯、苯胺的铁泥和废水，造成环境污染和巨大的资源浪费的状况，新工艺不再产生铁泥废渣，固体废物产生量由原来每吨产品2500千克减少到每吨产品5千克，还大大降低了能耗。

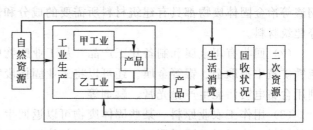

图6-1　清洁生产模式

大力开发和推广应用清洁生产工艺不仅可减少废物向空气、土地和水体等各种介质的排放量，而且对固体废物的管理控制具有重大意义。我国国家环保局在"八五"期间，设置了若干个为环境管理服务的研究课题，从化工、轻工、纺织、冶金、有色金属、建材六个行业污染领域研究做起，将工业污染源的控制由单纯的污染源产生后的治理转向生产的全过程控制，加强对生产工艺的控制，改造或淘汰落后的生产工艺，提高资源或能源的利用率。

6.2.2　固体废物的再利用和资源化

6.2.2.1　固体废物的资源化势在必行

固体废物"资源化"的基本任务是采取工艺措施从固体废物中回收有用的物质和能源，即对固体废物进行综合利用，使之成为可利用的二次资源，促进物质循环。

例如，煤矸石是煤的采掘和煤的洗选过程中产生的废石，在煤炭生产过程中，煤矸石的排放量一般占煤炭开采量的20％，大部分以矸石山的形式堆存于地表，污染大气环境。根据煤矸石具有较高高位发热量的特点，可以通过燃烧回收热能或转换成电能，也可以用来代土节煤生产内燃砖，实现固体废物的再利用，从中取得新的经济效益、社会效益和环境效益。

研究表明，固体废物资源化可减少能源与物质消耗量，对于保护环境、开发资源、发展经济具有战略意义。欧洲国家把固体废物资源化作为解决固体废物污染和能源紧张的方式之一，将其列入国民经济政策的一部分，投入巨资进行开发。美国把固体废物列入资源范畴，将固体废物资源化作为废物处理的替代方案。我国资源形势也十分严峻，人均占有率低、资源利用率低、废物产生量大，重视开发固体废物的资源化技术势在必行。

6.2.2.2 固体废物资源化的途径

固体废物资源化的途径很多,主要有生产建筑材料、回收有用金属、制备化工产品、用作工农业原料、回收能源等。

(1) 生产建筑材料　利用工业固体废物生产建筑材料是解决建材资源短缺的一条有效途径,也是固体废物综合利用的主要途径。如煤矸石、粉煤灰等煤系固体废物,以及高炉渣、钢渣等冶金固体废物都具有建筑材料所需要的成分和性质,可以用来制作水泥、混凝土、砖等建筑材料。

(2) 回收有用金属和制备化工产品　从工业废物中可以提取出多种有用金属,如可以从硫铁矿渣中提取金、银等金属。还可以将工业固体废物作为二次资源,用于生产新产品,如利用含铬电镀污泥生产抛光膏、鞣剂等。

(3) 用作工农业原料　某些固体废物可以返回生产过程继续使用,成为另一生产工艺过程的原料,或经过堆肥后用于农业生产。如铬渣可以代替铬铁矿粉作玻璃着色剂;生活垃圾经堆肥处理后可用作农业肥料。

(4) 回收能源　许多固体废物中含有可燃成分,可以作为能源加以利用。如发达国家的生活垃圾中有机物、可燃物质含量多,热值较高,可以把回收垃圾焚烧产生的热能用于发电;秸秆、人畜粪便等农业固体废物可以通过厌氧发酵的方法制取沼气,为农村提供照明、供暖等生活能量所需。我国是农业大国,农业在国民经济中占有较大的份额,固体废物产生量较多,发展沼气是解决农村固体废物污染和提供能源的有效途径之一。图 6-2 为德国农村沼气发电和供热系统示意图。

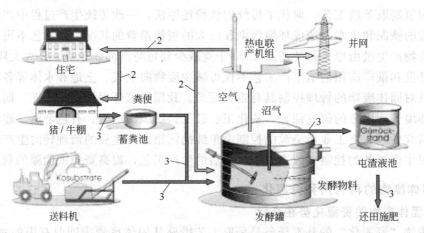

图 6-2　德国农村沼气发电和供热系统示意图
1—电;2—热;3—物料

以上仅列举了一些固体废物资源化的途径,无论选择哪种途径,在进行资源回收利用等资源化处理时,都必须遵循以下原则:①资源化技术是可行的;②资源化的经济效益较大;③废物应尽可能在排放源地点就近使用,以节省废物储存、运输等过程的投资;④固体废物资源化的产品,应符合国家相应产品的质量标准,才能具有与相应原材料制得的产品竞争的能力,才能使技术持久。

6.2.3　固体废物的最终处置与处理

固体废物处理处置是指通过物理、化学和生物等方法,使固体废物转换存在形式,以便于储存、运输和管理或实现资源化利用以及最终处置,使之不损害人体健康,不污染环境,并安全排放的一种过程。是解决固体废物最终归宿的问题,对于防治固体废物的污染起着十分关键的作用。

6.2.3.1 固体废物的处理技术

目前,固体废物的处理技术按照处理目的可分为预处理和资源化处理。

(1) 预处理技术 预处理技术主要是通过压实、破碎、分选、脱水和干燥等方法在对固体废物进行资源化处理和最终处置之前进行的预加工。

① 压实。压实是利用机械的方法增加固体废物的聚集程度,达到增大容重、减小体积的目的,便于装卸、运输、储存和填埋的预处理技术,这种处理方法不仅可以大大减少废物的容积,还可以改善废物运输和填埋操作过程中的卫生条件,并可以有效地防止填埋场的地面沉降。日本在20世纪60年代末期设计出垃圾压缩处理法,垃圾被压缩至原体积的1/4,然后在压缩块体周围包上金属网,再涂上一层沥青。处理后的垃圾块在空气中自然暴露三年后,未发现明显的降解痕迹。

② 破碎。破碎是利用外力克服固体废物质点间的内聚力而使大块固体废物分裂成小块的过程,是缩小固体废物尺寸的一种方法。其目的是减小固体废物的体积,便于运输和储存;为固体废物的分选提供所要求的入选粒度,以便有效地回收固体废物中的某种成分;增加固体废物的比表面积,提高焚烧、热解、熔融等作业的稳定性和热效率;防止粗大、锋利的固体废物损坏后续处理设备等。

③ 分选。分选是指用人工或机械方法把固体废物分门别类,将其中可回收利用的或不利于后续处理处置工艺要求的物料分离出来。可分为筛分、重选、磁选、浮选等方法。分选是实现固体废物资源化、减量化的重要手段,提高回收物质的纯度和价值,有利于后续加工处理。

④ 脱水和干燥。脱水主要是指对污水处理厂排出的各种污泥以及某些工业企业排出的泥状或浆状固体废物的处理。污水处理过程中产生的污泥含水率一般在96%~99.8%,体积大,不便于储存和运输,通过污泥脱水可降低污泥的含水率,达到减容的目的,也便于后续的处理。常用的脱水方法有真空过滤脱水、压滤脱水、滚压脱水和离心脱水等。

固体废物经破碎、分选之后对所得的轻物料需进行能源回收或焚烧处理,必须进行干燥处理。

(2) 资源化处理技术 资源化处理是通过化学或生物处理的方法回收固体废物中的有用物质和能源,实现资源的再利用。资源化处理技术主要有焚烧、热解、堆肥化、厌氧发酵等。

① 焚烧。焚烧法是对可燃性固体废物在高温下进行破坏的一种无害化处理技术。其基本原理是以过量空气与被处理的固体废物在焚烧炉内进行氧化燃烧反应,废物中的有毒有害废物在高温下被氧化、分解,不仅达到大量削减固体量、减少占地面积、彻底消灭固体废物中病原体等目的,同时有机物深度氧化过程产生的热能和有价值的分解产物可以得到再生利用,实现固体废物的资源化。

由于目前世界性的能源短缺,促进了废物燃烧的发展,世界各国已广泛采用焚烧法处理可燃性固体废物,医院和医学实验室产生的带菌废物,难以生物降解的、易挥发的和扩散的、含有重金属及其他有害成分的有机物等废物。但由于焚烧过程中可产生大量空气污染物质或二噁英等致癌物质,而使焚烧法的应用受到限制。因此,如何尽量减少焚烧产生的二次污染是人们面临的一个重要课题。

② 热解。固体废物热解是利用有机物的热不稳定性,在无氧或缺氧条件下受热分解的

过程。热解的产物主要是可燃的低分子气态产物，液态的焦油、燃料油，固态的焦炭和炭黑等。固体废物热解后，残渣大为减少，是一种低污染的资源化处理技术，所产生的燃料油等既能用作燃料又能用于发电。城市垃圾，污泥、塑料、树脂、橡胶等工业废料以及农业废料、人畜粪便等含有机物较多的固体废物都可以采用热解方法处理。

这一技术在丹麦、法国、日本、德国、美国等许多国家相继作了实际的研究和应用。如德国在1983年建立了第一座热解废轮胎、废塑料、废电缆的热处理厂，年处理能力600~800吨，而后在卢森堡建立了年处理量3.5万吨的处理城市垃圾的热解处理厂；美国纽约市也建立了采用纯氧高温热解法日处理能力达3000吨的热解工厂；1981年我国农机科学研究院，利用低热值的农村废物进行了热解燃气装置的试验取得成功。

③ 堆肥化。堆肥化是依靠自然界广泛分布的细菌、放线菌、真菌等微生物，有控制地促进可被生物降解的有机物向稳定的腐殖质转化的生化过程。堆肥化的产物称为堆肥，这是一类腐殖质含量很高的疏松物质，具有改良土壤结构、提高土壤保水功能、增加土壤缓冲能力、提高化学肥料的肥效等多种功效。废物经过堆肥体积一般只有原来的50%~70%。

1986~1995年，我国相继开展了机械化程度较高的高温堆肥研究和开发，20世纪90年代中期先后建成了动态堆肥典型工程，如常州环境卫生综合厂采用动态高温堆肥工艺，每天处理城市垃圾150吨，产堆肥50吨；无锡、天津、沈阳、北京、武汉等城市也已自行设计了适合我国国情的机械化垃圾堆肥生产线，许多城市还有相当一部分的简易垃圾堆肥场。

④ 厌氧发酵。厌氧发酵也称沼气发酵或甲烷发酵，是在完全隔绝空气的条件下，利用多种微生物的生物转化作用使废物中可生物降解的有机物发酵分解为稳定的无毒物质，同时获得以甲烷为主的沼气的过程，沼气液、沼气渣又是理想的有机肥料。根据估计我国农村每年产农作物秸秆5亿多吨，若用其中的一半制取沼气，每年可生产沼气 5×10^{10} ~ 6×10^{10} 立方米，除满足农民生活燃料之外，还可余 6×10^{9} ~ 1×10^{10} 立方米。所以，厌氧处理技术是控制污染、改变农村能源结构的一条重要途径。

6.2.3.2 固体废物的最终处置技术

固体废物是多种污染物质的最终态，一些固体废物经过处理与资源化，仍然会有部分残渣难以利用，这些残渣往往又富集了大量有毒有害成分，还有一些固体废物暂时无法利用，将长期保留在环境中，造成潜在危害，固体废物的最终处置就是要寻找一条合理的途径使之最大限度地与生物圈隔离，是解决固体废物最终归宿的问题，是固体废物污染控制的末端环节。

固体废物的最终处置有海洋处置和陆地处置两种基本途径。海洋处置是利用海洋对固体废物进行处置的一种方法，主要分为海洋倾倒和远洋焚烧两种方法。近年来，由于海洋处置容易造成污染，破坏海洋的生态环境，海洋处置已经受到越来越多的限制，除极个别的情况外，已经不再允许将固体废物倾入海洋。因此，陆地处置已经成为固体废物最终处置的主要方法。

固体废物的陆地处置主要包括土地耕作、土地填埋、浅地层埋藏以及深井灌注等几种。

(1) 土地耕作处置　土地耕作处置是利用表层土壤的离子交换、吸附、微生物降解以及渗滤水浸出、降解产物的挥发等综合作用机制处置工业固体废物的一种方法。该技术具有工艺简单、费用适宜、设备易于维护、对环境影响小、能够改善土壤结构、增长肥效等优点，主要用于处置含盐量低、不含毒物、可生物降解的有机固体废物。

(2) 土地填埋　土地填埋是使用最为广泛的处置技术，其实质是将固体废物铺成有一定厚度的薄层后加以压实，并覆盖土壤的方法。它是从传统的堆放和填地处置方法发展而来的，但今天的土地填埋处置已从单纯的堆、填、覆盖向包容、屏蔽隔离的工程储存方向上发展。土地填埋处置具有工艺简单、成本较低、适于处置多种类型固体废物的特点。

土地填埋处置方法一般可根据所处置的废物种类以及有害物质释出所需控制的水平分为惰性废物填埋、卫生土地填埋、安全土地填埋、工业废物土地填埋四类。

① 惰性废物填埋。惰性废物填埋是土地填埋处置的一种最简单的方法。实际上是把建筑废石等惰性废物直接埋于地下。埋藏方法分为浅埋和深埋两种。

② 卫生土地填埋。卫生土地填埋适于处置一般固体废物。该法操作简单、施工方便、费用低廉，还可同时回收甲烷气体，经处理后作为能源使用。因此，卫生土地填埋在国内外已得到广泛应用。

③ 安全土地填埋。安全土地填埋是一种改进的卫生土地填埋方法，主要用来处置有害废物，因此对场地的建造技术、浸出液的收集处理技术要求更为严格。填埋场内必须设置人造或天然衬里，衬里的渗透系数小于 10^{-8} 厘米/秒；最下层的填埋物要位于地下水位之上；采取适当措施收集控制地表水；要配备浸出液收集、处理及监测系统等。

④ 工业废物土地填埋。工业废物土地填埋适于处置工业无害废物，因此，场地的设计操作原则无需像安全土地填埋那样严格。

（3）浅地层埋藏　浅地层埋藏是指地表或地下的、具有防护覆盖层的、有工程屏蔽或没有工程屏蔽的浅埋处置，埋藏深度一般在地面以下 50 米以内。浅地层埋藏处置适于中低放射性固体废物。由于其投资少，容易实施，在国外应用较广。

（4）深井灌注　深井灌注处置是指把液体废物注入到地下与饮用水和矿脉层隔开的可渗透性的岩层中。该法主要用来处置那些难于破坏、难于转化、不能采用其他方法处理处置，或者采用其他方法费用昂贵的废物。

适于深井灌注处置的废物可以是液体、气体或固体，在深井灌注时，将这些气体和固体都溶解在液体里，形成真溶液、乳浊液或液固混合体。

深井灌注处置系统要求适宜的底层条件，并要求废物同建筑材料、岩层间的液体以及岩层本身具有相容性。

6.3 危险固体废物的处理与利用

6.3.1 危险固体废物的处理与处置

工业生产中排放的有毒、易燃、有腐蚀性的、传染疾病的、有化学反应性的危险固体废物是灾害的发生源，如处理处置不当，将会对环境以及人体健康造成长期的或短期的危害。短期危害可能是通过摄入、吸入、吸收、接触等而引起危害，也可能是燃烧、爆炸等恶性事故；对人体的长期危害包括重复接触导致的中毒、致癌、致畸、致突变等。

危险固体废物大部分来自化学和石油化学工业。化学工业从20世纪40年代以后迅速发展，现在全世界已登记的化学物质约700多万种，每年有数千种新的化学物质投放市场，因此，危险固体废物的产生量每年都可能在增加。

任何一个国家，每年均会产生大量的危险废物。据估计，全世界每年危险废物的产生量为3.3亿吨，美国每年产量为2.64亿吨左右，居世界首位，德国、法国、英国、意大利等欧洲国家也是主要的危险固体废物生产国，日本等新兴工业化国家以及正在崛起的发展中国家每年也有相当数量的危险固体废物产生。以我国的上海为例，据统计，上海每年产生危险废物达53万吨。主要来自39个行业的1100多家企业，其中化工、冶金、医药等7个行业产生量最多，占总数的90%左右，其中化工行业占总数的61%。表6-2和表6-3分别列出了上海危险废物行业与种类分布。

表6-2　上海危险废物行业分布

行业	化工	冶金	医药	金属加工	石化	机械	纺织	其他
比例/%	61	8.4	8.3	3.9	3.7	2.5	2.9	10.2

表6-3　上海危险废物种类分布

种类	比例/%	种类	比例/%
废酸	30.9	精馏残液	7.8
废碱	16.6	医疗废物	3.8
废重金属	10.7	废有机溶剂	1.7
废树脂	10.5	其他	9.7
废油和废乳化液	8.3		

6.3.1.1　危险固体废物的无害化处理

处理危险固体废物的方法种类繁多，主要与废物的来源、性质、成分、数量有关，一般需要在处理前取适量样品进行试验，以寻求最合适的处理方法。常采用的无害化处理方法有固化法、化学法和生物法等。

（1）固化法　固化法是用物理-化学方法将有害废物固定或包容在密实的惰性基材中，使其稳定的一种过程。其固化过程有的是将有害废物用惰性材料加以包容的过程，有的是将有害废物通过化学转变或引入某种稳定的晶格中的过程。固化的目的是减少危险固体废物的流动性，降低废物的渗透性，从而达到稳定化、无害化、减量化。理想的固化产物应具有良好的抗渗性、机械性以及抗浸出性。这样的固化产物可直接进行土地填埋处置，也可作为建筑的基础材料或道路的路基材料。

固化法根据所使用的固化剂（惰性材料）的不同分为水泥固化、沥青固化、水玻璃固化、塑料固化、玻璃固化等。

① 水泥固化。水泥固化是以水泥为固化剂将危险废物进行固化的一种处理方法。水泥是一种无机胶结剂，经水化反应后可形成坚硬的水泥块。对危险废物固化时，水泥与污泥（危险废物和水的混合物）中的水分发生水化反应生成凝胶，将有害污泥微粒分别包容，并逐步硬化形成水泥固化体。

水泥固化法对各种含有重金属的污泥十分有效。具有设备和工艺过程简单；设备投资、动力消耗和运行费用都比较低；水泥和添加剂价廉易得；对含水率较高的废物可以直接固化；操作可在常温下进行；对放射性废物的固化容易实现安全运输和自动化控制等优点。但是水泥固化法也存在一些缺点，如水泥固化体的浸出率高，需作涂覆处理；由于污泥中含有油类、有机酸等妨碍水泥水化反应的物质，为保证固化质量，必须加大水泥的配比量，导致固化体的增容比较高；如需进行预处理或投加添加剂，还会增加处理费用等。

② 沥青固化。沥青固化是以沥青为固化剂与危险废物在一定温度、配料比、碱度和搅拌作用下产生皂化反应，使危险废物均匀地包容在沥青中，形成固化体。沥青固化一般用于处理中、低放射水平的蒸发残液、废水化学处理产生的沉淀、焚烧炉产生的灰烬、塑料废物、电镀污泥、砷渣等。

沥青具有良好的黏结性、化学稳定性与一定的弹性和塑性，对大多数酸、碱、盐类有一定的耐腐蚀性，还具有一定的辐射稳定性。经沥青固化处理生成的固化体空隙小；致密度高；性能稳定；有害废物的浸出率比水泥固化体更低；且固化时间短。沥青固化的缺点是，固化时由于沥青的导热性不好，加热蒸发的效率不高；如果污泥中所含水分较大，蒸发时会有起泡现象和雾沫夹带现象，容易排出废气发生污染，因此在固化前，需通过分离脱水的方法使水分降到50%～80%左右；沥青还具有可燃性，加热蒸发时必须防止沥青过热而引起更大的危险。

③ 水玻璃固化。水玻璃固化是以水玻璃为固化剂，无机酸类（如硫酸、硝酸、盐酸和磷酸）为助剂，与有害污泥按一定的配料比进行中和与缩合脱水反应，形成凝胶体，将有害污泥包容，经凝结硬化逐步形成水玻璃固化体。

水玻璃固化法具有工艺操作简便、原料廉价易得、处理费用低、固化体耐酸性强、抗透水性好、重金属浸出率低等特点。

④ 塑料固化。塑料固化是以塑料为固化剂与危险废物按一定的配料比，并加入适量的催化剂和填料进行搅拌混合，使其共聚合固化而将危险废物包容形成具有一定强度和稳定性的固化体。

塑料固化法既可处理干废渣，也能用于处理污泥浆。该法的优点是可以在常温下操作；增容比小；固化体的密度较小。缺点是塑料固化体耐老化性能较差，固化体一旦破裂，污染物浸出会污染环境，因此，处理前需有容器包装，增加了处理费用；固化过程中释放的有害烟雾会污染环境；该法还需要熟练的固化技术，以保证固化质量。

⑤ 玻璃固化。玻璃固化是以玻璃原料为固化剂，将其与危险废物以一定的配料比混合后，在高温（900～1200℃）下熔融。经退火后即可转化为稳定的玻璃固化体。

玻璃固化法主要用于固化高放射性废物。该法的优点是固化体致密，在水及酸、碱溶液中的浸出率小；增容比小；固化过程中产生的粉尘量少；固化体有较高的导热性、热稳定性和辐射稳定性。缺点是处理装置复杂；处理费用高；工作温度高、设备腐蚀严重以及放射性核素挥发量大等。

玻璃的种类繁多，因而有不同的玻璃固化方法，从玻璃固化体的稳定性、对熔融设备的腐蚀性、处理时的发泡情况和增容比来看，硼硅酸盐玻璃固化是最有发展前途的固化方法。

(2) 化学法　化学处理法是利用危险废物的化学性质，经过酸碱中和、氧化还原、沉淀等化学方法，将危险废物转化为无害的最终产物。

(3) 生物法　许多危险废物可以用活性污泥法、氧化塘法、土地处理法等生物处理法来处理，其中一些危险废物的毒性可以利用生物降解的作用而解除，解除毒性后的废物可以被土壤和水体所接受。

6.3.1.2　危险固体废物的最终处置

危险固体废物经过处理后，还需进行最后的处置，这是危险废物管理中最重要的环节。常用的处置技术主要是安全土地填埋。

填埋危险废物，必须做到安全填埋。预先要进行地质和水文调查，选定合适的场地，保证不发生滤沥、渗漏现象，不使这些废物或淋溶液体排入地下水或地面水体，也不会污染空气。对被处置的危险废物的数量、种类、存放位置均应记录，避免引起各种成分间的化学反应。对淋出液要进行监测。对水溶性物质的填埋要铺设沥青、塑料等，以防底层渗漏。安全填埋的场地最好选在干旱或半干旱地区。

6.3.2 有毒废渣的回收处理与利用

工业生产中会产生大量的固体废物,其中含有氟、汞、砷、铬、镉、铅、氰等及其化合物和酚、放射性物质的固体废物均为有毒废渣。它们可通过皮肤、食物、呼吸等渠道侵犯人体,引起中毒。工业废渣不仅要占用土地堆放、破坏土壤、危害生物、淤塞河床、污染水质,不少废渣(特别是有机质的)还是恶臭的来源,不少重金属废渣的危害还是潜在性的。由有害废渣造成的环境污染事件,世界各国也屡见不鲜,因此,目前对于工业有害废渣的处理处置问题受到各国的广泛重视。以下介绍几种典型工业有毒废渣的处理与利用。

6.3.2.1 铬渣

铬渣是由铬铁矿加入纯碱、白云石、石灰石在1100~1200℃高温焙烧,用水浸出铬酸钠后的残渣。是冶金和化工部门在生产金属铬或铬盐时排出的废渣,铬酸钠是强氧化剂,毒性强,无控制堆积会对环境造成极大危害,因此,对铬渣的处理和回收利用是环境保护的重要内容之一。

重金属不能被生物降解,只能采取转化的手段,通过金属价态间的转化降低其毒性。铬渣的处理方法是先将其解毒,将毒性大的六价铬还原为毒性小的三价铬,并生成不溶物,在此基础上再加以利用。

(1) 铬渣作玻璃着色剂 制造绿色玻璃常用铬矿粉作着色剂,主要利用三价铬离子在玻璃中吸收某些波长的光,透过另一部分波长的光,依据此原理制成绿色玻璃。由于铬渣中含有部分未反应的铬矿粉和六价铬,将其置于1600℃的玻璃窑炉中,在高温下将六价铬还原为三价铬,进入玻璃熔体中,急冷固化后即可制得绿色玻璃,同时铬也被封固在玻璃中,达到了与环境隔离及资源化的双重目的。但由于翠绿色玻璃制品产量小,消渣量不大。

(2) 铬渣作炼铁辅料 铬渣中含有大量的氧化钙、氧化镁、三氧化二铁等,含量与炼铁使用的白云石、石灰石相近,且具有自熔性和半自熔性,可代替白云石、石灰石等作炼铁的辅料。此法需铬渣量大,在烧结过程中六价铬还原率可达99.9%以上,且使生铁中含铬量上升,机械性能、硬度、耐磨、耐腐蚀性能提高,还能节约能源,是铬渣理想的资源化途径。但在铬渣的运输、储存、粉碎、成球、烧结过程中需防止铬渣的二次污染。

(3) 铬渣制钙镁磷肥 铬渣可代替蛇纹石等与磷矿石配料按一定配比放入高炉中高温焙烧,经水淬骤冷、沥水分离、转筒干燥后即得成品。此法可将六价铬还原为三价铬,解毒彻底,铬渣用量大。

(4) 生产铬渣铸石 铬渣还可用于生产铸石。将铬渣与硅砂、烟道灰、氧化铁皮混合、粉碎,于1500℃下熔融,1300℃下浇铸成型,结晶、退火后缓慢降温即为成品。此法对六价铬的解毒效果好,但投资高,铬渣用量小,受铸石销售量影响,应用范围受到限制。

此外,铬渣还可用于制砖、水泥等建筑材料。上述方法虽然解毒效果好,但由于用量小,或能耗高,或产品需求量小等原因,仍不能彻底解决铬渣的再利用问题,不少技术的推广还有一定的难度,有待进一步研究和实践。

6.3.2.2 赤泥

赤泥是从氧化铝矿提炼氧化铝后弃排的泥浆,含有少量稀有金属和放射性元素,属于有害固体废物。每生产1吨氧化铝,约排出1~2吨赤泥。原料品位越低,赤泥产生量越大。赤泥自然堆放,液相逐渐进入周围环境和附近河流,容易造成环境污染。

赤泥的化学成分较为复杂,主要包括三氧化二铝、二氧化硅、氧化钙等,矿物组分主要包括硅酸二钙和硅酸三钙,在有激发剂激发下,具有水硬凝胶性能,且水化热不高,这对赤泥的综合利用具有重要意义。

(1) 生产水泥　目前，我国对于赤泥的资源化利用主要是生产水泥。可将赤泥与石灰石、砂岩、铁粉共同烧结，制成普通硅酸盐水泥，成品可达到 500 号普通硅酸盐水泥的标准；还可利用赤泥代替黏土制成油井水泥，用于井壁与套管间环隙固定工程。

(2) 回收有用金属　赤泥中含有氧化铁，可将其焙烧后放入沸腾炉，在 700～800℃ 下还原，最后经过磁选选出铁精矿，供炼铁使用；将上述处理后的非磁性物质与一定量的纯碱或石灰石共同烧结，在碱性条件下将铝酸盐浸出，再使其水解析出，分离后残渣在 80℃ 下用 50% 硫酸处理，获得硫酸钛溶液，再经水解得到氧化钛；分离后的残渣再经酸处理、煅烧、水解等工序，从中回收钒、铬、锰等金属氧化物。

6.3.2.3　废石膏

废石膏是以硫酸钙为主要成分的一种工业废渣。由于生产工艺的不同，有磷石膏、氟石膏、钛石膏和苏打石膏之分。其中以磷石膏的产量最大，每生产 1 吨磷酸约排出 5 吨磷石膏。在许多国家，磷石膏的排放量已超过天然石膏的开采量。废石膏呈粉末状，其主要成分硫酸钙都在 80% 以上，此外，磷石膏中还含有铀、钍等放射性元素，以及铈、钛、钇、镧等稀有金属，因此，废石膏属于有毒废渣的范畴。

废石膏的堆放不仅占地面积大，而且还会有氟化氢、氟化硅等逸出。废石膏堆场的废水除有较高的酸度外，还含有氟化物和放射性元素镭等，可造成环境污染。许多国家都在研究废石膏的处置与利用问题。

(1) 作水泥缓凝剂　在施工生产中为使水泥不固化，需要掺入石膏作缓凝剂。可以采用水洗法或中和法对磷石膏进行预处理，除去其中的可溶性磷酸盐，从而代替天然石膏制作水泥。

(2) 制造半水石膏和石膏板　石膏可用来加工制成天花板、外墙内部隔热板、石膏覆面板等各种建筑材料。磷石膏中含有大量二水硫酸钙，可利用高压釜法或烘烤法使二水石膏脱水成半水石膏，即熟石膏，再将其塑型，干燥后即成各种建筑石膏。

(3) 改良盐碱土壤　盐碱化的土壤含有大量的碳酸钠和碳酸氢钠，因而排水性能差，表面板结，不适于作物的生长。在这类土壤上施以石膏可以起到改良土壤的作用。石膏中的钙离子与土壤中的钠离子进行交换生成碳酸钙和碳酸氢钙，而钠离子变成硫酸钠随灌溉水排掉，从而降低了土壤的碱度，减少了碳酸钠对作物的危害。同时土壤由钠黏土变成钙黏土，还可改善土壤透气性。磷石膏完全可以代替天然石膏达到改良盐碱土壤的目的，同时，磷石膏中的酸性杂质还可对盐碱土壤进行适当的中和，使作物增产。因此，磷石膏在农业上的资源化应用比较广泛。

6.3.2.4　石油、化工催化剂

催化剂具有降低反应活化能、加快化学反应速度的作用，因此，催化剂的使用在石油、化工等行业中非常普遍。催化剂在使用了一段时间后，由于损耗、中毒、杂质的混入等，使催化剂的活性降低，不得不更换新的催化剂，因而产生了大量的废催化剂。

催化剂中稀有金属较多，它们由于价态高或有毒等原因，都需加以回收利用。由于石油化工的发展，废催化剂的品种和催化剂的量都大大增加，废催化剂的回收利用受到人们的普遍关注。如利用空气直接氧化乙烯生产环氧乙烷的工艺中，以银作为催化剂，该催化剂使用两年后就失去活性，需要更换。辽阳石油化纤公司的催化剂一次更换量为 30 吨，数量很大，可将浓硝酸及脱盐水与废催化剂反应，生成硝酸银、二氧化氮和水，待反应完全后用稀硝酸银溶液稀释，过滤后得到硝酸银溶液。向溶液中加入经过过滤处理的氯化钠，析出氯化银。24 小时后，取出纯化的氯化银，加入三氧化二铁置换出银。反应 70～90 小时后，将生成的

粗银粉取出，洗涤除去氯化铁，干燥后即得精银粉，在电炉内熔炼，即得产品银。该法回收的银纯度达到 99.9% 以上，银的回收率达 95%，且生产工艺简单，投资少，可取得较好的经济效益。

6.3.2.5 可燃性危险废物

受铅污染的废油、多氯联苯、甲苯、氯化烃、含重金属的润滑油、非可燃助剂等属于可燃性危险废物，需经过解毒处理后才可排放。

这些可燃性废物中的毒性组分在 1450℃ 的高温和碱性气氛中可以得到分解，主要有害物去除率达 99.99% 以上，烟气的各项指标均可达到排放标准。因此，国外许多水泥厂利用可燃性危险废物替代 25%～65% 的燃料，既降低了这些危险废物的毒性，又节约了能源，降低了水泥成本。

6.4 城市垃圾的处理

城市垃圾是指城镇居民在生活活动中抛弃的各种固态和液态废弃物品，包括生活垃圾、商业垃圾、市政设施及其管理和房屋修建中产生的垃圾及渣土。其中有机成分有纸张、塑料、织物、炊厨废物等；无机成分有金属、玻璃瓶罐、家用什物、燃料灰渣等。国外有的还包括大量的大型垃圾，如家庭器具、家用电器、各种车辆等。城镇生活垃圾往往有病原微生物存在，是一个长期存在的污染源，未经处理或处理不善会造成严重的大气污染、地下水污染、土壤污染，最终导致生物链及环境的过重污染。

随着城市化进程的加快，经济的增长，城市生活垃圾已成为摆在全社会面前的一个重要的环保问题，能否解决好这一难题，关系到人民生活质量的提高和地方经济的发展。

6.4.1 我国城市垃圾处理现状

6.4.1.1 生活垃圾的增长源于城市人口增长及城市规模的扩大

我国改革开放以来，经济飞速发展，随着人民生活水平的提高，消费方式的改变，消费数量也在迅猛增长。我国人口密度大，城市相对较多，到 1998 年底，我国已拥有城市总数达 668 座，约占全国人口的 30%；50 万～200 万人口的城市 52 座，其垃圾产生量约占全国总量的 60%；200 万人口以上的大城市，垃圾产量约占总量的 25%，两者合计为 85%。由于城市人口较为集中，出现了生活垃圾到处乱丢的现象，因而解决城市生活垃圾问题成为市政管理的一大课题。

目前我国城镇生活垃圾的实际年产生量已达 1.5 亿吨，每年全国新增加的城镇生活垃圾采用简易填埋或露天堆放在城镇郊区、江河沿岸的达 8000 万吨以上。在城镇周围历年堆存积下的未经处理的生活垃圾量已达到 70 多亿吨以上，占地 8 亿多平方米。根据垃圾产量发展趋势分析，预计到 2010 年我国城镇生活垃圾产生量将达到 2.9 亿吨以上，而且这个数字还将持续增长。

我国城市生活垃圾处理起步于 20 世纪 80 年代。在 1990 年前，全国城市垃圾处理率不足 2%。城市下水道普及率低，农村根本没有下水道。全国污水处理厂很少，粪便等生活垃圾便均运往郊区作为肥料使用。由于我国垃圾中以煤灰渣、脏土为主，占总量的 60%～70%，肥效不高，长期施用菜田，破坏了土质，成为蔬菜减产的一个原因。更为严重的是医院的垃圾、粪便也绝大部分未加处理，混入普通垃圾、粪便中，广泛传播疾病，垃圾、粪便处置不当是一个重要原因。进入 90 年代后，城市生活垃圾处理水平不断提高。据 2005 年对全国661个城市统计，生活垃圾清运量为1.56亿吨。在1990～2005年期间，城市生活垃圾清运量年平均增长率为5.7%，略高于城市人口平均增长率，与建成区面积增长率接近。城市生活垃圾清运量增长情况见表6-4。我国统计的城市人口与生活垃圾收集服务人口往往不一致，且大多数城市生活垃圾还没有实现全部称重计量，因此，以统计的城市人口为计算基数得出的人均生活垃圾产量会产生较大误差。以天津市和成都市为例，人均生活垃圾年产量（以清运量代替）约为280～350千克，相当于人均日产量为0.8～1.0千克。

表6-4 城市生活垃圾清运量增长情况

增长率/% \ 年份	"八五"期间	"九五"期间	"十五"期间	1990～2005
城市人口年平均增长率	3.1	5.5	4.3	4.3
建成区面积增长率	8.4	3.1	7.9	6.3
生活垃圾清运量年平均增长率	9.5	2.1	5.7	5.7

注：1. 城市人口是按城镇总人口65%的计算值（中国统计出版社1990～2005年《中国统计年鉴》）计算。
2. 2005年城市人口与建成区面积为估算值。

6.4.1.2 城市生活垃圾成分发生较大变化

近年来，随着人民生活水平的提高，我国城市生活垃圾成分发生了明显变化，卢中原等人对于城市生活垃圾处理现状的研究表明：厨余类有机物在垃圾中的比例提高，利用潜力增加，需要分类收集；灰土含量下降，垃圾容重降低，运输车辆压缩需求增加，填埋作业难度加大；可回收物增加；垃圾热值升高，为采用现代化焚烧处理创造了条件。城市生活垃圾中有机成分约占总量的60%，无机物约占40%，其中废纸、塑料、玻璃、金属、织物等可回收物约占总量的30%。实际上绝大部分上述废弃物是用后的包装废弃物，在一些经济较发达的城市，包装品废弃物约占城市家庭生活垃圾的20%以上，而其体积则构成家庭垃圾的50%以上。以北京市为例，见表6-5。

表6-5 1992～1997年北京市双气居住区垃圾成分统计

年度	物理成分/%									含水率/%	容重/(千克/米³)	低位热值/(千焦/千克)
	有机物		无机物		可回收物							
	厨余植物	木竹	灰土	砖陶	塑料橡胶	纸类	玻璃	织物	金属			
1992	80.85	0.70		0.24	3.62	5.62	5.62	3.35		69.69	271	3141
1994	71.58	2.84	0.40	2.70	6.96	9.28	4.43	1.48	0.33	58.89	410	3682
1995	68.59	4.68		1.20	8.84	7.43	5.70	2.90	0.65	62.90	270	3994
1996	56.01	8.36		2.79	12.60	11.76	3.84	2.75	1.69	58.81	220	6413
1997	54.24	3.18	7.99	1.59	13.85	10.78	4.51	3.09	0.77	47.18		7311

6.4.1.3 城市生活垃圾处理率有较大提高，但处理水平仍然较低

据统计，截至2005年，我国共建有各类生活垃圾处理场470座，日垃圾处理量为25.7万吨。城市垃圾处理率由20世纪80年代初的2%上升到58.2%。其中生活垃圾填埋场365座，日处理量21.3万吨，填埋量6900万吨；生活垃圾堆肥场4座，日处理量1.18万吨，处理量345万吨，垃圾焚烧厂68座，日处理量3.2万吨，处理量790万吨。按处理量统计，2005年城市生活垃圾填埋、焚烧和堆肥处理的比例分别为85.2%、9.8%和4.3%。与2001年相比，焚烧处理比例明显增加，堆肥处理比例明显下降，填埋处理比例也略有下降。2005年我国城市生活垃圾填埋处理能力超过20万吨/日。一批现代化生活垃圾填埋场投入运行，

标志着生活垃圾填埋场建设水平有了显著提高。

虽然城市垃圾处理率有较大提高，但是我国目前处理垃圾的水平仍然较低，设施较差，还达不到环保标准。对垃圾的处理仍然以填埋为主，占 95% 以上，已建的垃圾处理设施相当一部分是简易填埋，不能做到及时覆盖，不具备完善的渗透液收集和有效处理的设施，填埋气体的收集和利用仍处于较低水平；堆肥处理成本较高，且产品质量难以保证，因此堆肥处理几乎处于停滞状态，采用堆肥处理的垃圾不到 1%；焚烧投资大，处理技术和设备良莠不齐，部分焚烧厂烟气处理和监测达不到环保要求，产生的飞灰等废物未做到安全填埋，可能产生的二次污染问题亟待解决，应用也不多，处理量小于 1%。

6.4.1.4 城市生活垃圾的处理原则

城市生活垃圾的处理原则，首先应该无害化，处理后的垃圾化学性质应稳定，杀灭病原体，要达到我国无害化处理暂行卫生评价标准的要求。其次是尽可能资源化，处理后将其作为二次资源加以利用。最后将环境效益、经济效益、社会效益相统一，在一定条件下，城市垃圾的无害化和资源化是紧密联系在一起的。

6.4.1.5 我国城市垃圾的无害化处理方法

我国城市垃圾的无害化处理方法主要是填埋、焚烧和堆肥。

(1) 垃圾填埋　垃圾的填埋处理可利用废矿坑、废采石场、废黏土坑、洼地、峡谷等，将垃圾填埋于坑中，有利于恢复地貌，投资和处理成本均较低，因而是最广泛采用的一种方法。

填埋的基本操作是铺上一层城市垃圾并压实后，再铺上一层土，然后逐次铺城市垃圾和土，如此形成夹层结构。这样就可以克服露天填埋造成的恶臭和鼠蝇滋生问题，大大改善周围环境。

采用填埋处理时需注意两个问题。一是防止从废物中挤压出来的液体滤沥及雨水径流对地下水的污染，因此，一般要求回填土最低处的地面标高要高出地下水位 3.3 米以下，并且回填地的下部应有不透水的岩石或黏土层，或者另设黏土、沥青、塑料薄膜等不透水层；二是防止厌氧微生物分解过程中释放出的甲烷等气体积集发生爆炸，因此，填埋场地应设置排气口，使分解气体及时逸入大气。此外，回填后的场地，一般在 20 年内不宜在其上修建房屋，避免由于回填不均匀下沉造成的结构破坏。图 6-3 为典型填埋场结构示意图。

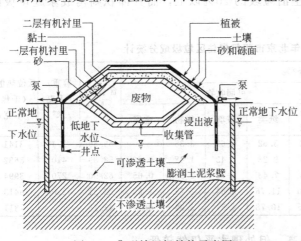

图 6-3　典型填埋场结构示意图

(2) 垃圾焚烧　焚烧适于处理可燃废物较多的垃圾，城市生活垃圾中有机物含量较高，可在高温下燃烧，使可燃废物炭化。焚烧后的残灰仅为原体积的 5% 以下，大大减少了固体废物量，减轻了填埋处理的负担。但是，焚烧法也存在投资费用高，需附设防止空气污染的设备，并且常需更换由于高温、腐蚀气体和不完全燃烧而损坏的衬里和零件。

我国城市垃圾焚烧技术始于 20 世纪 80 年代末，90 年代后期得到了迅速发展，现在全国已有不少生产商、研究单位和大专院校在研究开发各种焚烧技术及设备。随着我国城市化进程的加快，我国大多数城市都面临着城市垃圾带来的巨大的环境压力，由于焚烧法在无害化、减量化和资源化等方面的优势，必将成为我国各大城市处理城市生活垃圾的一种主要技术。

（3）垃圾堆肥　堆肥技术历史悠久，人类在长期的生产实践中早已懂得利用秸秆、落叶、野草和禽畜粪便等农业固体废物堆积发酵制作肥料。但采用传统的手工操作和自然堆积方式，依靠自发的生物转化作用，发酵周期长，处理量小。进入20世纪20年代，出现了机械堆制技术，并逐渐发展成为处理生活垃圾、污水污泥以及农林废物的重要方法之一。我国的垃圾中可堆腐的有机物含量较高，比较适合堆肥处理，但若要得到优质的堆肥产品，需对生活垃圾进行分类，因而提高了成本，加上目前农业生产中化肥的大量使用，堆肥产品的需求量仍较低。

6.4.2　城市垃圾的资源化处理

随着人口增长，城市垃圾产生量也在明显增多。我国城市垃圾的年增长率达到5%～8%，面对如此大的垃圾量，单纯依靠填埋和焚烧处理已经不能适应环境的要求了，人们在生活废弃物处置变得越来越困难的情况下，开始将控制的目标转向限制生活废弃物的产生，并最大限度地利用生活废弃物，对城市垃圾进行综合利用，即实现生活垃圾的资源化处理。从源头减少垃圾的产生、废旧物品的再利用、垃圾的热利用和最终无害化处理处置，既保护了自然环境，又恢复了再生原料资源。

6.4.2.1　城市垃圾的分类收集

（1）城市垃圾的分类　我国城市垃圾产生量增大的同时，其构成也发生了很大变化，垃圾中可回收利用的资源越来越多。目前，北京市垃圾中灰土的比例已由1990年的53.22%降至5%左右，纸类的含量上升至13.33%，玻璃上升至6.5%，织物、塑料等可回收利用的物质明显增多，生活垃圾中至少有30%～40%的物质可以回收利用。

城市垃圾的成分复杂，要实现资源化利用，分类收集是必需的预处理工序。目前，城市垃圾大致可分为食品垃圾、普通垃圾、建筑垃圾、清扫垃圾、危险垃圾等。

食品垃圾是指人们在买卖、储藏、加工、食用各种食品的过程中所产生的垃圾。这类垃圾腐蚀性强、分解速度快，并会散发恶臭。

普通垃圾包括废弃的纸制品、废塑料、破布及各种纺织品、废橡胶、破皮革制品、废木材及木制品、碎玻璃、废金属制品和尘土等。

建筑垃圾包括泥土、石块、混凝土块、碎砖、废木材、废管道及电器废料等。

清扫垃圾包括公共垃圾箱中的废弃物、公共场所的清扫物、路面损坏后的废物等。

危险垃圾包括干电池、日光灯管、温度计等各种化学和生物危险品、易燃易爆物品以及含放射性的废物。

（2）城市垃圾的分类收集　近年来，我国不少城市也在推行垃圾分类收集的工作。垃圾分选技术在城市垃圾预处理中占有十分重要的作用。垃圾的分选方法有手工分选、风选、重选、筛选、浮选、光分选、静电分选和磁力分选等。采用手工分选的方法效率低、成本高，因此，自动化、机械化的分选技术成为能否大规模经济地发展回收利用的关键问题。目前正在研究和发展的机械化和自动化分选方法主要是依据垃圾的物理性质，例如颗粒大小、密度、电磁性、颜色、放射性、导电性等进行分选。

城市垃圾送入分选厂后，首先将垃圾用传送带送到水力碎浆机中，利用装在底部的旋转刀具，将垃圾粉碎，制成浆状。先将金属、玻璃、土砂和混凝土等分出，然后再通过磁力分选机和光学分选机等，使铁、铝、各种颜色的玻璃等分离。从水力碎浆机取出的浆中还含有较少的无机物，通过液体旋风分离器借离心力将其中的较重材料分出，然后再通过分粒器和选择筛除去较粗的有机物，回收的纤维经两步脱水，送去造纸。

6.4.2.2 城市垃圾的资源化处理

（1）再生资源的回收利用　再生资源的回收是指将城市垃圾中的废纸、废玻璃、废金属等物质回收，经过加工之后成为可再利用的二次资源。城市垃圾是丰富的再生资源的源泉，其中，废纸占40%，黑色金属和有色金属占3%～5%，废弃食品占25%～50%，塑料占1%～2%，织物占4%～6%，玻璃占4%。大约有80%的垃圾为潜在的原料资源，可以重新在经济循环中发挥作用。例如，回收黑色金属可节省铁矿石炼钢所需电能的75%，节省水40%，而且显著减少对大气的污染，降低矿山和冶炼厂周围堆积废石的数量；120～130吨罐头盒可回收1吨锡，相当于开采冶炼400吨矿石，而且不包括经营费用；垃圾中的废纸是造纸的再生原料，处理100万吨废纸，即可避免砍伐600公顷森林，缓解森林资源过度开采的状况；利用垃圾中的废弃食物，不仅可以减少对环境的污染，而且可获得补充饲料来源，明显提高农业效益，用1×10^6吨废弃食物加工饲料，可节省出36万吨饲料用谷物，生产出4.5万吨以上的猪肉；利用废旧塑料瓶，经过清洗、筛选、整理后，在高温车间挤压喷丝就变成了短纤维，在纺纱车间可被纺成涤纶纱，再经加工后可做成窗帘、被罩、袜子、手套等生活用品；煤渣有多种再利用价值，煤渣中含有农作物所需要的磷、钾、钙、镁、锰等十几种元素，经加工可作为农肥使用。表6-6列举了一些由废弃材料制成的有用产品。

表 6-6　废弃材料与制得的有用产品

废弃材料	产　品
废纸	印刷用纸、书写用纸、卫生用纸、包装纸、绝热材料、建材用纸、高压板
污物	堆肥、路基
废橡胶	翻新轮胎
废塑料	管道
碎玻璃	瓷砖、混凝土
废钢铁	铸铁管、构架模型
矿渣	水泥
飞灰和底灰	路基稳固剂、沥青添加剂、水泥
废物燃料	能源
各种化学品	油漆、肥皂
木材、金属、纺织品	办公用具
炉灰、石灰、石膏粉末	肥料

利用垃圾中的有用成分作为再生资源具有许多优点，其收集、分选和富集费用要比原始原料开采加工的费用低好几倍，一方面节省了自然资源，另一方面又可以避免垃圾排入环境造成污染，已经越来越引起人们的重视。早在20世纪50至60年代，发达国家就开始着手研究垃圾的资源化技术。到目前为止，西欧各国垃圾资源化率已超过50%。许多垃圾综合利用技术取得了专利权。例如，意大利的索雷恩切希尼公司在罗马兴建的两座垃圾处理厂，可处理城市垃圾量的70%以上，其处理工艺对垃圾的黑色金属、废纸和有机部分等基本有用成分进行全面回收，并且还回收塑料和玻璃供重复利用。我国北京、上海、广州等城市也

在大力开展生活垃圾的分类收集和袋装化,并创造和开发机械化的高效率处理方法。例如,北京市每年从居民中收购的废物达十几万吨,相当于北京市垃圾的10%。但国内这方面的研究还刚刚起步,技术相对落后,与国际水平相差很大。只有纸张、部分玻璃、塑料、金属容器等可以回收利用,垃圾中绝大部分则送往填埋场或焚烧厂,要完成与国际接轨的工作,仍然有许多需要解决的问题。

(2) 再生能源的回收利用　世界性的能源危机,迫使人们寻找新的可利用的能源。垃圾中含有大量有机物,这些有机物在焚烧处理时产生大量热能,这部分能源经回收可作为再生能源使用。如可以作为煤的辅助燃料用于发电;也可以作为生产蒸汽的热源;干馏成煤气代替能源使用。一般城市垃圾的热值为627~1883.7千焦/千克,随着垃圾成分的改变,可燃性组分的增加,不少国家把垃圾作为再生能量的来源。如德国的法兰克福有7%的电力是废物焚烧系统生产的;美国加利福尼亚、宾夕法尼亚、纽约、田纳西等州还利用焚烧垃圾产生的能量烘干污泥,再把烘干的污泥或连同更多的垃圾进行燃烧,在土地和化石燃料价格上涨的情况下,这将是处理垃圾和污泥的一种经济可行的途径;意大利的曼内斯曼公司采用垃圾气化发电技术,不仅在一年半内回收了成本,而且最终产生的垃圾灰烬只有原垃圾量的15%~20%。我国也已建立了不少焚烧炉垃圾厂,如1999年在上海兴建的垃圾焚烧厂采用西欧先进技术,环保标准较高,可日处理垃圾1500吨,日发电4.6万度。

(3) 城市垃圾的转化　城市垃圾的转化是指通过化学、生物方法将废物转化为有用物质,这是一种正在发展的新的回收利用途径。转化分为化学转化和生物转化。化学转化包括热解、加氢、水解、氧化等,生物转化包括好氧发酵和厌氧发酵。

热解是在隔绝空气的条件下使有机废物高温下分解。城市垃圾中的塑料、橡胶等含有机物较多的废物都可以采用热解的方法处理。热解产物可能含有碳、焦油、沥青、轻油、有机酸等,这些产物可以用作燃料,或经分离后用作化工原料。但因成分复杂,分离成本高,所以主要用作燃料。

加氢反应可将有机废物转化为燃料油,通过加氢反应,每吨垃圾可得约318升低硫燃料。

水解是将垃圾中的废纸、蔬菜等纤维素废物在酸催化下水解为糖,糖可发酵制成酒精、柠檬酸等。

氧化法目前使用较多的是湿式氧化法,即在有水存在的情况下,将垃圾中的有机物转化为碳的各种氧化物,如一氧化碳、二氧化碳、有机酸、醛等。

生物化学转化是通过微生物的作用将废物转化为有用物质。有机废物经过好氧发酵可制成类似腐殖质的肥料,即堆肥处理。另一种生物转化法是在厌氧的条件下,利用厌氧微生物的作用,高温发酵,将有机废物转化为甲烷等气体和固体废渣,甲烷可作燃料,固体废渣可作肥料。

(4) 回收填埋气体　垃圾填埋是处理垃圾最常用的方法,填埋法存在的主要问题是填埋气的产生,填埋气的主要成分是甲烷和二氧化碳,还包括一些微量成分,存在爆炸隐患。

填埋气是一种宝贵的可再生资源,除可作为燃料用于发电、锅炉燃气外,净化后将其作为车辆燃料也获得了成功,填埋气用作车辆燃料具有诸多优点:可降低全球温室气体效应、减轻大气污染、减少对化石燃料的使用等。国外一些国家已经建成填埋气充气站为车辆供气。此外,回收利用垃圾填埋气,还可减轻垃圾填埋场运行费用带来的压力。

利用垃圾填埋气发电是实现垃圾资源化的另一个有效途径。目前填埋气发电技术已经比较成熟,工艺操作便捷,填埋气燃烧完全,排放二次污染气体较少。杭州市天子岭废弃物处理场是我国第一座按照环保规范要求设计建设的城市生活固体废物卫生填埋场。20世纪90年代初设计建设时，由于技术和条件的限制，虽然垃圾填埋气能直接排空，但对大气环境造成污染，1994年引进外资兴建了填埋气发电厂，每年可减少945万立方米的填埋气排入大气，发电功率达1800千瓦，年收入可达800万人民币，该场获得的效益为40万元。

6.4.3 城市垃圾的其他无害化处理
6.4.3.1 压缩处理
对于一些密度小、体积大的城市垃圾，经过加压压缩处理后可以减小体积，便于运输和填埋。有些垃圾经过压缩处理后，可成为高密度的惰性材料和建筑材料。

6.4.3.2 现代生物处理技术
在城市生活垃圾中，厨余垃圾占50%，处理这些有机废物，现代生物技术大有作为。

目前，我国已研制成功WBF微生物有机垃圾处理机，如上海百复生物应用技术有限公司研制开发了WBF微生物有机垃圾处理机系列产品及BF菌种；上海华夏环保生态科技有限公司研制开发了垃圾资源化、生态化、无剩余物处理系统（TBS），它以高科技、多元化手段快速处理各类废弃物，实现剩余物质再利用。现代生物技术为生活垃圾的减量化、无害化、资源化控制与处理提供了一条比较有效的、可操作的途径。

日本研制的"厨房垃圾消除机"将现代生物技术与微电脑技术进行了巧妙的结合。它是通过一种称之为"白朗"的特殊生物介质，在传感器及微电脑的监控下，将收集于处理槽内的各种厨房垃圾，不论生熟，经过短则数小时，长则3~5天的快速分解，从体积上几乎全部消失。产生的微量水汽和二氧化碳通过过滤器净化后排至大气，残剩的极微量碳、钙、磷、铁及其他元素混于白朗生物介质中。经该系统充分分解消除后，厨房垃圾的重量减量率可达92%以上。白朗生物介质在正常使用条件下至少可连续使用六个月，新研制成的白朗生物介质可以再生，能连续使用2~3年。

6.4.4 典型城市垃圾的处理与利用
6.4.4.1 废塑料
（1）废塑料的污染现状 20世纪50年代以来，随着石油化工行业的发展，人们物质、文化生活水平不断提高，塑料制品的产量不断增加。据有关资料介绍，全世界塑料产量1979年为6361万吨，1992年达到1.05亿吨。我国1992年塑料原料产量约370万吨，进口量近200万吨，国内塑料年消耗量近600万吨，成了世界上十大塑料制品生产国之一。仅以一次性塑胶泡沫快餐盒为例，我国全年消耗量将突破100亿个，按表面积累计达335平方公里，据说两年可覆盖一个新加坡。据测算，食品塑料袋的消耗量、废弃量更大。

从全球和全国范围看，污染面积之大更是令人难以置信。全世界每年生产塑料制品超亿吨，其中1/2以上成了废弃物，每年正以三四千万吨的覆盖量"占据"地球。我国的城市生活垃圾年产出量达1亿吨，并且正以年增长率10%以上的速度递增，其中塑料垃圾占相当大的比重。

由于塑料制品成本低、使用方便而得到了广泛应用，但由于人们对废旧塑料造成的环境污染缺乏足够的认识，将用过的废旧塑料制品随意丢弃。塑料袋、塑料薄膜、地膜、快餐盒、饮料瓶以及聚苯乙烯包装填充物等散落在路边、街头、水面、农田等处，"白色污染"现象随处可见，给环境造成了严重危害。据报道，北京市生活垃圾日产量为1.2万吨，其中废塑料含量约为3%。每年总量约为14万吨；上海市生活垃圾日产量为1.1万吨，其中废塑料含量约为7%，每年总量约为29万吨。

(2) 废塑料的危害　大量使用的塑料制品都是不可降解的塑料，主要成分是聚乙烯、聚氯乙烯、聚丙烯等，这类物质相对分子质量达 2 万以上，难于生物降解，只有相对分子质量降到 2000 以下，才能被自然环境中的微生物降解为水和其他有机物质，但这一过程大约需要 200～300 年。

废塑料长期存在于环境中，对环境及人体健康存在巨大的"潜在危害"，如塑料生产时加入了有毒添加剂，塑料垃圾存放日久，有毒添加剂便会释放，污染大气和水，对人们的身体健康造成危害；聚氯乙烯塑料中残存的氯乙烯单体具有毒性，从事聚氯乙烯塑料生产的工人常会出现手指麻木、刺痛等雷诺氏综合征；长期接触氯乙烯单体后，会出现手指、手腕僵化，颜面浮肿等皮肤硬化问题，同时还有人出现脾胃肿大、胃及食道静脉瘤、肝损伤等病变。

废塑料制品作为生活垃圾进入垃圾场填埋或散落在田野，长期混在土壤中影响土壤的透气性，阻碍水分流动和作物根系发育，影响农作物吸收养分和水分，导致农作物减产。还会缠绕农机或割草机的转动部件，影响作业。塑料的碎屑在土壤中长期不能降解，会破坏土壤的团粒结构，使毛细管体系紊乱，将导致深层土质劣化，上百年不能恢复，破坏地球生态平衡。

废塑料制品焚烧后会释放出多种有毒气体，其中二噁英类物质的毒性极大，即使在摄入量极小的情况下，也能使鸟类和鱼类出现畸形和死亡，对生态环境造成破坏，而且它们进入土壤、水体后，至少要在 15 个月以后才能逐渐分解，污染植物和农作物，同时对人体也有很大危害。因此，用焚烧法处理废塑料排放出的强致癌物引起的环境污染，已经成为全球关注的问题。

(3) 废塑料的循环利用　从资源化角度看，废塑料的循环利用有巨大的潜力。将塑料制品分类、清洗后，经过加工制成新产品，重新投入使用，实现废塑料的再循环。例如，将各种颜色的塑料熔融，与废木材纤维混合挤压制成板材。据估计，1995 年美国由废塑料再循环制得的塑料"木材"，产量达 680 万吨；采用黄砂、碎石等基本原料，加入液态的废料和固化剂，混匀后即得新型混凝土；用聚苯乙烯或高密聚乙烯废料可加工成降低地表水位的暗沟或防止滑坡塌方的格栅；用废聚氯乙烯或低密聚乙烯可加工成防漏或保水的地膜。

还可把塑料解聚成单体或将其转变成初始原料，从理论上讲，这是可以实现的，从工业实际上看，这是最理想、最合算的办法。虽然废塑料可以通过再循环加以利用，但仍免不了最终的报废处理，因此，有人提出将石油在作为燃料烧掉之前，最好能先制成塑料，经使用报废再回炼成石油。这样将显著提高石油的使用价值，也进一步改善了其社会效益和经济效益。

对于利用难降解的废塑料制造燃料的研究，近年来已取得很大进展。20 世纪 90 年代初，英国 BP 化学公司将废塑料在一个有合适催化剂的"流化床反应器"中，保持 400～600℃下裂解成低分子量的石油烃，再经分馏就得到汽油、煤油、柴油等有用的液体燃料。他们从每千克废塑料中可得到 0.5 升煤油及柴油；废旧塑料回收燃油技术及工艺设备在我国成都也获得了成功。这种由废旧塑料回收工厂用废塑料，如食品袋、废编织袋、饮料瓶、塑料鞋底、电线电缆皮、泡沫饭盒、塑料玩具等生产出的 90# 燃油，经四川省技术监督局检验为合格高质量燃油，1 吨废旧塑料可生产大约半吨油。专家介绍，将废弃的塑料裂解加工成燃油，在技术上没有问题，但在实际生产上，包括欧美、日本等都还没有报道和资料记载。在国内，这方面的研究在实验室能够做到，但实践中由于生产成本太高，难以产生经济效益，因此无法进行规模化生产。

(4) 废塑料污染的治理　治理废塑料的污染问题是一个系统工程，当前首先应在加强管理包括制定有关法规和提高人们环保意识的前提下，实施减量、回用、降解、替代等多种方法并举的方针和措施。

① 限制塑料制品的使用。对于废塑料污染的治理首先应控制源头，提高居民的环保意识，少用或不用难于生物降解的一次性塑料产品，如一次性塑料购物袋、一次性垃圾袋、日常用品外包装、一次性餐具、一次性食品包装容器、一次性工业包装等易耗塑料制品，或通过增加产品功能、延长寿命、一物多用，减少对一次性消费品的用量。

据了解，从1999年开始，我国北京、天津、江苏、辽宁等10多个省、市陆续出台了限制使用超薄塑料袋的规定。但由于是局部性的限制政策，超薄塑料袋在管理难度较大的农贸市场以及铁路、交通等流动场所还在大量使用，对环境的危害仍然很大。为了节约能源，保护生态环境，引导消费者减少使用塑料购物袋，2008年6月1日开始，我国正式实施"限塑令"，在全国范围内实行塑料购物袋的有偿使用制度，并禁止生产、销售、使用厚度小于0.025毫米的塑料购物袋。

② 加强废塑料的回收再利用。根据塑料废弃物的种类、质量、数量、流向及处理方法，尽可能对废塑料制品进行回收利用，包括材料、能源、燃料、肥料等回收利用，既达到有效治理废塑料的污染，又可达到资源再利用的目的，是治理"白色污染"的重要方法之一。

国外对废塑料制品的回收再利用十分重视，如根据欧盟委员会修订过的指导性法律，欧盟成员国应在2008～2015年间，将本国包装垃圾的再利用率提高到55%以上，其中玻璃包装再利用率达到60%，金属包装达到50%，塑料包装达到22.5%，木制包装达到15%。欧盟委员会指出，2001年，仅包装垃圾再利用一项就使欧盟二氧化碳气体排放减少了0.6%，这表明提高废弃的塑料包装的再利用率不但可以减少包装材料对能源的消耗，节约建设焚烧处理场的费用，而且可以降低包装材料生产过程对环境的污染，对减少温室气体排放、保护环境是一个非常切实有效的措施。因此必须加强废塑料的强制回收工作。

但目前问题还很多，难度也很大，不仅是一次性塑料废弃物，还包括近年来推出的纸浆模塑、植物纤维模压餐具等用后如何收集，如何有效利用或处理都会面临不少难题。

③ 积极开发可降解塑料。无论从能源替代、减少二氧化碳排放量还是环境保护的角度，解决废塑料带来的"白色污染"问题的根本途径是积极开发应用在较短的时间内能完全降解成为二氧化碳和水的塑料。

可降解塑料作为一种治理塑料废弃物的全新技术途径而成为20世纪90年代的研究热点之一，但是由于经济成本和技术问题，发展缓慢。随着原料生产和制品加工技术的进步，经过多年研究，目前已取得令人满意的进展，主要有生物降解、光降解、光/生双解和复合降解等。

20世纪70年代初，许多国家着手研制生物降解塑料，主要途径是直接利用天然高分子材料。如采用淀粉为主要原料，加入植物纤维粉和特殊的添加剂，经过化学和物理方法处理后制成可降解塑料制品。由于淀粉是一种可生物降解的天然高分子物质，在微生物的作用下最后可分解为二氧化碳和水，对环境无污染。与其共混的材料也是全降解材料。而且原料来源广泛、价格低廉，生产过程也无任何污染。

光降解塑料是指聚合物吸收光后发生光引发键能减弱，长链分裂成较低分子量的碎片，碎片在空气中氧化，产生自由基断链反应，进一步降解成小分子化合物，最后转化成二氧化碳和水。如在塑料溶解或熔融时添加适当的光敏剂，使之能在紫外线照射下解聚。

可降解塑料的推广仍然存在着一些问题，如加工难度大，价格较贵，一些生物降解塑料做成的餐饮具在耐热、耐水及机械强度方面与传统塑料制品相差较远，缺乏配套完善的回收处理体系等。因此，仍需要环保工作者及政府部门的积极努力与通力合作。

6.4.4.2 废电池

(1) 废电池的危害　在我国，随着人们生活水平的逐步提高，越来越多的电子产品进入家庭。电池已经成为人们生活中不可或缺的日用消费品之一，且消耗量迅速地增多。我国是电池生产和消费大国，干电池的产量居世界首位，年产 150 亿节，国内消费量达 70 亿节。

废电池的污染已经成为当前亟待解决的重大环保问题之一。废旧电池中含有汞、铅、镍、锰等多种重金属，若不经过回收和妥善处理，而将其随意丢弃于自然环境之中，有毒物质便会慢慢从电池中溢出，污染土壤和水体。据介绍，1 节烂在地里的 1 号电池能使 1 平方米土地失去利用价值，1 粒纽扣电池产生的有害物质能污染 60 吨水，相当于一个人一生的饮水量。还可以通过食物链进入人体内，长期积聚难以排除，会损害神经系统、造血功能、肾脏和骨骼，甚至还能致癌。废电池的处理过程中，也会产生污染作用，废电池经填埋处理后废旧电池的重金属通过渗滤作用会污染水体和土壤；经焚烧处理，在高温下腐蚀设备，某些重金属在焚烧炉中挥发在飞灰中，造成大气污染，焚烧炉底重金属堆积，给产生的灰渣造成污染；经堆肥处理，由于废旧电池的重金属含量较高，可造成堆肥的质量下降。

(2) 废电池的回收现状　目前，我国尚未建立一个完善有效的回收网络和体系，居民对废电池的危害认识不足，观念意识淡薄，随意丢弃废电池的现象十分严重，废旧电池回收率不足 2%。

据了解，北京市电池年消耗量达 6000 多吨。虽然近几年废旧电池的回收已引起有关部门重视，指定了专门进行回收的定点单位，同时在学校、商场、社区等一些高密度人群区设立了回收点，但收效甚微。1998 年以来，北京市有用垃圾回收中心共回收废旧电池 400 余吨，回收率仅为 1.7%，大量的废电池都被丢弃了。

上海市从 1998 年 5 月开始启动废电池回收工作，废电池回收点也是逐年递增，迄今为止全市已设置了四五千个废电池回收点，共回收废电池 100 余吨，但这与全市每年产生的大约 3000 多吨废电池相比相去甚远。

国外一些发达国家在回收处理废电池方面已经积累了不少好的经验。如德国为加强对废电池的回收管理，实施了废电池回收管理新规定。规定要求消费者将使用完的干电池、纽扣电池等各种类型的电池送交商店或废品回收站回收，商店和废品回收站必须无条件接受废电池，并转送处理厂家进行回收处理。同时，他们还对有毒性的镍镉电池和含汞电池实行押金制度，即消费者购买每节电池中含有一定的押金，当消费者拿着废旧电池来换时，价格中可以自动扣除押金。另外，有的国家还制定了一些相关的政策。比如美国、日本废旧电池回收后交到企业处理，每处理 1 吨政府给予一定补贴；韩国生产电池的厂家，每生产 1 吨要交一定数量的保证金，用于回收者、处理者的费用，并指定专门的工厂进行处理。还有的国家对电池生产企业征收环境治理税或对废旧电池处理企业进行减免税等。

(3) 废电池的再利用　废电池中含有镍、锂、铅、镉等比较贵重的金属，有较高的回收再利用价值。例如，将回收的废旧电池砸烂，剥去锌壳和电池底铁，取出铜帽和石墨棒，余下的黑色物是作为电池芯的二氧化锰和氯化铵的混合物，将上述物质分别集中收集后加工处理，即可得到一些有用物质，其石墨棒经水洗、烘干再用作电极；将剥去的锌壳洗净后置于铸铁锅中，加热熔化并保温 2 小时，除去上层浮渣，倒出冷却，滴在铁板上，待凝固后即得锌粒；将铜帽展平后用热水洗净，再加入一定量的 10% 的硫酸煮沸 30 分钟，以除去表面氧化层，捞出洗净、烘干即得铜片。

国外对废电池的再利用技术进行了一些积极的探索。如瑞士有两家专门加工利用旧电池的工厂，其中一家工厂采取的方法是将旧电池磨碎，然后送往炉内加热，这时可提取挥发出的汞，温度更高时锌也蒸发，锰和铁熔合后成为炼钢所需的锰铁合金。这家工厂一年可加工2000 吨废电池，可获得 780 吨锰铁合金、400 吨锌和 3 吨汞。另一家工厂则是直接从电池中提取铁元素，并将氧化锰、氧化锌、氧化铜和氧化镍等金属混合物作为金属废料直接出售；日本北海道山区的野村兴产株式会社主要业务是废弃电池处理和废荧光灯处理。他们每年从全国收购的废电池达 1.3 万吨，收集的方式 93% 是通过民间环保组织收集，7% 是通过各厂家收集。以往，主要是回收其中的汞，但目前日本国内电池已经不含汞了，主要回收电池的铁壳和其他金属原料，并进行二次产品的开发制造，如其中一个产品可用于电视机的显像管。

知识拓展

1. 危险废物的越境转移

进入 20 世纪 80 年代后期，出现了危险废物的越境转移问题。目前危险废物越境转移的特点是：①由发达国家转移到非洲和拉丁美洲的发展中国家；②向境外转移的危险废物是危险性最高的废物；③由于接受国往往是不发达地区，没有管理和处置危险废物的技术能力。因此，越境转移的结果是放大了灾难，引起发展中国家的强烈抗议。

联合国发展规划署"全球危险废物状况"（1989 年）报告表明，经济合作与发展组织国家所产生的废物至少有 1/10 是越境转移后处置的。20 世纪 80 年代（1986~1988 年），发达国家迁往发展中国家的有毒危险废物达 600 万吨。据近年来资料估计，全世界每年发生这类事件约有 2 万~3 万起。以至于全世界每年产生的高达 4 亿吨的危险废物有约 1 亿吨被异国处理。

2. 农村沼气的应用

沼气化，即在一定的温度、湿度和酸碱度的厌氧条件下，固体废物中的碳水化合物、蛋白质、脂肪等有机成分经沼气细菌的发酵作用产生一种可燃气体——沼气的过程。沼气的主要成分是甲烷（60%~70%）和二氧化碳（30%~40%），其次为氢、氧、氮、一氧化碳和硫化氢等气体。

沼气化技术主要用于处理农作物秸秆、杂草、人畜粪便及城市下水污泥等。在我国农村，一个 5 口之家，若喂养两头猪，人畜粪便加上 3~4 千克的秸秆，发酵制取沼气，便足够烧饭与照明之用。可见，沼气化技术是充分利用农村废物改善农村环境和能源结构的主要途径之一。

3. 限塑令

为了节约能源，保护生态环境，引导消费者减少使用塑料购物袋，2008 年 6 月 1 日开始，我国正式实施"限塑令"，在全国范围内实行塑料购物袋的有偿使用制度，并禁止生产、销售、使用厚度小于 0.025 毫米的塑料购物袋。随后，针对"限塑令"执行过程中出现的部分问题进行了细则说明，发布了相关问题处理的补充意见。

根据补充意见，今后无论是盛装水果、蔬菜、生肉还是熟食等食品的手撕袋，一律不得具备提携功能，而且必须按照食品塑料袋的要求提供给消费者，即按照国家相关规定，塑料袋上除了企业信息等外，还必须注明"食品用"、"QS"等标识，使消费者做到明白消费。补充意见还将餐饮店等零售服务场所也纳入"限塑令"适用范围。此次发布的补充意见还规定，无论生产的符合厚度、卫生要求但无标识的塑料购物袋是否在保质期内，都必须从 10 月份起停止销售。另外，商品零售场所向顾客提供的各种材质的袋制品，应向依法设立的生产厂家、批发商或进口商采购，并索取相关证明，建立相应的购销台账，以备查验。商品零售场所不得接受任何机构、组织和个人免费或有偿提供的来历不明、相关标示不全、图案文字不符合国家标准和规定的各类袋制品。

思 考 题

1. 什么是固体废物？
2. 为什么说固体废物是"放错地点的原料"？
3. 简述固体废物处理与处置的主要方法。
4. 我国固体废物管理的基本原则是什么？
5. 举例说明固体废物资源化的途径。
6. 简述固体废物的处理处置技术。
7. 什么是危险固体废物？
8. 简述危险固体废物无害化处理的主要方法。

7 物理性污染及其防治

7.1 噪声与振动污染及其防治

7.1.1 噪声污染基本概念

随着近代工业、交通运输业、城市建设的发展,过强过大的声音形成了一种噪声污染,严重影响了人们正常的生活和学习。近年来,噪声污染问题日益严重,与水污染、大气污染、固体废物污染并称为当今世界"四大公害"。

据日本调查统计,1978年提出环境污染公诉的60953起案件中,属于噪声、振动干扰的有24783件,占总数的40.7%,在环境污染案件中占首位。据美国环保局调查,8000万美国人(占全国总数的40%)受到噪声的有害影响,4000万人面临听力损伤的影响;过去每十年交通噪声增加3分贝,4400万居民受到飞机或汽车噪声的有害影响;2100万人受到建筑施工噪声的有害影响。

近年来,我国的区域噪声污染问题也日益突出,大多数城市处于中等噪声污染水平。在影响城市环境的各种噪声源中,工业生产噪声占8%~10%,建筑施工噪声占5%,交通运输噪声占30%,社会生活噪声占47%。

据统计,全国209个省控以上城市区域环境噪声的平均等效声压级在43.6~66.6分贝,其中16个城市污染严重,占7.7%,119个城市处于中等污染水平,占56.9%,68个城市受到轻度污染,占32.5%。城区及交通干线的平均噪声达到74分贝,交通噪声超过国家环境噪声标准的城市占84%。

我国城市受到噪声污染的面积和危害的人口数量较大,有2/3的城市人口暴露在较高噪声(>55分贝)的环境中,有近30%的城市居民生活在难以忍受的噪声(>65分贝)环境中。1983年对广州市几大宾馆的噪声测试表明,宾馆的环境噪声级均超过了国家规定的二类混合区的标准,有的超过70分贝,甚至从凌晨四时起就超过60分贝,严重影响了宾客的休息。

噪声污染的投诉案件也越来越多。据近几年统计,北京市居民向有关部门反映环境污染的公害投诉中,涉及噪声困扰危害的约占总数的40%以上。据多年的统计材料,重庆、成都、武汉、广州、西安、南京、沈阳、杭州等大城市中,噪声污染案件均占各类环境污染案件的1/3以上,居于各类污染的首位。近年来,因噪声、振动导致居民与工厂发生冲突的事件已达数千起。

由噪声污染造成的工作效率降低、意外事故和要求赔偿而引起的经济损失也相当巨大。例如香港启德机场曾是世界上最繁忙的机场之一,每天飞机起落时巨大的噪声使附近居民不堪忍受,直到1998年7月,历时8年,耗资1550亿港元修建的赤鱲角机场(距启德机场30公里)落成后才解决这一问题。

7.1.1.1 噪声及噪声污染的概念

声音是一种物理现象,它在人们的日常工作和学习中起着非常重要的作用。人们不能生活在完全无声的环境中,然而人们并不是任何时候都需要声音,也并不是所有的声音都是我们所需要的。如悦耳的歌声以及和谐、优美的乐器声给人以良好的精神享受，但是它对于正在思考、学习和休息的人来说，也将成为令人讨厌的声音。

物理学上将振幅和频率杂乱、断续或统计上无规则的声振动称为噪声。但是从环境保护的角度来说，凡是干扰人们正常休息、学习和工作的声音，就可称为噪声。如各种机器的轰鸣声，交通工具的马达声、鸣笛声，人们的嘈杂声等。然而不管是乐声还是噪声，人们对任何频率的声音都有一个绝对的时限忍受程度，超过这一强度，就会对人体造成伤害，形成噪声污染。因此，噪声污染是指噪声强度超过人的生活和生产活动所容许的环境状况，对人们健康或生产产生危害。大多数国家规定的噪声环境卫生标准为40分贝，超过这个标准的噪声被称为是有害噪声。

7.1.1.2 噪声污染的特性

（1）物理性　噪声污染是物理性污染的一种，而不像水污染、大气污染等是由化学性质的污染物所造成的，一般情况下不致命，也不会给周围环境留下什么毒害性物质。噪声污染属于感觉上的污染，对噪声污染的判断与个人所处的环境和主观愿望有关。因此，噪声污染不单取决于声音的物理性质，而且与人的心理和生理状态有关。

（2）暂时性　噪声污染对环境的影响不累积也不持久，一旦噪声源停止发声后，噪声污染也立即消失，不会产生持续性污染。

（3）局部性　声音在空气中传播时衰减很快，不像水污染等污染面很广，因而噪声污染具有局部性的特点。

7.1.1.3 噪声污染的来源

在环境中，噪声的来源主要有四种，一般包括交通噪声、工业噪声、施工噪声和生活噪声。

（1）交通噪声　交通噪声是由来自于地面、水上和空中的各种交通运输工具在行驶时发出的，如飞机、火车、轮船、汽车等。

交通噪声是活动的噪声源，对环境的影响范围极大。其中，道路交通噪声的影响最为广泛。道路交通噪声包括机动车发动机噪声、车轮与路面摩擦噪声、高速行驶时车体带动空气形成的气流噪声以及鸣笛声。据统计，载重汽车、公共汽车、拖拉机等重型车辆的噪声在89～92分贝，而轿车、吉普车等轻型车辆的噪声约有82～85分贝。机动车噪声产生的原因除与汽车的构造有关外，还与道路宽度、道路坡度、道路质量、速度、车种、交通量等有关。如汽车车速越快，噪声越大，车速提高一倍，噪声增加6～10分贝；在车流量高峰期，市内街道上的噪声可达到90分贝，交通堵塞时，噪声甚至可达100分贝以上。这些噪声平均值都超过了人对于声音的最大允许值85分贝，严重干扰了人们正常的生活、工作和学习。一些交通工具对环境产生的噪声污染情况如表7-1所示。

表7-1　典型机动车辆噪声级范围

车 辆 类 型	加速时噪声级/分贝(A)	不加速时噪声级/分贝(A)
重型货车	89～93	84～89
中型货车	89～91	79～85
轻型货车	82～90	76～84
公共汽车	82～89	80～85
中型汽车	83～86	73～77
小轿车	78～84	69～74
摩托车	81～90	75～83
拖拉机	83～90	79～88

(2) 工业噪声　工业噪声主要来自生产和各种工作过程中机械振动、摩擦、撞击以及气流扰动而产生的声音。主要包括鼓风机、空压机运转时气体振动发出的声音；机器的轴承、齿轮运转过程中摩擦振动发出的声音；发电机、电动机、变压器等工作时发出的声音等。一般电子工业和轻工业的噪声在90分贝以下，纺织厂噪声为90~106分贝，机械工业噪声为80~120分贝，这些噪声传到居民区常常超过90分贝，而且工业噪声连续时间长，有的则长年运转，昼夜不停，不仅对生产和工作的工人危害很大，对周围居民和城市环境也会造成很大危害。此外，工业噪声还是造成职业性耳聋的主要原因。一些典型机械设备的噪声级范围如表7-2所示。

表7-2　典型机械设备噪声级范围

设备名称	加速时噪声级/分贝(A)	设备名称	加速时噪声级/分贝(A)
轧钢机	92~107	柴油机	110~125
切管机	103~105	汽油机	95~110
气锤	95~105	球磨机	100~120
鼓风机	95~115	织布机	100~105
空压机	85~95	纺纱机	90~100
车床	82~87	印刷机	80~95
电锯	103~105	蒸汽机	75~80

(3) 施工噪声　施工噪声是指城市建筑施工过程中各种建筑机械设备发出的过强、过大的声音。如混凝土搅拌机、打桩机、推土机、运料机等设备工作时发出的噪声都是施工噪声。尽管建筑施工噪声具有暂时性，但是随着城市建设的发展，兴建和维修工程的工程量与范围不断扩大，且工期长，因此，建筑施工噪声的污染越来越严重。据有关部门测定统计，距离建筑施工机械设备10米处，打桩机发出的噪声为88分贝，推土机、刮土机为91分贝等。由于施工现场多在居民区，有时施工在夜间运行，这些噪声不但给施工人员带来危害，同时严重影响了附近居民的生活和休息。一些建筑施工机械的噪声级范围如表7-3所示。

表7-3　建筑施工机械噪声级范围

机械名称	距声源15米处加速时噪声级/分贝(A)	机械名称	距声源15米处加速时噪声级/分贝(A)
打桩机	95~105	推土机	80~95
挖土机	70~95	铺路机	80~90
混凝土搅拌机	75~90	凿岩机	80~100
固定式起重机	80~90	风镐	80~100

(4) 生活噪声　生活噪声是指社会生活和家庭生活中除了交通噪声、工业噪声和施工噪声之外的干扰人们正常生活环境的声音。如娱乐场所、商业活动中心、运动场、高音喇叭、家用电器等产生的噪声。这些噪声一般都在80分贝以下，对人体没有直接的伤害，但是都能干扰人们正常的谈话、工作、学习和休息。一些典型家庭用具噪声级的范围如表7-4所示。

7.1.1.4　噪声污染的危害

(1) 影响人体健康

① 影响睡眠、休息和谈话。睡眠是使人体消除疲劳、恢复体力、保证健康的重要因素。但是噪声会影响人的睡眠质量和数量，尤其对于老年人和病人，这种干扰更显著。研究表明，

表 7-4　典型家庭用具噪声级范围

设备名称	噪声级/分贝(A)	设备名称	噪声级/分贝(A)
洗衣机	50～80	电视机	60～83
吸尘器	60～80	电风扇	30～65
排风机	45～70	缝纫机	45～75
抽水马桶	60～80	电冰箱	35～45

连续噪声可以使人熟睡的时间缩短，多梦；突然噪声可使人惊醒。一般来说，40分贝的连续噪声可使10%的人睡眠受到影响，70分贝的噪声可使70%的人受到影响，而40分贝的突然噪声可使10%的人惊醒，达到60分贝时，可使70%的人惊醒。

当睡眠受到干扰而不能入睡时，就会出现呼吸频繁、脉搏跳动加剧、神经兴奋、次日就会觉得疲劳易累，影响工作效率，久而久之，就会引起失眠、耳鸣多梦、疲劳无力、记忆力减退以致产生神经衰弱等不适症状。对于睡眠和休息来说，噪声最大允许值为50分贝，理想值为30分贝。

噪声对语言交谈也有影响。一般来说，30分贝以下属于非常安静的环境，40分贝是正常的环境，一般办公室中应保持在这种水平，50～60分贝则属于较吵闹的环境，此时脑力劳动受到影响，谈话也受到干扰。在通常情况下，人们相对交谈距离为1米时，平均声级大约为65分贝，但当环境噪声达到80～90分贝时，距离约为0.15米也得提高嗓门才能进行谈话。如果分贝值再高，实际上不可能进行对话。噪声对交谈的干扰情况见表7-5。

表 7-5　噪声对交谈的影响

噪声级/分贝(A)	主观反应	保证正常讲话距离/米	通信质量
45	安静	10	很好
55	稍吵	3.5	好
65	吵	1.2	较困难
75	很吵	0.3	困难
85	太吵		不可能

② 损伤听力。噪声对听力的损伤是人类认识最早的一种影响。人们在强噪声环境中暴露一定时间后，听力会下降，离开噪声环境到安静的场所休息一段时间，听觉就会恢复。这种现象称为暂时性听阈迁移，又称听觉疲劳。但人耳对于噪声的适应能力是有限的，当噪声所产生的影响大到依靠人的本能已无法消除时，听力便开始衰退，持续下去，耳内感觉器官会发生器质性病变，由暂时性听阈迁移变成永久性听阈迁移，即噪声性耳聋或职业性听力损失。

一般情况下，85分贝是听觉细胞不会受到损害的极限。在80分贝以下的噪声中保持长期工作不至于耳聋；但在85分贝的环境中连续工作则有10%的人可能产生职业性耳聋；在90分贝的条件下，有20%的人可能产生职业性耳聋。目前，大多数国家规定85分贝为人耳最大允许噪声值。表7-6列出了在不同噪声级下长期工作时耳聋发病率的统计情况。

③ 诱发各种疾病。长期在强噪声的环境中会使人们的健康水平下降，诱发各种慢性病。一些实验表明，噪声会引起人体紧张的反应，刺激肾上腺素的分泌，引起心率改变和血压升高，从而引发心血管疾病、中枢神经疾病、消化系统疾病和神经疾病。

表 7-6　不同噪声级下长期工作时耳聋的发病率

噪声级/分贝(A)	国际统计/%	美国统计/%
80	0	0
85	10	8
90	21	18
95	29	28
100	41	49

一些工业噪声调查资料表明，在高噪声条件下工作的人群，高血压病、动脉硬化和冠心病的发病率比低噪声条件下工作的人要高出 2~3 倍。北京市劳动保护科学研究所等单位对 10021 名职工的调查体检发现心电图 ST-T 改变和神衰症候群的阳性率随着噪声级的增加呈指数增加的规律。

噪声还会引起消化系统方面的疾病。通过人和动物实验表明，在 80 分贝噪声环境下，胃肠蠕动减少 37%，胃液分泌减少，胃酸降低，当外界噪声降低后，胃肠蠕动由于过量地补偿，节奏加快，幅度加大，结果引起消化不良。长期的消化不良将诱发胃溃疡和十二指肠溃疡。有研究指出，某些吵闹的工业企业里，溃疡病和胃肠病的发病率比安静环境下高 5 倍。

噪声还会给人体带来失眠多梦、头晕头痛、记忆力减退及全身疲乏无力等神经系统的损害。

噪声对人体的内分泌机能也会产生影响。在高噪声环境下，会使一些女性的性机能紊乱，月经失调，孕妇流产率增高。

近年还有些生理学家和肿瘤学家指出，噪声是刺激癌症的病因之一。人的细胞是产生热量的器官，当人受到噪声或各种神经刺激时，血液中的肾上腺素显著增加，促使细胞产生的热能增加，而癌细胞则由于热能增高而有明显的增殖倾向，特别是在睡眠之中。

④ 影响儿童和胎儿的发育。噪声会使儿童的智力发展缓慢。在噪声环境下，儿童的注意力很难集中，因此反应迟钝。有人做过调查，吵闹环境下儿童智力发育比安静环境中的低 20%。环境物理污染控制研究中心等单位采用电子计算机分析噪声对人体心脏电特性的影响，发现噪声暴露组的心脑功能处于对照组与心脑疾病组之间。对铁路边居民（青少年）的心脑电进行分析，证明了自幼的噪声暴露对青少年心脑功能有显著的影响。

噪声对胎儿也会产生有害影响。在高噪声环境下，母体产生神经紧张的反应，会引起子宫血管收缩，影响胎儿发育所必需的养料和氧气，从而减轻胎儿体重，甚至发生畸形。日本曾经对 1000 多个出生婴儿进行研究，发现吵闹区域的婴儿体重轻的比例高，平均在 2.5 千克以下，相当于世界卫生组织规定的早产儿体重。

(2) 杀伤动物　噪声对于动物的影响十分广泛。可引起动物听觉器官、内脏器官和中枢神经器官的病理性改变和损伤。有资料认为，120~130 分贝的噪声可以引起动物听觉器官的病理性变化；130~150 分贝的噪声可引起动物视觉器官的损伤和非听觉器官的病理性变化；150 分贝以上的噪声能使动物的各类器官发生损伤，严重的可能导致死亡。如 20 世纪 60 年代初，美国 F104 喷气式飞机在俄克拉荷马市上空做超声速飞行试验，飞行高度为 1 万米，每天飞越八次，共飞行六个月。结果，在飞机轰隆声的作用下，一个农场的一万只鸡被轰隆声杀死六千只。一些调查报告中还指出，强噪声环境会使鸟类羽毛脱落，不生蛋，甚至体内出血而死亡。

研究噪声对动物的影响具有实际意义。可通过实验观察研究噪声对动物的损害,从中获取资料,以便谨慎地推广到人体,借此期望找出相应的预防措施或治疗技术。

(3) 破坏建筑物及仪器设备　噪声还能破坏建筑物及各种仪器设备。研究表明,当噪声达到 135 分贝时,电子仪器的连接部位会出现错动,引线产生抖动,微调元件发生偏移,使仪器发生故障而失灵。当噪声达到 150 分贝以上时,由于声波振动,会使金属疲劳,遭到破坏,一些精密仪器的元件将会受损。航空航天飞行器产生的噪声强度常可达到 150～160 分贝,在如此强的噪声环境中,由于噪声疲劳可能会造成飞机及导弹失事等严重事故的发生。

研究表明,140 分贝的噪声对轻型建筑物开始有破坏作用,尤其在低频的范围内损害最大。超音速飞机飞行时发出的轰鸣声,对建筑物的损害很大。例如 20 世纪 50 年代曾有报道,一架以每小时 1100 公里的速度飞行的飞机,做 60 米的低空飞行时,噪声使地面一幢楼房遭到破坏。在美国统计的 3000 件喷气式飞机使建筑物受损害的事件中,抹灰开裂的占 43%,损坏的占 32%,墙开裂的占 15%,瓦损坏的占 6%。1962 年,3 架美国军用飞机以超音速低空掠过日本藤泽市时,导致许多居民住房玻璃被震碎,屋顶瓦被掀起,烟囱倒塌,墙壁裂缝,日光灯掉落。

7.1.2　振动污染基本概念

振动污染是与噪声污染紧密联系的一种物理性污染。当振动的频率在 20～2000 赫兹的声频范围内时,振动源同时又是噪声源。另一方面,如果声源的振动激发了某些固体物件的振动,则这种振动会以弹性波的形式在固体(如基础、地板、墙等)中传播,并在传播过程中向外辐射噪声,这就是"固体声"。特别是当引起固体共振时,会辐射出很强的噪声。从这个意义上讲,噪声污染又可以引起振动污染。

随着现代工业、交通运输和建筑施工事业的发展,振动工具和产生强烈振动的大功率动力设备不断增多,带来的振动危害也日益突出,控制振动污染成为当前环境保护迫切需要解决的问题。

7.1.2.1　振动及振动污染的概念

环境中存在各种各样的振动现象,大至地震,小至物质内部结构。人类生活的环境中振动也无处不在。例如城市的地下铁道在振动;工厂里车、刨、铣、钻等生产机床无不产生不同频率的振动。

环境科学中所指的振动污染,是指给人及生物带来有害影响的振动,因此主要研究与人的生活密切相关的、长期的、重复的人工振源。它主要来源于铁路、公路交通和混杂在居民区中的冲击机械车间等。建设施工工地也是重要的振动污染源。

7.1.2.2　振动污染的危害

(1) 对人体健康的影响　振动污染不仅能够产生噪声污染,而且会给人体健康带来严重的影响。各种机械设备和地面交通运输设备产生的振动,可引起振动公害,直接影响人们的睡眠、休息和工作。振动强度越高,对人们入睡和睡眠深度的影响越大。据国外研究证明,人对振动的心烦效应和对振动的感觉十分一致,认为这是由于振动感觉器官遍布全身和振动易引起人体内脏器官的共振,故轻微振动也能引起心烦。振动还会影响视觉,干扰手动操作的准确度,降低操作速度,甚至出现误操作。特别在振动与噪声共存的环境下,人的大脑思维受到干扰,难以集中精力进行判断、思考和运算,降低劳动生产率。

科学家们已经发现有许多严重疾病都是由于振动引起的。强烈的振动能造成骨骼、肌肉、关节及韧带的严重损伤。有研究表明，不同频率的振动对人体的影响是不同的。有人做过实验，让人坐在椅子上给他一个强度不太大的振动。振动频率由低到高慢慢变化。结果发现，振动频率低于1赫兹时，人的主要感觉是头内振动，持续几分钟后，有肌肉痛等不舒适的感觉；振动频率为1~2赫兹时，时间较久会使人打瞌睡；3~4赫兹时，腰、胸局部有较大的振动感；5~8赫兹时，不舒适和难受之感达到最大，而且呼吸和讲话都受干扰；8赫兹时，感到腰部振动；9~30赫兹时感到脸、颊、颈部振动，视觉受到干扰；振动频率超过30赫兹时，感觉反而变小。当振动频率和人体内脏某个器官的固有频率接近时，会引起共振，造成内脏器官的损伤，如呼吸加快、血压改变、心率加快、心肌收缩输出的血量减少；降低消化系统的消化能力；使肝脏的解毒功能代谢发生障碍；引起交感神经兴奋，手指颤动等。

对于长期在强振动环境中作业的工人，还会引起职业病。如长期接触强烈的局部振动，可引起职业性雷诺氏病、血管神经症和振动性白指病等，主要表现为肢端血管痉挛，周围神经末梢感觉障碍和上肢骨与关节改变。临床表现为手麻、手僵、发凉、发白、疼痛、四肢关节无力。寒冷时会促使该病发作，严重时常出现"白指"、"死指"，使脉管及神经系统组织逐渐退化，最后使工人的手失去知觉和操作能力。除此之外，局部振动还能产生头痛、头晕、易于疲劳、记忆力减退、耳鸣及入睡困难及神经衰弱等综合征。

(2) 对动植物的影响 振动污染对动植物的生理功能也有影响。如强振动环境会使牛挤不出奶，并且影响猪、马、牛、羊等动物的生长发育。在美国曾发生过高速公路两旁的树木莫名其妙地枯死了，开始人们都以为是汽车排出的废气毒死的，后来经过反复调查研究方真相大白，原来是汽车的振动破坏了树根和土壤的接触。

(3) 对建筑物的影响 建筑物在振动的影响下，往往会遭到破坏，使建筑物的结构强度降低甚至变形。一般来说大振幅、低频率的振动对建筑物的危害较为严重。

7.1.3 噪声与振动的评价

7.1.3.1 噪声的评价

(1) 噪声的客观评价 噪声是一种声波，它具有声波的一切声学特性。噪声对于环境的影响与它的强弱有关，噪声越强，影响越大。以下几个物理量是对噪声强弱的客观评价。

① 频率。声音是物体的振动以波的形式在弹性介质（气体、固体、液体）中进行传播的一种物理现象。声波的频率等于发声体的振动频率，其单位为赫兹（Hz）。频率的高低，反映了声调的高低。频率高，声调尖锐；频率低，声调低沉。例如某物体每秒钟振动100次，该物体的振动频率就是100赫兹，对应的声波频率也是100赫兹。人耳能听到的声波频率范围在20~20000赫兹。20赫兹以下的声音叫次声，20000赫兹以上的声音叫超声。人耳对于低频率的噪声容易忍受，而对高频率的噪声则感觉烦躁。

② 声压和声压级。当大气处于静止状态、没有声波存在时，其压强为大气压强。当有声波存在时，局部空气产生压缩或膨胀，在压缩的地方压强增加，在膨胀的地方压强减少，这样就在原来的大气压上又叠加了一个压强的变化，这种由于声音的传播引起空气压强相对于大气压强的变化称为声压。声压的单位是帕斯卡（Pa）。

声压的大小与物体的振动有关，物体振动的振幅越大，压强的变化越大，人们听起来就越响，因此，声压的大小反映了声波的强弱。正常人耳能听到的最弱声压为2×10^{-5}帕，称为听阈声压（基准声压），而使人耳产生疼痛感觉的声压为20帕，称为痛阈声压。

由于听阈声压与痛阈声压之间相差100万倍，用声压来表示声音的强弱很不方便，而且人耳对声音大小的感觉与声压的大小也不成正比，而是与它的对数成正比，因此，为了方便起见，通常用声压与基准声压的比值的常用对数，再乘以 20 来表示声音的大小，称为声压级。声压级的单位是分贝（dB）。

用声压级来表示声音的强弱要比声压方便得多。听阈声压为 2×10^{-5} 帕，其声压级就是 0，痛阈声压为 20 帕，其声压级为 120 分贝，则从听阈到痛阈的声压级变化范围在 0～120 分贝。如普通说话声的声压为 2×10^{-2} 帕，其声压级为 60 分贝。

③ 声强与声强级。声强和声强级也是描述声音强弱的物理量。在噪声的测量中，声压的测量最方便，但是有时人们需要直接知道机器所发出的噪声的能量，就这需要用声强来描述。

在垂直于声波的传播方向上，单位时间内通过单位面积的声能量称为声强。显然，声强越大表示声音越强。声强还与离开声源的距离有关，距离越远，声强越小。声强与声压的平方成正比，因此，往往根据声压测定的结果间接地求出声强。声强的单位是瓦/米^2。

声强通常用声强级来表示。一个声音的声强级等于该声音的声强与基准声强（10^{-12} 瓦/米^2）的比值的常用对数再乘以 10。

④ 声功率。声压与声强只反映声波在空间某点的声学特性，不能代表声源本身的大小。为了表示声源的大小，一般引用声功率来描述。声功率是描述声源在单位时间内向外辐射的总能量，其单位为瓦（W）。声功率的测量不受外在因素的影响，可广泛用于鉴定和比较各种声源。

（2）噪声的主观评价　声压级是一种客观的物理量，但它与人的主观心理的感受并不一致。由于人们研究噪声的目的是防止噪声影响人类，所以，评价噪声必须以人的主观感觉为准。

① A 声级。为了使声音的客观物理量和人耳听觉主观感受近似取得一致，人们在测量声音的仪器——声级计中模拟人耳对不同声音（强度和频率）的反应，即把声音转变为电压信号，经过滤波处理后用指针指示其分贝数。声级计中设计了 A、B、C 三种计权网络。其中 A 网络可将声音的低频大部分过滤掉，能较好地模拟人耳的听觉特性。由 A 网络测出的噪声级称为 A 声级。A 声级越高，人越觉得吵闹。因此，现在大部分采用 A 声级来衡量噪声的强弱。

② 等效连续 A 声级。A 声级适用于连续稳态噪声的评价，但不适用于起伏或不连续的稳态噪声。对于时有时无、不连续的稳定噪声，需用等效连续 A 声级来评价。例如一部机器虽然其噪声是稳定的 A 声级，但间歇工作，其噪声同一部连续工作的机器对人的影响是不一样的，此时，一个声级值就不能反映其特性，为此采用等效连续 A 声级的指标。等效连续 A 声级就是某一段时间内的 A 声级的能量平均值，简称等效声级。

③ 统计声级。对于不稳定噪声的强弱常用统计声级来评价。例如对于交通噪声，当有车辆通过时，A 声级大，当没车辆通过时，A 声级就小，这时就可以等时间间隔采集 A 声级数据，并对这些数据用统计的方法进行分析，以表示不稳定噪声的强弱。

7.1.3.2 振动的评价

振动对人体的影响比较复杂，人的体位不同，接受振动的器官不同，振动的方向、频率、振幅和加速度不同，人的感受也不同。可根据振动对人体的影响评价振动的强弱，分为四个等级。

（1）振动的感觉阈　振动的感觉阈是指人体刚刚能感到振动时的强度。人体对刚超过感觉阈的振动是能忍受的。

（2）振动的舒适感降低阈　振动的强度增大到一定程度，人就感到不舒适，使人产生讨厌的感觉，但没有产生生理影响，这就是舒适感降低阈。

（3）振动的"疲劳-功效降低阈" 振动的强度继续增大，人不仅产生心理反应，而且出现生理反应，振动通过刺激神经系统，对其他器官产生影响，使注意力转移、工作效率降低等，这就是"疲劳-功效降低阈"。当振动停止后，这些生理现象随之消失。

（4）振动的极限阈 当振动强度超过一定限度时，就会对人体造成病理性损伤，即使振动停滞也不能复原，这就是极限阈。

7.1.4　噪声与振动的控制方法

7.1.4.1　噪声的控制方法

噪声污染不同于其他环境污染，声源在空气中发出的弹性波在环境中不累积、不持久，也不远距离输送，而且当声源停止发声后，噪声立即消失，只有当声源、声音传播途径和接受者三个因素都同时存在，才对人形成干扰和危害，因此，控制噪声必须考虑这三个因素。

（1）声源控制　控制声源是噪声控制的最积极、最根本的措施。所谓声源控制就是通过改进机械设备的结构、改变操作工艺方法、提高加工精度和设备的装配质量等方法，将发声大的设备改造成发声小的或者不发声的设备。

① 应用新材料、改进设备结构以降低噪声。在设计和制造机械设备时，选用发声小的材料，采用发声小的结构形式或传动方式，均能取得降低噪声的效果。

采用材料内耗较大的高分子材料或高阻尼合金代替钢、铜、铝等金属材料制作机械零件，可获得降低噪声的效果。例如某棉织厂将1511织机的36牙传动齿轮的材料由铸铁改为尼龙，使噪声降低了4~5分贝；用减振合金（锰-铜-锌合金）代替45号钢制造机械部件或工具可使噪声降低27分贝；用皮带传动代替齿轮传动可降低噪声16分贝；用电气机车代替蒸汽机车可使列车降低噪声50分贝；把风机叶片由直片改成后弯形，可降低噪声10分贝，将叶片的长度减小，也可降低噪声。

② 改革工艺和操作方法以降低噪声。改革工艺和操作方法，也是从声源上降低噪声的一种途径。例如，对建筑施工的打桩机噪声进行测试表明，柴油打桩机15米外噪声达100分贝，而压力打桩机的噪声则只有50分贝。在工厂里，把铆接改为焊接，把锻打改成摩擦压力或液压加工，均可将噪声降低20~40分贝。

③ 提高加工精度和装配质量以降低噪声。机器运行中，由于机件间的撞击、摩擦等原因会导致噪声增大，可采用提高机件加工精度和机器装配质量的方法降低噪声，同时，往往还可提高机器的效率，延长使用寿命。例如，提高传动齿轮的加工精度，既可以减小齿轮的啮合摩擦，又使振动减小，从而降低噪声。实测结果表明，齿轮转速为1000转/分钟的条件下，当齿形误差从17微米降为5微米时，其噪声可降低8分贝。若将轴承滚珠加工精度提高1倍，则轴承噪声可降低10分贝。

（2）传播途径控制　要从声源上根治噪声是比较困难的，而且受到各种条件和环境的限制，因此，还必须在传播途径上加以控制，即在声波传播途径上设置障碍，或将声源屏蔽起来，使声波难以传播开去。也可运用阻尼结构，让部分声音转变为热能，使声能自然衰减。对噪声传播途径控制的声学手段有吸声、隔声、消声、隔振、阻尼减振等。

① 吸声降噪。吸声降噪就是利用吸声材料或吸声构造来吸收声能的方法。吸声材料是指能把入射到材料上的声能通过材料内发生的摩擦作用变为热能而耗散的材料。吸声材料的表面具有丰富的多孔性结构，其内部松软多孔，孔与孔之间互相连通，并深入到材料的内层。当声波入射到多孔材料时，声波部分反射，部分透入。透入部分的声波带动微孔中的空

气质点一起动，但紧贴材料的空气质点受到材料的黏滞阻力作用和空气与吸声材料的筋络纤维之间的摩擦作用不易摇动，声波克服这种阻力消耗声能而成为热能，此外，空气和材料之间有热交换，材料本身受声波作用也要振动，这些都消耗声能而使声能衰减，达到吸声降噪的目的。

吸声材料可分为两大类。一类是较常见的多孔材料，如泡沫塑料、多孔陶瓷板、多孔水泥板、玻璃纤维、矿渣棉、甘蔗板、木丝板等。优良的吸声材料要求表面和内部均应具有多孔性，孔隙微小，孔与孔之间相互沟通，并且要与外界连通，以使声波容易传到材料内部，使声能充分衰减。吸声材料在使用时往往要加护面板或织物封套，吸声效果会更好。当空气中湿度较大时，水分进入材料的孔隙，可导致吸声性能下降。多孔吸声材料对于中、高频率的声波具有良好的吸声作用，但对低频率噪声，这类吸声材料往往不是很有效，而常常采用另一类吸声材料即共振吸声材料来降低噪声。共振吸声材料利用共振吸声原理设计了各种共振吸声结构，有选择性地吸收某些频率成分的声能，弥补了多孔吸声材料低频吸声性能的不足，取得了较好的效果。

吸声材料一般安装在室内墙面或顶棚内，或以空间吸声体悬挂在噪声源上方而构成吸声结构。吸声降噪的效果不仅与吸声材料有关，而且还与所选择的吸声结构有关。吸声结构的设计应考虑到降低噪声频率的要求。若以吸收高频率噪声为主，可将吸声材料做成各种形式的吊挂结构，或将吸声材料紧贴墙体结构，效果较好；如果以吸收低频率噪声为主，可将吸声材料紧贴墙体表面，或与墙体留有空气层，外加穿孔板则吸声效果更好。穿孔板的作用是防护吸声材料免遭机械性损坏，保持吸声结构外形美观，便于清洗灰尘，可做成平板或波纹状。

② 隔声降噪。在噪声的传播途径中，利用墙体、各种板材及其构件将接受者分隔开来，使噪声在空气中的传播受阻而不能顺利通过，以减少噪声对环境的影响，这种措施就是隔声降噪。

隔声是噪声控制中常用的一种技术措施。常用的隔声构件有各类隔声器、隔声罩、隔声控制室及隔声障碍等。

隔声罩是在产生噪声源处加以控制，将产生噪声的机组的某一部分封闭起来，防止它对周围环境造成污染，对于柴油机、电动机、空压机等强噪声设备，常使用隔声罩来减噪。如果车间里机器很多，每台机器噪声又差不多，则可建造隔声间，使工作人员在其中操纵、观察和控制生产线，免受噪声危害。隔声屏障是保护近声场人员免遭直达声危害的一种噪声控制手段。当声波在传播中遇到屏障时，会在屏障的边缘处产生绕射现象，从而在屏障的背后产生一个声影区，声影区内的噪声级低于未设屏障的噪声级，这就是隔声屏障的降噪原理。目前国内大量采用各种形式的屏障降低交通噪声。例如，上海在建设全国第一条高架铁路时，为了控制噪声污染，建成一项250米长的声屏障试验工程，这项工程1999年5月通过了专家组的鉴定。实测表明，当列车以80公里的时速行驶时，声屏障内的噪声为85分贝，而声屏障外30米内的噪声仅为69~70分贝，下降15~16分贝，效果显著。

③ 消声器降噪。消声器降噪是消除空气动力性噪声的方法。消声器是阻止或减弱噪声传播而允许气流通过的一种装置。如果把消声器装在空气动力设备的气流通道上，就可以降低这种设备的噪声。消声器广泛应用在内燃机、通风机、鼓风机、压缩机、燃气轮机以及各种高压、高速气流排放的噪声控制中，通常用它来降低各种空气动力设备的进出口或沿管道传递的噪声。

消声器按照其结构可分为阻性消声器、抗性消声器、扩散消声器等。阻性消声器是利用装置在管道内壁或中部的吸声材料吸收声能而达到使沿管道传播的噪声降低的目的。抗性消声器是根据滤波器的原理制造的，这类消声器并不直接吸收声能，而是借助于管道截面扩张或收缩，使沿管道传播的某些频率的声波在截面突变处向声源反射而达到消声的目的的。常见的扩散消声器有小孔喷注消声器、多孔扩散消声器和节流降压消声器等。扩散消声器是利用扩散降速、变频或改变喷注气流参数等机理达到消声目的的，适合于声级高、频带宽、传播远、危害大的噪声的消声。

实际应用中采用的消声器多为结合以上几种消声器的消声原理而成的复合消声器。一个合适的消声器可直接使气流声源噪声降低20~40分贝。

(3) 接受者防护　当在声源和传播途径上控制噪声难以达到标准时，往往需要采取个人防护措施。常用的方法是佩戴护耳器，一般的护耳器可使耳内噪声降低10~40分贝。护耳器按其构造可分为耳塞、防声棉、耳罩和头盔。它们主要是利用隔声原理来阻挡噪声传入人耳。

耳塞体积小，佩戴方便，但必须塞入外耳道内部并与耳道大小形状相匹配，否则效果不好。实验表明，佩戴合适的耳塞，人耳能听到的中高频声音可降低20~30分贝。对于在纺织车间、铆焊车间和各种风动工具、发动机试车台等岗位工作的人，佩戴防声耳塞是简单而有效的防护措施。

防声棉是用直径1~3微米的超细玻璃棉经过化学方法软化处理后形成的。使用时撕下一小块用手卷成锥状，塞入耳内即可。防声棉的隔声效果比普通棉花好，尤其是对于高频噪声的隔声效果更为有效。在强烈的高频噪声车间使用这种防声棉，对人的正常交谈并无障碍，而且还可提高语言的清晰度。原因是人的语言声能频率主要在1000赫兹以下，而防声棉对此频率的声音隔声值较低。使用防声棉后，去除了尖锐的高频声的影响，就使得谈话声更清楚了。

耳罩是将整个耳部封闭起来的护耳装置，类似于音响设备中的耳机，好的耳罩可隔声30分贝。佩戴耳罩不必考虑外耳道的个体差异，隔声性能较耳塞优越，易于保持清洁。但耳罩不适于在高温下佩戴。

防声头盔是将整个头部罩起来的防声用具。头盔的隔声效果比耳塞、耳罩优越，它不仅可以防止噪声的气流泄漏，而且可以防止噪声通过头骨传导进入内耳。但头盔的制作工艺复杂，价格较贵。

以上各种防声用具，其特点和适用范围各有不同，可根据需要选择合适的防声用具。表7-7列出了几种个人防声用具及其效果。

表7-7　几种个人防声用具及效果

种　　类	说　　明	质量/克	衰减/分贝(A)
棉花	塞在耳内	1~5	5~20
棉花涂蜡	塞在耳内	1~5	10~20
伞形耳塞	塑料或人造橡胶	1~5	15~30
柱形耳塞	乙烯套充蜡	3~5	20~30
耳罩	罩壳内衬海绵	250~300	20~40
防声头盔	头盔内加耳塞	1500	30~50

7.1.4.2　振动的控制方法

对于环境振动来说，采用隔振和阻尼减振措施是消除振动危害的主要方法。

(1) 隔振　隔振有两种情况，一种是对作为振动源的机械设备采取隔振措施，使振动源与基础隔离，不使振动源产生的振动传递出去，称为积极隔振或主动隔振；另一种是对怕受振动干扰的设备（如某个工作物或房间）采取隔振措施，不使外界振动通过基础传递给它，以消除外来振动对这一设备的不利影响，称为消极隔振或被动隔振。图7-1、图7-2分别为主动隔振与被动隔振的示意图。

图7-1　主动隔振示意图　　　　　　图7-2　被动隔振示意图

由于主动隔振与被动隔振的原理是相同的，因此，隔振的方法也是相同的。在振动源与基础之间，或是需要保护的工作物、房间与基础之间安装弹性构件，如弹簧隔振器、橡胶、软木、沥青毛毯、玻璃纤维毡、空气弹簧等，这些弹性构件受力后可发生弹性变形，起到缓冲作用，可以使振动源传到基础上的扰动力，或者从基础传到需要保护的工作物上的位移得到减弱，达到减振的目的，这就是隔振技术。工程上常用的隔振器有弹簧隔振器和橡胶隔振器等。弹簧隔振器还可分为金属螺旋弹簧隔振器、金属蝶形弹簧隔振器、不锈钢丝绳弹簧隔振器等。图7-3为几种常见的隔振器产品。

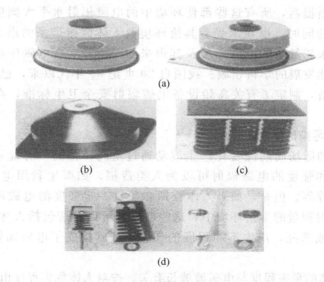

图7-3　几种常见的隔振器示意图

（2）阻尼减振　阻尼是指系统损耗能量的能力。从减振的角度看，就是将机械振动的能量转变为热能或其他可以损耗的能量，从而达到减振的目的。

现代汽车、轮船、飞机等交通工具的外壳以及机器的外罩和风管等金属结构大都要求薄而轻，这就特别容易发生弯曲变形，从而产生振动，而适当增大系统的阻尼对于控制振动有好的作用。根据这个原理，为了有效地抑制薄板的振动，需要贴上或喷上一层高阻尼的材料，如沥青、软橡胶或其他高分子涂料配制而成的阻尼层，

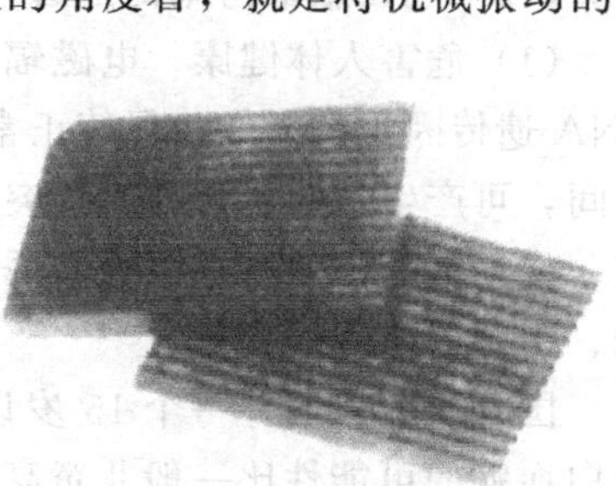

图7-4　阻尼材料

或者把板件设计成夹层结构,从而达到减振的目的,这种措施称为阻尼减振。阻尼减振技术广泛应用于各类机械设备和交通运输工具的振动控制中,如输气管道、机器的防护壁、车体、飞机外壳等。

工程中常用的阻尼材料有沥青、软橡胶以及广泛应用的阻尼浆等。图7-4为常见的阻尼材料。阻尼材料之所以能够减弱振动是基于材料的内摩擦原理。当涂有阻尼材料的金属薄板作弯曲振动时,振动能量迅速传递给阻尼材料,由于阻尼材料忽而被拉伸,忽而被压缩,因而使阻尼材料内部分子产生相对位移,产生相对摩擦,使振动的能量转换为热能而被消耗掉。

7.2 电磁辐射污染及其防治

7.2.1 电磁辐射污染

自从19世纪初,人们发现电磁波的存在后,便将其引入到工业生产、科学研究及医疗卫生等各个领域中。从高压送电、无线通信、发射广播电视信号、城市交通运输系统(汽车、电车、地铁、轻轨及电气化铁路)、医疗系统电磁辐射设施、家用电器、办公自动化设备、移动通信设备等,电磁辐射的应用已经涉及人们生产生活的各个方面。

随着社会的发展和科技的进步,人们生活水平的提高,其应用范围还在不断扩大和深化,设备功率不断提高,所有这些都使环境中的电磁辐射水平大幅度增加。人们在享受电磁波带来便利的同时,也在承受着其给环境及人体健康带来的潜在危害,因此,国内外都十分重视越来越复杂的电磁环境及其带来的广泛影响,电磁环境保护与电磁兼容技术已成为一个迅速发展的学科领域。我国自20世纪60年代以来,已做了大量的工作,研制了一些测量设备,制定了有关高频设备电磁辐射安全卫生标准,在防护水平上也有了很大提高。

7.2.1.1 电磁辐射污染的概念

电磁波是电场和磁场周期性变化产生波动通过空间传播的一种能量,也称作电磁辐射。采用适当方式和强度的电磁辐射可以为人类造福,如医生利用电磁波为病人诊断、对某些疾病进行治疗等。但是,如果人体长期在超过一定强度的电磁环境中作业和长期暴露在超过安全辐射剂量的生活环境中,这些电磁波可以穿透包括人体在内的多种物质,细胞被大面积杀伤或杀死,产生不同程度的伤害,这就构成了电磁辐射污染,又称电子雾污染。

电磁辐射对人体的危害程度与电磁波波长有关。按对人体危害程度由大到小,依次为微波、超短波、短波、中波、长波,波长越短,频率越高,危害越大。

7.2.1.2 电磁辐射污染的危害

(1) 危害人体健康 电磁辐射对人体健康具有潜在危险,一定强度的电磁辐射能够引起DNA遗传因子的损伤,促使正常细胞分裂加速。已证实,在电磁波下暴露超过一定强度和时间,可产生致癌、致畸、致突变的"三致"效应,如严重影响机体的血液循环、生殖、免疫、代谢等功能,严重的还会诱发癌症、降低生殖系统功能、破坏心血管系统、损害视觉系统、引起器质性病变等。

国外研究表明,一个15岁以下的儿童,如果生活在电磁波为0.3微特斯拉的房间里,患白血病的可能性比一般儿童高4倍;生活在电磁波为0.2微特斯拉的地方,白血病的发病率比正常情况下高出3倍。意大利专家研究后认为,该国每年有400多名儿童患白血病,其主要原因是距离高压电线太近，因而受到了严重的污染。

据最新调查显示，我国每年出生的 2000 万儿童中，有 35 万为缺陷儿，其中 25 万为智力残缺，有专家认为电磁辐射也是影响因素之一。世界卫生组织认为，计算机、电视机、移动电话的电磁辐射对胎儿有不良影响。专家警告：电磁辐射可能导致儿童智力残缺。

电磁辐射能影响人们的生殖系统。主要表现为男子精子质量降低，孕妇发生自然流产和胎儿畸形等。某省对某专业系统 16 名女性电脑操作员的追踪调查发现，接触电磁辐射污染组的操作员月经紊乱明显高于对照组，其中 10 次怀孕中就有 4 人 6 次出现异常妊娠。有关研究报告指出孕妇每周使用计算机 20 小时以上，其流产率增加 80%，同时畸形儿出生率也有所上升。

随着各种家用电器进入千家万户，人们接触电冰箱、微波炉、电热毯等电磁设备的机会增多。有专家认为，尽管这些家用电器产生极低频率的磁场，辐射半径很小，但如果在离人体很近的地方使用，也会对人体造成危害。美国环保局经过长期研究发现，长期生活在极低频电磁场中，可能导致某些癌症的发生。瑞士的研究资料指出，周围有高压线经过的住户居民，患乳腺癌的概率比常人高 714 倍。美国得克萨斯州癌症医疗基金会针对一些遭受电磁辐射损伤的病人所做的化验结果表明，在高压线附近工作的工人，其癌细胞生长速度比一般人要快 24 倍。这就是说，电磁波有致畸、致突变、致癌的效应。

德国研究人员发现，移动电话发射出的无线电频率的电磁场 35 分钟内能使人体血压升高 5～10 毫米汞柱（1 毫米汞柱＝133.322 帕，下同），这可能是由于无线电频率的电磁场使动脉收缩引起的。因此，电磁辐射对高血压患者有不良影响。

(2) 干扰通信系统　大功率的电磁波在室内会互相产生严重的干扰，如电磁辐射能干扰电视的收看，使图像不清或变形，并发出令人难受的噪声；干扰收音机等。

电磁辐射管理不善，还会导致通信系统工作失常，使自动控制装置发生故障，使飞机导航仪表发生错误和偏差，影响地面站对人造卫星、宇宙飞船的控制，造成严重事故的发生。1991 年，奥地利劳达航空公司的一次飞机失事，导致机上 223 人全部遇难。据英国当局猜测，可能是因为飞机上的一台笔记本电脑或是便携式摄录机造成的。在我国的深圳机场也曾经发生过关闭两小时的事件，原因是深圳机场附近，200 多台无线电发射机据守着机场周围的山头，各寻呼台互相竞争，纷纷加大发射频率，致使机场指挥塔台无线通信系统受到严重干扰，以至于指挥台让正在降落的飞机向左转，飞行员却听成了向右转，对飞机安全造成严重威胁。

强电磁辐射还会对某些武器弹药构成威胁。例如，高频强电磁辐射能使导弹系统失灵，可使金属器件之间互相撞击打火而导致火药的燃烧与爆炸，危及人身安全或可使自动化逻辑系统失灵。

7.2.1.3　电磁辐射污染源的分类

影响人类生活的电磁污染源可分为天然污染源与人为污染源两大类。

(1) 天然电磁污染源　天然的电磁污染是某些自然现象引起的。最常见的是大气中由于发生电离作用导致电荷的积累而产生的雷电现象，它除了可以对电气设备、飞机、建筑物等直接造成危害外，还可在广大地区从几千赫到几百兆赫的极宽范围内产生严重的电磁干扰。此外，太阳和宇宙的电磁场源的自然辐射，以及火山喷发、地震和太阳黑子活动引起的磁暴等都会产生电磁干扰。天然的电磁污染对短波通信的干扰特别严重。天然电磁污染源的分类与来源见表 7-8。

表 7-8 天然电磁污染源

分 类	来 源
大气与空间污染源	自然界的火花放电、雷电、台风、火山喷烟等
太阳电磁场源	太阳的黑子活动与黑体放射等活动
宇宙电磁场源	银河系恒星的爆发、宇宙间电子移动等

(2) 人为电磁污染源 人为电磁辐射污染源是指人工制造的各种系统、电器和电子设备产生的电磁辐射。主要包括脉冲放电、工频交变电场源、射频场源。人为电磁污染源的情况见表 7-9。

表 7-9 人为电磁污染源

分 类		设 备 名 称	污染来源与部件
放电所致污染源	电晕放电	电力线（送配电线）	由于高压电、大电流而引起静电感应、电磁感应、大地漏泄电流所造成
	辉光放电	放电管	日光灯、高压汞灯及其他放电管
	弧光放电	开关、电气铁道、放电管	点火系统、发电机、整流装置等
	火花放电	电气设备、发动机、冷藏车、汽车等	整流器、发电机、放电管、点火系统等
工频辐射场源		大功率输电线、电器设备、电气铁道	高电压、大电流的电力线场电气设备
射频辐射场源		无线电发射机、雷达等	广播、电视与通风设备的振荡与发射系统
		高频加热设备、热合机、微波干燥机等	工业用射频利用设备的工作电路与振荡系统
		理疗机、治疗机	医学用射频利用设备的工作电路与振荡系统
建筑物反射		高层楼群以及大的金属构件	墙壁、钢筋、吊车等

7.2.2 电磁辐射的防护及控制标准

7.2.2.1 电磁辐射的防护

(1) 电磁屏蔽 电磁屏蔽是采用一些能抑制电磁辐射能扩散的材料，将电磁辐射能与外界隔离开来，将电磁辐射有效地控制在空间内，阻止它向外扩散与传播，达到防止电磁辐射污染的目的。从防护技术角度来看，电磁屏蔽是目前应用最多的一种手段。

根据场源与屏蔽装置的相对位置，电磁屏蔽可分为主动屏蔽和被动屏蔽两种方式。主动屏蔽是将电磁场的作用限定在某一范围内，使其不对此范围以外的生物机体或仪器设备产生影响。具体做法是用屏蔽壳体将电磁污染源包围起来，并对壳体进行良好接地。其主要特点是场源与屏蔽体之间距离小，结构严密，可以屏蔽电磁辐射强度很大的辐射源。被动屏蔽是将场源放置于屏蔽体之外，用屏蔽壳体将需保护的区域包围起来，使场源对限定范围内的生物机体及仪器设备不产生影响。其主要特点是屏蔽体与场源间距大，屏蔽体可不接地。

屏蔽体可根据具体情况做成六面封闭体或五面半封闭体，对于要求高者，可做成双层屏蔽结构。

屏蔽材料可用铜、铁、铝等金属，或用涂有导电涂料或金属镀层的绝缘材料，一般来说，电场屏蔽材料选用铜材为好，磁场屏蔽材料则选用铁材料。

(2) 电磁吸收 电磁吸收是采用某种能对电磁辐射产生强烈吸收作用的材料敷设于场源的外围，以防止大范围的污染。其原理是当电磁辐射从空间射入屏蔽材料（用金属制作）的表面时，电磁波将在两种介质的交界面发生反射，反射系数的大小取决于两种介质的自身性质，一般来说，频率越高，金属材料导电性越好，反射效应越强。电磁波射入金属屏蔽时，将在金属内部引起吸收衰减。

实际应用的吸收材料种类很多，可在塑料、橡胶、胶木、陶瓷等材料中加入铁粉、石墨、木材和水等制成，如泡沫吸收材料、涂层吸收材料和塑料板吸收材料。

(3) 个人防护　对于无屏蔽条件的操作人员直接暴露于微波辐射区时，必须采取个人防护措施，以保护作业人员的安全。个人防护措施主要有穿防护服、戴防护头盔和防护眼镜等，以减轻电磁辐射污染对人体的危害。这些个人防护装备也是应用了屏蔽、吸收等原理，用相应材料制成的。

(4) 区域控制及绿化　对于工业集中城市，特别是电子工业集中或电气、电子设备密集使用地区，可以将电磁辐射源相对集中在某一区域，使其远离一般工作区或居民区，并对这样的区域设置安全隔离带，从而在较大的区域范围内控制电磁辐射的危害。由于绿色植物对电磁辐射能具有较好的吸收作用，因此，在安全隔离带区域内加强绿化是防治电磁污染的有效措施之一。此外，对产生电磁辐射的电子设备进行远距离控制或自动化作业，对操作人员可减少辐射能的损害。

7.2.2.2　电磁辐射的控制标准

为防止电磁辐射污染，保护环境和保障公众健康，促进我国现代化建设发展，近年来，国家制定了一些相应的标准。1988年3月11日国家环保局发布了《电磁辐射防护规定》，规定中电磁辐射的防护限值范围为100千赫兹～300吉赫兹。1989年《作业场所微波辐射卫生标准》被正式批准为国家标准。其限值为 0.4×10^{-3} 瓦/厘米^2。1989年批准的《环境电磁波卫生标准》提出了电磁污染的二级允许限制。一级标准为安全环境，在这种环境长期居住、工作和生活的一切人群（包括婴儿、孕妇和老弱病残者）其健康不受影响；二级标准为中间环境，长期居住和生活在这种环境的人群，可能会产生潜在性反应，对易感人群引起某些不良影响，故需加限制。超过二级标准以上的环境，则可能给人体带来有害影响。室外环境可用作绿化和种植农作物，室内环境则须采取防护措施。

7.3　放射性污染及其防治

在自然界中存在着一些能自发地放射出某些特殊射线的物质，这些射线具有很强的穿透性，凡是具有这种性质的物质称为放射性物质。放射性物质种类很多，如铀、镭、钍等都是常见的放射性物质。目前已经发现的元素有109种，而核素达2000多种，其中有1600多种具有放射性。放射性物质进入环境后，会对环境及人体造成危害，成为放射性污染物。放射性污染是指由于人类活动排放出的放射性污染物造成的环境污染和人体危害，而从自然环境中释放出的天然放射物可以视为环境的背景值。

放射性污染物均具有一定的半衰期，在衰变过程中都会放射出具有一定能量的射线，持续地产生危害作用。其所造成的危害，在有些情况下并不立即显示出来，而是经过一段潜伏期后才显现出来，因此，放射性污染的治理不同于其他污染物的治理。

近年来，随着工业的发展及核能、核素在许多领域的广泛使用，放射性污染正在不断增加，曾经出现过不少严重的放射性污染事件，因此，放射性污染越来越受到人们的重视。

7.3.1　放射性污染源

7.3.1.1　天然放射性污染源

在自然界中存在着天然放射性物质，主要有铀、钍等。这些放射性物质广泛地分布在岩石、土壤、天然水、大气中。此外，来自宇宙空间的由高能粒子流构成的宇宙射线，以及在这些粒子进入大气层后与大气中的氧、氮原子核碰撞产生的次级宇宙线也是天然放射性污染源。天然放射性已为人类所适应，并未造成什么危害。

7.3.1.2 人工放射性污染源

人工放射性污染源是放射性污染的主要来源。人工放射性污染源主要有核试验产生的放射性物质、核工业释放的放射性废物、医疗上放射性核素的应用以及放射性物质在日常生产生活中的应用。

(1) 核试验 在大气层中进行核试验时，核爆炸过程中，瞬间即可产生穿透性很强的中子和γ射线，同时可产生大量的放射性核素，爆炸的高温体放射性核素变为气态物质，伴随着爆炸时产生的大量炽热气体，蒸气携带着弹壳碎片、地面物升上高空。在上升过程中，随着与空气的不断混合，温度会逐渐降低，气态物便凝聚成颗粒或附着在其他尘粒上，随着蘑菇状烟云扩散，逐渐沉降下来的颗粒物带有放射性，称为放射性沉降物。这些放射性沉降物除了落在爆炸区附近外，还可随风扩散到广泛的地区，造成对地表、海洋、大气、动植物和人体的污染。细小的放射性颗粒物甚至可到达平流层并随大气环流流动，经很长时间才能落回到对流层，造成全球性污染。

核试验所造成的放射性污染是全球放射性污染的主要来源，而且比其他原因造成的污染严重得多。有资料表明，自1945年美国第一次使用核武器的30年中，全球进行过900多次核试验。经过这些试验进入平流层的碎片几乎已经全部沉积在地球表面上，而且尚未衰变的放射性物质，大部分尚存于土壤、农作物和动植物组织中。因此，全球已经禁止在大气层中进行核试验。尽管自1963年后，美国、前苏联等国家将核试验转入地下，由于发生"冒顶"和其他泄漏事故，仍然对人类环境造成污染。近年来，在全球范围内，严禁一切核试验和核战争的呼声已越来越高。

(2) 核工业 核工业是从事燃料研究、生产、加工、核能开发利用以及核武器的研制生产的工业，是第二次世界大战期间发展起来的综合性新兴工业。核工业体系主要包括核燃料的生产加工、核反应堆的建造和运行、核武器的制造以及核燃料的后处理等。

在核燃料的生产、使用及回收的循环过程中，每一个环节都会排放出放射性物质。例如，铀矿的开采、冶炼、精制与加工的过程中，可排放出含有氡和氡的子体以及放射性粉尘的废气，含有铀、镭等放射性物质的废水以及含有化学烟雾和铀粒的废气等"三废"物。即使是核能的和平利用——核电站也会向环境中排放气态或液态的放射性污染物，尽管核电站发生事故的概率很低，一旦发生也会造成严重的污染。如1979年，美国三里岛核电站由于不充分的实验和设计发生严重的技术事故，逸出的散落物相当于一次大规模的核试验；1986年4月，前苏联切尔诺贝利的核电站发生核泄漏爆炸事故，致使31人死亡，237人受到严重的放射性损伤，事故发生后的烟云，先后飘向北欧、东欧、西欧地区。

(3) 医疗照射 随着现代医学的发展，辐射作为诊断、治疗的手段应用越来越广泛，如用内照射的方式诊治肺癌等疾病，或采用各种方式有控制地注入人体，作为临床上诊断或治疗的手段。在医学上使用的放射性核素已达几十种，给病人及医务工作人员均可带来内、外照射的危害，已构成主要的人工污染源。

(4) 生活常用品 在一般日用消费品中，也常常使用了放射性物质，如放射性发光表盘、夜光表、彩色电视机产生的照射都会有微量放射性物质逸出；采用含有铀、镭量高的花岗岩或钢渣砖等材料建造房屋，室内有γ射线放出，关闭门窗时放射性损害甚至更强。

(5) 其他放射性污染 在其他工业、农业和科研部门也都有放射性物质的应用，如工业上利用放射性核素探伤；农业上利用放射性核素育种、保鲜等。如果使用不当或管理不善，也会造成对人体的危害和环境的污染。

7.3.2 放射性污染的危害

放射性污染释放到环境中对水体、土壤、人体健康都有危害。

7.3.2.1 对水体的污染

核试验沉降物会造成全球地表水放射性水平增高。核企业排放的放射性废水以及冲刷放射性污染物的地面径流水，往往会造成附近水域的放射性污染。地下水受到放射性污染的主要途径有放射性废水直接注入地下含水层、放射性废水排往地面渗透池和放射性废物埋入地下等。地下水中的放射性核素也可能迁移扩散到地表水中，造成地表水污染。放射性核素污染地表水和地下水，影响饮水水质，并且污染水生生物和土壤，通过食物链对人产生内照射。

7.3.2.2 对土壤的污染

放射性核素可通过多种途径污染土壤。放射性废水排放到地面上、放射性固体废物埋藏处置在地下或核企业发生放射性排放事故等，都会造成局部地区土壤的严重污染。如美国汉福德钚生产中心从20世纪40年代中期以来，向地面渗透池排放了5000立方米的放射性废水，其中含钚约200千克、铀约100000千克，经过衰变后，到1942年β放射性核素仍残存20万居里，当地成了全球土壤放射性污染最严重的地区。大气中的放射性沉降，施用含有铀、镭等放射性核素的磷肥和用放射性污染的河水灌溉农田也会造成土壤的放射性污染。其特点是污染的范围较大，一般污染程度较轻。

放射性核素污染土壤后，可以被植物根部吸收，经食物链进入人体，也可以被雨水冲刷污染地表水或者渗入地下水，从而污染水源。

7.3.2.3 对人体的危害

放射性污染主要是通过放射性污染物发出射线的照射来危害人体的。造成危害的射线主要有α射线、β射线和γ射线。α射线穿透力较小，在空气中易被吸收，外照射对人的伤害不大，但其电离能力强，进入人体后会因内照射造成较大的伤害；β射线是带负电的电子流，穿透能力较强；γ射线是波长很短的电磁波，穿透能力极强，对人的危害最大。

放射性物质可通过空气、饮用水和食物链等途径进入人体，还可以通过外照射的方式危害人体健康。放射性核素进入人体后，其放射线对机体产生持续照射，直到放射性核素衰变成稳定性核素或全部排出体外为止。

就目前所知，人体受到某些微量的放射性核素污染并不影响健康，只有当照射达到一定剂量时，才能对人体产生伤害。当内照射剂量大时，可能出现近期效应，如出现头痛、头晕、食欲下降、睡眠障碍等神经系统和消化系统的症状，继而出现白细胞和血小板减少等。超剂量放射性物质在体内长期残留，可产生远期效应，如出现肿瘤、白血病和遗传障碍等。1945年8月6日和9日美国在日本的广岛和长崎投了两颗原子弹，造成几十万日本人民死亡，居民由于长期受到放射性物质的辐射，肿瘤、白血病的发病率明显增高。过量的放射性物质进入人体或受到过量的放射性外照射会对人体的健康造成损害，如表7-10所示。

表 7-10 高辐射剂量对人体的影响

剂量/雷姆	影 响
100000	几分钟死亡
10000	几小时死亡
1000	几天内死亡
400	几个月内 90％死亡,10％幸免
200	几个月内 10％死亡,90％幸免
100	没有人在短期死亡,但是大大增加了患癌症和其他缩短寿命的机会,女子不育,男子在 2～3 年也不育

注：1 雷姆＝10 毫希［沃特］(10mSv)，下同。

7.3.3 放射性污染的控制

目前，对于放射性物质除了进行核反应之外，采用任何化学、物理或生物的方法都无法有效地破坏这些核素，改变其放射性的特性。为了减少放射性污染的危害，一方面应采取适当措施加以防护，另一方面必须严格处理与处置核工业生产过程中排出的放射性废物。

7.3.3.1 辐射防护方法

人体接受的照射量除了与源强有关外，还与受照射的时间及与辐射源的距离有关。源强越强，受照射时间越长，距辐射源越近，受照射量越大。为了减少射线对人体的照射，应尽量远离辐射源，并减少受照时间，或采用屏蔽的方法，即在人体与放射源之间放置一种合适的屏蔽材料，利用屏蔽材料对射线的吸收降低外照射剂量。

7.3.3.2 放射性废物的处理

（1）放射性废液的处理 对于符合我国放射防护规定中规定浓度的废水，可以采用稀释排放的方法直接排放，否则应经过专门的净化处理；对于半衰期短的放射性废液，可直接在专门容器中封装储存，经一段时间，待其放射性强度降低后，再稀释排放；对于半衰期长的或放射强度高的废液，可用共沉淀法、离子交换法、蒸发法等浓缩方法将放射性物质浓缩至较小体积，再用专门的容器储存或经固化后埋藏处置，使其自然衰变；对于放射性废液中的有用物质应尽可能回收利用。

（2）放射性废气的处理 对于低放射性废气，特别是含有半衰期短的放射性物质的废气，一般可通过高烟囱，直接稀释排放；对含粉尘或半衰期长的放射性物质的废气，则需经过一定的处理，如先用高效过滤的方法除去粉尘，用活性炭等吸附材料来吸收碘、氙等放射性核素，用碱液吸收放射性碘等，再通过高烟囱排放。

（3）放射性固体废物的处理 放射性固体废物主要是指被放射性物质污染的各种报废的设备、仪表、管道、过滤器、离子交换树脂、防护衣具、废纸、废塑料以及放射性废液处理过程中产生的残渣和滤渣等固化体。对于可燃固体废物，可采用焚烧法处理，但要注意有些废物焚烧时会产生腐蚀性烟气，因此，焚烧炉需配备良好的废气净化系统，焚烧后的灰烬通过固化后埋藏。埋藏法是将放射性废物与生物圈隔离的有效措施，将放射性固体废物封装在专门的容器中，然后将其埋藏于地下或储存于设在地下的混凝土结构的安全储存库中，并应经常监控。在埋藏某些放射性固体废物时，为防止浸出污染地下水，需用水泥、沥青、玻璃等材料做固化处理。对于金属固体废物，多用熔化法将其在感应炉中熔化，使放射性元素固结在熔渣之中，便于填埋。

7.4 光污染及其防治

7.4.1 光污染的来源和危害

适宜的光是一切生命生存不可缺少的能源,但超过一定强度的光又会对人类生活和生产形成不良影响,如果人长期在光污染严重的条件下工作或生活,会使人心烦头昏,甚至发生失眠、食欲下降、情绪低落、身体乏力等症状。另外,光污染可对人眼的角膜和虹膜造成伤害,视网膜也会受到不同程度的损害,视力会急剧下降,白内障的发病率也会提高。这种由于过量的光辐射而危害人体健康,妨碍人们学习、生活和其他正常活动,破坏城市生态环境的现象称为光污染。引发光污染的原因既包括玻璃幕墙、霓虹灯等相对确定的光照,也包括车灯、电焊等流动光线。

由于对光污染的成因及形成条件研究得还不够充分,因而还没有形成系统的分类。一般认为光污染包括以下几种:可见光污染、红外线污染和紫外线污染。

7.4.1.1 可见光污染

(1) 眩光污染 眩光污染是一种过强的光线照射,日常生活中,眩光污染最为常见。如电焊时产生的强烈眩光、照相机的闪光灯、夜空闪电、夜间行驶的汽车车头灯的灯光、为渲染舞厅气氛而快速地切换各种不同颜色的灯光、电视中快速切换的画面以及建筑中使用的玻璃幕墙、釉面砖墙、磨光大理石等对光的反射。

长时间在眩光污染环境下工作和生活,可以引起头晕目眩、精神紧张、注意力涣散、烦躁心悸、倦怠乏力等不适感,还会伤害人的视网膜、角膜和虹膜,导致视力下降,患白内障的危险性增加,严重时可造成失明。它还会使人几乎辨不清方向,烈日下驾车行驶的司机会出其不意地遭到玻璃幕墙反射光的突然袭击,眼睛受到强烈刺激,很容易诱发车祸。据报道,在我国的一些大城市中,由光污染引发的交通事故有上升趋势。玻璃幕墙的强光,还会给附近的居民带来很多麻烦。在闷热的夏天,玻璃幕墙的强反射光能使室内的温度升高 4～6℃,严重影响居民的正常生活。一些特殊结构的玻璃墙还可能因反射光线聚焦引起火灾。深圳某商厦附近,就发生过小轿车被毁事件,德国柏林也发生过因玻璃幕墙聚焦而引起的火灾。1997 年底,我国有关部门已发出通知,要求严格控制玻璃幕墙的使用。

(2) 灯光污染 城市夜间营业部门灯光不加控制,如夜幕降临后,酒店、商场的广告灯、霓虹灯闪烁夺目,有些强光束甚至直冲云霄,使夜晚天空亮度增加如同白昼,即"人工白昼"。因为强光被反射进居室,致使周围居民夜晚难以入睡,人体正常的生物钟被打乱,影响正常工作和生活。过度的城市夜景照明还会影响正常的天文观测。专家估计,如果城市上空夜间的亮度每年以 30% 的速度递增,会使天文台丧失正常的观测能力。建于 1675 年的英国格林尼治天文台近年来就为此所困扰。科学家们说,日趋严重的城市夜景照明降低了夜空的能见度,城市居民想看看美丽的星空越来越难了。许多国家的夜空能见度已受到严重影响。他们指出,全世界五分之一的人口无法用肉眼看到银河。而且,人工白昼污染还会伤害鸟类和昆虫,强光可能破坏昆虫在夜间的正常繁殖过程。

节日里,为了加深节日气氛悬挂的明暗交替的彩灯和燃放焰火而产生的光线;舞台上使用的聚光灯、舞台灯等发出的彩色光线交相辉映、明灭不定、光线游移,让人眼花缭乱、视觉疲劳、头晕头痛,严重的会有恶心呕吐、失眠等症状。彩光灯产生的紫外线大大高于阳光,长期在光线闪烁的环境中工作或经常出入歌舞厅等场所的人们,视力及神经系统将受到影响。

(3) 激光污染　激光污染是可直接伤害眼底的一种光学污染，同时还会伤害视网膜、结膜、虹膜和晶状体及至人体的深层组织和神经系统。由于激光的单色性好、方向性强、功率大，若摄入眼底时在晶状体聚焦，可使光的强度增大几百至几万倍，所以激光可使人眼遭受强大的伤害作用。由于激光的应用范围越来越广泛，激光污染日益受到人们的重视。

7.4.1.2　红外线污染

近年来，红外线在军事、人造卫星以及工业、卫生、科研等方面应用日益广泛，红外线污染也随之产生。红外线是一种热辐射，对人体可造成高温伤害，包括体温调节障碍，胃肠功能下降，引发日射病、热射病等。长期的红外线照射还可以使眼底视网膜、角膜烧伤，直至引起白内障。

7.4.1.3　紫外线污染

自然界的紫外线污染主要来自太阳辐射，波长为250~320纳米的紫外辐射对人体具有伤害作用。近年来，由于人类活动的加剧，臭氧层损耗非常严重，人们对紫外线的伤害越来越关心。紫外辐射的人工辐射源有焊接电弧光、紫外线杀菌灯、各种高低压汞灯、家用日光灯以及各种霓虹灯等。紫外线对人体的直接伤害主要是眼角膜和皮肤。紫外线对角膜的伤害表现为畏光性眼炎，该病是一种极痛的角膜白斑伤害。对皮肤的伤害主要是引起红斑和小水疱、色素沉着、角质增生等疾病，并且易患皮肤癌。

7.4.2　光污染的控制

光污染是继水污染、大气污染、固体废物、噪声污染之后的一种新的环境污染。从其污染性质来看，光污染属于物理性污染，与水污染、大气污染等环境污染有所不同，在环境中不会有残留物存在，在污染源停止作用后，污染也就立即消失。有些光污染具有滞后效应，如紫外线照射对眼睛的损害不会马上感觉到，人们往往由于缺乏对相应知识的了解而被灼伤。这也是人们并未对光污染给予足够重视的原因之一。目前尚缺少相应的污染标准与法律制度，还没有形成较完整的环境质量管理方法与防治措施，还需进一步探索。

光污染虽然还未列入环境污染防治范畴，但它的危害显而易见，并在加重和蔓延。人们在生活中应注意加强对光污染知识的了解，增强自我保护意识，防止各种光污染对健康的危害，避免过多、过长时间接触光污染。在一些特定的场合中，可通过戴眼镜和防护面罩等防护措施来避免电焊、强烈的日光等光辐射。在装修时，尽量选用新型的亚光外墙建筑材料或对受光污染影响的地方增强隔光措施。积极主动地去创造一个美好舒适的环境，尽量减少光污染的危害。

7.5　热污染及其防治

7.5.1　热污染及其对环境的影响

热污染是除噪声污染、电磁辐射污染、放射性污染、光污染外的另一种物理性污染。由于人类的某些活动，使局部环境或全球环境发生增温，并可能对人类和生态系统产生直接或间接、即时或潜在的危害的现象称为热污染。

近一个世纪以来，由于化石燃料等能源的利用和消耗的大量增加，现代工业生产和生活中排放的废热越来越多，由此所造成的温室效应、热岛效应、厄尔尼诺现象等大气污染及水污染的环境污染问题日益受到人们的重视。随着现代工业的发展和人口不断增长，环境热污染将日趋严重。

7.5.1.1 热污染的来源

热污染主要来自能源的消费，不仅包括发电、冶金、化工等工业生产中能量的消耗而排放出的热量，也包括人口增加导致居民生活和交通工具等消耗增多而排放出的废热。通过燃料燃烧和化学反应等过程产生的热量，一部分转化为产品形式，一部分以废热的形式直接排放入环境。转化为产品形式的热量最终也要通过不同的途径释放到环境中。以火力发电为例，在燃料燃烧产生的能量中，40％转化为电能，12％随烟气排放，48％随冷却水进入到水体中。在核电站，能耗的33％转化为电能，其余的67％均变为废热全部转入水中。由此可以看出，生产过程排放出的废热，大部分转入到江、河、湖、海中，使水升温成温热水排出。这些温度较高的水排入水体后，造成显著的水体热污染。热污染多发生在城市、工厂、火电站、原子能电站等人口稠密和能源消耗大的地区。

7.5.1.2 热污染的危害

(1) 热污染对大气的危害

① 温室效应。温室效应又称为花房效应，是大气保温效应的俗称。大气能使太阳短波辐射到达地面，但地表向外放出的长波热辐射线却被大气吸收，这样就使地表与低层大气温度增高，因其作用类似于栽培农作物的温室，故名温室效应。

温室效应主要是由现代工业中过多地使用煤、石油、天然气等燃料造成的大气污染。在这些燃料燃烧的过程中会有碳氧化合物等产生，在完全燃烧的情况下，向大气中释放出大量的二氧化碳，使大气中的二氧化碳浓度增加。二氧化碳气体具有吸热和隔热的功能，它在大气中增多的结果是形成一种无形的玻璃罩，使太阳辐射到地球上的热量无法向外层空间发散，其结果是全球气温升高。因此，二氧化碳也被称为温室气体。二氧化碳是形成温室效应的主要温室气体，约占75％左右，除此之外，还包括氯氟烃、甲烷、低空臭氧和氮氧化物等三十多种气体。

据估算，近30年来大气中的二氧化碳含量每年以0.7毫克/升的速率在增长。美国基贝特·普拉斯博士在1956年发表论文提出：若大气中的二氧化碳浓度近于现在的两倍（600毫克/克），则全球地面平均气温将比二氧化碳浓度在300毫克/克时上升3.6℃。有报道，若按目前能源消耗的速度计算，每10年全球的温度会升高0.1～0.26℃，一个世纪后为1～2.6℃，两极温度将上升3～7℃，从而导致两极冰盖消融，海平面上升，一些沿海地区及城市将被海水淹没，桑田变成沧海，一些本来十分炎热的城市，将变得更热。

气温升高将导致某些地区雨量增加，某些地区出现干旱，自然灾害加剧。20世纪60年代末，非洲撒哈拉牧区曾发生持续六年的干旱，由于粮食、牧草的缺乏，牲畜被宰杀，由于饥饿导致150万人死亡。这是温室效应给人类带来的典型事例。因此，必须有效地控制二氧化碳的排放量，控制人口增长，减少化石燃料的使用，开发环保型的可替代能源，加强植树造林，防止温室气体给全球带来的巨大灾难。

② 热岛效应。在城市地区，由于人口稠密、工业集中所致的能源消耗量大而且集中，可造成温度高于周围地区的现象称为热岛效应。一些城市的监测结果表明，在数百万人口的城市，市内外温差可达5℃以上，数十万人口的中等城市市内外气温相差4～5℃。

热岛效应是因为城市中热空气悬于对流层上面，形成逆温层，不利于城市污染物的扩散，造成的大气污染问题。夏季危害尤为严重，为了降温，机关、单位、家庭普遍安装使用空调，新增了能耗和热源，形成恶性循环，加剧了环境的升温。

热污染已成为影响城市居民生活质量和身体健康的一个重要因素。在我国，越来越多的城市在夏季成为"火炉城市"。如浙江省杭州市，2004年从6月出梅开始，35℃以上的高温天气持续近 30 天,创该市的历史记录。传统的"火炉城市"武汉,7 月份月平均最高气温在 35℃以上,极端最高气温常常在 40℃以上。而在冬季,由取暖产生的人为释热,造成城市偏暖,形成热岛效应。城市气温过高会诱发冠心病、高血压、中风等疾病,损害人体健康,甚至威胁生命。

③ 臭氧空洞。在大气平流层中距地面 20～40 公里的范围内有一圈特殊的大气层,这一层大气中臭氧含量特别高。高空大气层中 90%的臭氧集中在这里,即臭氧层。臭氧层可以吸收太阳辐射中的紫外线,使地球上的人类及其他生物体免受紫外辐射的损害。

近年来,用于冰箱和空调制冷、泡沫塑料发泡、清洗电子器件的氯氟烷烃(又称 Freon)以及用于特殊场合灭火的溴氟烷烃(又称 Halons,哈龙)等消耗臭氧层物质得到广泛使用。这类物质在大气的对流层中是非常稳定的,可以停留很长时间,因此,这类物质可以扩散到大气的各个部位,但是到了平流层后,就会在太阳的紫外辐射下发生光化学反应,释放出活性很强的游离氯原子或溴原子,参与导致臭氧损耗的一系列化学反应,形成臭氧空洞。臭氧层被大量损耗后,吸收紫外线辐射的能力大大减弱,导致到达地球表面的紫外线明显增加,给人类健康和生态环境带来多方面的危害。自 1984 年,英国科学家法尔曼等人在南极哈雷湾观测站发现极地上空的臭氧空洞以来,臭氧空洞的面积正在以惊人的速度增大,危害越来越严重。

(2) 热污染对水体的危害　水体热污染会影响水质和水生物的生态,给人类带来直接的危害。温热水排入水体中,水的物理性质受温度变化的影响,黏度随温度的上升而降低。这对沉淀物在流速缓慢的河流、港湾以及水库中的沉淀会有较大的影响。

随着水温的上升,水体生化反应的速度也会随之加快。一般来说,温度每升高 10℃,生物代谢速率增加一倍,水中废物的分解速率也加快,从而引起生物化学需氧量的增加。与此同时,水体的溶解氧随温度的升高而下降,当生物需氧量增加时,反而得不到充足的氧气,导致鱼类等水生生物死亡。如四川沱江白马河段网箱中的数十万公斤鱼,因某发电厂排出的废热水而被活活烫死。有研究表明,在不合适的季节,河流水温度只要增高 5℃,就会破坏鱼类的生活。

废热水排入水体后,可以促使硅藻、绿藻、蓝藻等藻类种群的生长,蓝藻占优势时,则形成水体的富营养化,导致水中溶解氧降低,鱼类等生物大量死亡,腐败后使水质变坏,影响水厂供水。有些藻类的代谢产物对鱼类也有毒害作用。

热污染会引起病原微生物的大量滋生,给人类健康带来危害。如澳大利亚曾流行一种脑膜炎,经科学家研究证实,此病是由一种能引起脑膜炎的变形原虫导致的,而这种变形原虫的出现则是由于发电厂排出的废热水使河水温度升高,促成了变形原虫滋生繁衍的条件,从而导致变形原虫的大量产生,污染水源。当人们取河水饮用、烹调、洗涤时,变形原虫便进入人体,引起脑膜炎的流行。伤寒、流感等许多疾病在一定程度上都与热污染有关。

7.5.2　热污染的控制与综合利用

7.5.2.1　热污染的控制

(1) 改进热能利用技术,提高热能利用率　目前,我国的热力装置的热效率较低,对于热能的平均有效利用率只为 28%～30%,与工业发达国家相比约低 20%。因此,改进现有的能源利用技术,提高热力装置的热利用率是非常重要的,既节约了能源,又可达到减少废热排放的目的。

(2) 开发利用环保型新能源　从长远来看,随着能源储备的不断消耗及人们对其燃烧所带来的环境污染问题的日益重视，开发和利用无污染或少污染的环保型新能源成为全球能源利用的必然发展趋势。利用风能、水能、地能、潮汐能和太阳能等新能源，既解决了污染物，又是防止和减少热污染的重要途径。特别是太阳能的利用，各国都投入大量人力和财力进行研究，取得了一定的效果。

7.5.2.2 废热的综合利用

工业生产中产生的各种余热都是可以利用的二次能源，如由锅炉等热力装置排出的高温气体或温水，可直接用于取暖、淋浴、空调加热等；利用电站温热水进行水产养殖，在美国的田纳西州和得克萨斯电站排放热水的河流中已经进行鲸鱼养殖，国内也已试验成功利用电站排放的温水养殖非洲鲫鱼；冬季还可以利用温热水灌溉农田，使之更适宜于农作物的生长；可调节粮食的储藏温度，防止谷物受冻；可调节水域的水温以防止港口冻结等。

知 识 拓 展

1. 维也纳公约

1982年1月联合国环境署（UNEP）召开了制定保护臭氧层全球框架公约的第一次法律的技术专家特别小组会。会议确定了公约的框架。《保护臭氧层的维也纳公约》于1985年3月22日在维也纳通过。截至1997年6月，已有165个国家加入了《维也纳公约》。我国于1989年正式加入《维也纳公约》。

2. 蒙特利尔议定书

1987年9月16日，在加拿大的蒙特利尔通过了具有重要意义的关于消耗臭氧层物质的《蒙特利尔议定书》。这一议定书就终止破坏臭氧层的化学物品的生产和消费以及有关生产和进出口的控制措施，制定了详细的进程表，并提供了法律依据。为了纪念这一议定书的通过，1994年联合国大会规定每年的9月16日为"国际保护臭氧层日"。

思 考 题

1. 什么是噪声污染？
2. 噪声污染的来源有哪些？
3. 噪声的主观评价物理量有哪些？分别适用于哪种类型的噪声的评价？
4. 简述噪声及振动的控制方法。
5. 简述电磁辐射的防护控制方法。
6. 什么是放射性污染？
7. 简述放射性废物的处理方法。
8. 举例说明日常生活中的光污染现象。
9. 热污染对大气的危害有哪些？这些现象产生的主要原因是什么？

8 环 境 管 理

1974年,联合国环境署(UNEP)和联合国贸易与发展会议在墨西哥召开"资源利用、环境与发展战略方针"专题研讨会,会上首次提出"环境管理"的概念。随着环境问题的发展,尤其是人们对环境问题认识的不断提高,人们普遍认识到,要从根本上解决环境问题,必须从经济社会发展战略的高度去采取对策和制定措施。因此,环境管理的主要内容是指运用经济、法律、技术、行政、教育等手段,限制人类损害环境质量的活动,通过全面规划使经济发展与环境相协调,达到既要发展经济,满足人类的基本需要,又不超出环境的容许极限。

自1979年以来,我国的环保工作经过三十年的艰苦努力,已经形成了一套方针政策、法律法规、标准和制度,对改善环境质量发挥了巨大作用,为实施可持续发展战略奠定了科学基础。

8.1 我国环境管理基本制度

经过三十多年的发展,我国的环境管理制度也已日益丰富和完善,并在我国的环境监督管理中发挥了十分重要的作用。目前比较熟悉的环境管理制度有环境影响评价制度、"三同时"制度、排污收费制度、环境保护目标责任制度、城市环境综合整治定量考核制度、排污许可证制度、污染集中控制制度、污染限期治理制度等。

8.1.1 环境影响评价制度

我国的环境影响评价制度是在借鉴美国等发达国家实践经验的基础上发展起来的,1979年颁布的《中华人民共和国环境保护法(试行)》中首次对该制度作了原则性规定。经过几次修改、补充之后,1998年《建设项目环境保护管理条例》的颁布在我国正式确定了完整的环境影响评价制度。

环境影响评价又称为环境质量预测评价,是指对可能影响环境的重大工程建设、区域开发建设及区域经济发展规划或其他一切可能影响环境的活动,在事前进行调查研究的基础上,对活动可能引起的环境影响进行预测和评定,为防止和减少这种影响制定最佳行动方案。环境影响评价制度是环境管理中贯彻预防为主的一项基本原则,也是防止新污染、保护生态环境的一项重要法律制度。

根据《建设项目环境保护管理办法》规定,环境影响报告书由建设单位在项目的可行性研究阶段完成,建设项目的行业主管部门负责报告书的预审,大、中型建设项目和限额以上的技术改造项目报告书经省级环保部门审批,报国家环保总局备案,严格报告书的审批手续,确保环境影响评价制度真正起到保护环境的作用。

8.1.2 "三同时"制度

"三同时"制度是我国环境保护工作的一项创举。它是指新建、扩建、改建的基本建设项目、技术改造项目、区域开发建设项目,其中防治污染和生态破坏的设施,必须与主体工程同时设计、同时施工、同时投产的制度。

"三同时"制度中所指的基本建设项目是指利用基本建设资金进行新建、改建和扩建的工程项目。技术改造项目是指利用更新改造资金进行挖潜、革新、改造的工程项目。区域开发建设项目是指在特定空间地域的区域进行资源开发的建设项目。

"三同时"制度与环境影响评价制度是相辅相成的，是我国环境保护以预防为主的基本原则的具体化、制度化、规范化，是加强开发建设项目环境管理的重要措施，是防止我国环境质量继续恶化的有效的经济办法和法律手段。

8.1.3 排污收费制度

排污收费制度是指一切向环境排放污染物的单位和个体生产经营者，应当按照排放污染物的种类、数量和浓度，依据国家的规定和标准，缴纳一定费用，并负责治理的制度。

根据我国环境保护法的规定，征收排污费的方式有两种，一种是超标排污收费，主要适用于大气污染物的排放，某些城市对噪声也收费。另一种是只要排污就收费，超标排污征收超标排污费，主要适用于污水排放。缴纳排污费并不免除缴费者应当承担的治理污染、赔偿损失的责任和法律规定的其他责任。根据《征收排污费暂行办法》的规定，排污费作为环境保护的专项资金，由地方环保局收取后，按年度积存，专款专用。其中，80％返还原缴纳单位用于污染治理工程的建设，其余的20％交纳给地方用于区域性综合污染治理，补助环境保护部门监测仪器设置的购置，环境保护的宣传教育、技术培训等。但不得用于环境保护部门自身的行政经费以及盖办公楼、宿舍等非业务性开支。

排污收费制度是依据"谁污染谁治理"的原则，借鉴国外经验，结合我国国情开始实行的，并在我国的环境保护事业中取得了明显的效果。排污收费制度利用经济杠杆的调节作用，使排污量与企业的经济效益直接联系起来，企业为了不交或少交排污费，就必须健全企业的管理制度，明确生产过程中各个岗位的环境责任，降低原材料消耗，开展对污染物的综合利用和净化处理，使污染物排放量不断减少。排污收费制度在促进我国企事业单位加强经营管理、节约和综合利用资源、治理污染、改善环境和强化环境管理等方面发挥了积极的作用。

8.1.4 环境保护目标责任制

环境保护目标责任制是规定各级政府的行政首长对当地的环境质量负责，企业的领导对本单位的污染防治负责，规定将他们的任务目标列为政绩进行考核的一项环境管理制度。

该制度明确提出保护环境是各级政府的职责，各级人民政府都要对其辖区的环境质量负责。每届政府在其任期内，都要采取措施，使环境质量达到某一预定的目标。这一环境目标是根据环境质量好坏以及经济技术条件，在经过充分研究的基础上确定的。通常目标责任是由上一级人民政府同下一级人民政府签订环境目标责任书来体现的，根据目标责任完成的情况，制定奖惩措施。各级人民政府为实现环境目标，通常要进行目标的分解，把目标所定的各项内容分解到各有关部门，甚至下达到有关企业落实。

因此，实行环境保护目标责任制的意义在于切实把环境保护纳入各级政府的工作日程，政府的各个部门结合各自的职责，落实环境保护责任。

8.1.5 城市环境综合整治定量考核制度

1988年国家发布了《关于城市环境综合整治定量考核的决定》。1989年第三次全国环境保护会议上把定量考核作为环境保护工作的重要制度纳入地方政府的工作内容，在全国普遍展开。

该制度是把城市环境综合整治的基本内容分为五个方面。这五个方面分别是：大气环境保护、水环境保护、噪声控制、固体废物处置和绿化。根据对环境的影响因素的不同，又将每个方面列出若干指标，共21项指标，并对每一项指标赋予一定的分数，按分数实行考核。其中，大气方面有8项，满分35分；水方面6项，满分30分；固体废物方面有3项，满分15分；噪声方面3项，满分15分；绿化方面1项，满分5分。根据各项指标的综合评分，将城市分为10个等级。比如，90～100分为一级，80～90分为二级，70～80分为三级等。截至2003年底，国家环保总局负责对全国47个直辖市、省会城市、计划单列市、重点旅游城市、沿海开放和经济特区进行考核，其余由省、自治区和直辖市政府负责考核。年终各城市市政府要将各项考核指标的完成情况汇总分析，以市政府名义上交国家，由国务院环委会组织专人进行审核，评定各城市名次。

城市环境综合整治定量考核制度的实行，促进了各有关部门都来关心和改善城市环境，不仅使城市环境综合整治工作定量化、规范化，而且还增强了透明度，引进了社会监督机制，从而推动了环保事业的发展。

8.1.6 排污许可证制度

排污许可证制度是指任何单位欲向环境中排放污染物，需向环境保护部门申报所排放的污染物的种类、性质、数量、排放地点和排放方式等。经主管部门审查批准后，发给排污许可证后方可排放。

通常是先经过整体规划，按总量控制的原则科学地确定一个单位的排污量。对于违反规定的持证者，可以中止或吊销许可证。排污许可证制度的实行便于把影响环境的各种排污活动纳入国家统一管理的轨道，将其严格限制在国家规定的范围内，使国家有效地进行环境管理。主管机关可以针对本地区环境质量的变化和要求，采取灵活的管理办法，规定具体的限制条件和排放标准，以便使各种法规、标准和措施的执行更加具体化、合理化，更加适用。同时，可以促进企业加强环境管理，进行技术改造和工艺改造，采取无污染、少污染工艺。

8.1.7 污染集中控制制度

污染集中控制制度是从我国环境管理实践中总结出来的。以往的污染治理常常过分强调单个污染源的治理，追求其处理率和达标率，实际上是"头痛医头"、"脚痛医脚"，尽管投入了不少人力、财力、物力，可是区域总的环境质量并没有大的改善，环境污染并没有得到有效控制。多年的实践证明，我国的污染治理必须以改善环境质量为目的，以提高经济效益为原则。就是说，治理污染的根本目的不是去追求单个污染源的处理率和达标率，而应当是谋求整个环境质量的改善，同时讲求经济效率，以尽可能小的投入获取尽可能大的效益。于是，与单个点源的分散治理相对，污染物集中控制在环境管理实践中出现和发展起来。

污染集中控制是在一个特定的范围内，为保护环境所建立的集中治理设施和采用的管理措施，是强化环境管理的一种重要手段。污染集中控制，应以改善流域、区域等控制单元的环境质量为目的，依据污染防治规划，按照废水、废气、固体废物等的性质、种类和所处的地理位置，以集中治理为主，用尽可能小的投入获取尽可能大的环境、经济、社会效益。

实践证明，污染集中控制制度的实施在环境管理上具有方向性的战略意义，特别是在污染防治战略和投资战略上带来重大转变，有助于调动社会各方面治理污染的积极性。首先，污染集中控制符合我国国情。如果要求众多排放污染物的企业都单独兴建污染物处理设施，会造成经济上不合理、管理上复杂化的问题。因此，通过合理规划，按区域或流域，集中有限的资金，采用相对先进的技术和标准，集中治理污染，就有可能取得较大的综合效益。其次，污染集中控制能够为大部分企业所欢迎。大部分中、小企业由于资金不多、技术水平低、场地小等原因，乐于按照"谁污染谁治理"的原则，将他们的有害废物委托有专门技术的处理厂去处理，并支付合理费用。再次，污染集中控制符合国际发展趋势。当前，各工业化国家有害废物处理和处理设施正向大型化、集中化方向发展，许多企业都在委托区域性废物处理中心来集中处理他们生产中产生的废弃物。

8.1.8 污染限期治理制度

限期治理是以污染源调查、评价为基础，以环境保护规划为依据，突出重点，分期分批地对污染危害严重、群众反映强烈的污染物、污染源、污染区域采取的限定治理时间、治理内容及治理效果的强制性措施，是人民政府为了保护人民的利益对排污单位采取的法律手段。凡被限期的企业、事业单位必须依法完成限期治理任务。

对限期治理制度的正确理解是限期治理必须突出重点，分期分批解决污染危害严重、群众反映强烈的污染源与污染区域。要经过科学的调查评价明确污染源、污染物的性质、排放地点、排放状况、迁移转化规律、对周围环境的影响等各种因素，并且要在总体规划的指导下进行。限期治理要具有四大要素，即限定时间、治理内容、限期对象、治理效果，四者缺一不可。

限期治理污染是强化环境管理的一项重要制度。它可以迫使地方、部门、企业把防治污染引入议事日程，纳入计划，在人、财、物方面做出安排，可以集中有限的资金解决突出的环境污染问题，做到投资少、见效快，有较好的环境与社会效益。

8.2 环境保护法律体系

环境保护工作既要有技术作支撑，又要靠法制作基础。在一个国家开展环境保护和污染治理工作，环境保护的法律法规和标准发挥着十分重要的作用。

一般把环境保护法律法规和标准统称为环境法。环境法是由国家制定或认可，并由国家强制保证执行的关于保护与改善环境、合理开发利用与保护自然资源、防治污染和其他公害的法律规范的总称。因此，环境法包括了污染防治和自然资源与环境保护两个方面的内容。

自1978年以来，我国的政治、经济形势发生了重大变化，国家的环境保护事业和法制建设也进入了一个蓬勃发展的时期，并初步建立了完整的环境与资源保护法律体系。1978年修订的宪法首次对环境保护做了如下规定："国家保护环境和自然资源，防治污染和其他公害。"为我国的环境保护和环境与资源保护立法提供了宪法基础。1979年以后至20世纪80至90年代逐步颁布了一系列环境保护的综合性法规、单行性法规及环境标准，内容涉及环境污染防治、保护环境和资源、环境管理等诸多方面。经过30年的完善和发展，环境法成为我国法律体系中发展最为迅速的部门法。到目前为止，我国环境法律体系已经建立起来。

我国的环境保护法律体系由下列几部分构成：宪法关于环境与资源保护的规定；综合性环境基本法；单行性环境法规；其他部门法中关于环境与资源保护的法律规范；环境标准。

8.2.1 宪法

宪法中关于环境保护的规定是环境法体系的基础，是各种环境法律、法规、制度的立法依据。把环境保护作为一项国家职责和基本国策在宪法中予以确认，把环境法的指导原则和主要任务在宪法中作出规定，赋予了最高的法律效力和立法依据。

我国宪法第二十六条、第九条、第十条的有关条款都对环境保护作了规定。第二十六条规定:"国家保护和改善生活环境和生态环境,防治污染和其他公害。国家鼓励植树造林,保护林木";第九条第二款规定:"国家保障自然资源的合理利用,保护珍贵的动物和植物,禁止任何组织或者个人用任何手段侵占或者破坏自然资源";第十条第五款规定:"一切使用土地的组织和个人必须合理地利用土地",宪法中明确规定"环境保护是我国的一项基本国策"等。宪法中的这些规定是环境立法的依据和指导原则。

8.2.2 综合性环境基本法

除宪法外,综合性环境基本法在环境保护法律体系中占有核心地位。它是对环境保护中的重大问题加以全面综合调整的立法,一般是对环境保护的目的、范围、方针政策、基本原则、重要措施、管理制度、组织机构、法律责任等作出原则性规定。

1979年我国正式颁布了《中华人民共和国环境保护法》(试行),并根据我国环境保护事业发展的需要,1989年对该法进行了修改,并于当年12月26日第七届全国人民代表大会常务委员会第十一次会议通过环境保护法,并从公布之日起实行。

这是一部有关环境保护的综合性法规,也是环境保护领域的基本法律。该法对环境保护的重大问题作出了全面的规定。

① 规定了环境法的基本任务是为了保护和改善生活环境与生态环境,防治污染和其他公害,保障人体健康,促进社会主义现代化建设的发展;

② 规定了环境保护的对象是直接或间接地影响人类生存和发展的环境要素的总体,包括大气、水、海洋、土地、矿藏、森林、草原、野生生物、自然遗迹、人文遗迹、自然保护区、风景名胜区、城市和乡村等;

③ 规定了我国环境保护的基本原则和要求;

④ 规定了保护自然环境的基本要求和开发利用环境资源者的法律义务;

⑤ 规定了防治环境污染的基本要求和相应的法律义务;

⑥ 规定了中央和地方环境管理机构对环境监督管理的权限和任务;

⑦ 规定了一切单位和个人都有保护环境的义务,对污染和破坏环境的单位和个人,有监督、检举和控告的权利;

⑧ 规定了违反环境与资源保护法的法律责任等。

该法还把环境影响评价、污染者的责任、征收排污费、对基本建设项目实行"三同时"等,作为强制性的法律制度确定下来,使其在国家环境管理中发挥了重要作用。

8.2.3 单行性专门环境立法

环境保护单行性法律法规是针对特定的污染防治领域和特定资源保护对象而制定的单项法律法规,它以宪法和综合性环境基本法为依据,又是宪法和环境保护基本法的具体化。环境保护单行法在效力层次上可分为法律、法规、部门规章、地方法规和规章。在内容上大体分为如下几类。

(1) 环境污染防治法 环境污染防治法是在环境保护基本法之下的单行法,是环境保护法中最重要的规范,在单行法中数量也最多,目前已经颁布的有《中华人民共和国大气污染防治法》、《中华人民共和国水污染防治法》、《中华人民共和国固体废物污染环境防治法》、《中华人民共和国环境噪声污染防治法》、《放射性污染防治法》、《中华人民共和国海洋环境保护法》、《清洁生产法》等。

(2) 自然资源保护法 自然资源保护法以保护某一环境要素为主要内容,也包括对自然资源管理和防止对该类自然资源污染和破坏的法律规范,比较重要的法律法规有《中华人民共和国土地管理法》、《中华人民共和国水法》、《中华人民共和国渔业法》、《中华人民共和国森林法》等。

(3) 环境管理行政法　环境管理行政法规主要是关于环境管理机构的设置、职权、行政管理程序和行政处罚程序等方面的规定。其中较为重要的有《环境标准管理办法》、《建设项目环境保护管理条例》、《环境影响评价法》等。

8.2.4　与环境有关的其他法律

环境保护的立法体系不仅包括宪法、综合性环境基本法及大量的环境保护单行性法规，还包括民法、刑法、劳动法、行政法和经济法等多种法律部门中有关环境保护的规范。例如，《中华人民共和国民法通则》侵权的民事责任中关于危险作业和污染环境造成他人损害应承担民事责任的规定；《中华人民共和国刑法》关于违反放射性、毒害性物品管理规定造成重大事故的处罚规定和关于保护森林、水产资源、野生动物资源的规定；1997年颁布的新刑法专门设立了一节"破坏环境资源保护罪"，违法排放、倾倒或处置有毒有害物造成重大污染事故的应承担刑事责任；以及破坏水产资源、野生动物资源、土地资源、矿产资源和森林资源应承担刑事责任等。此外，环境保护法所采取的法律措施涉及经济、技术、行政、教育等多个领域。

8.2.5　环境标准

环境标准是指为保护人群健康和社会财产安全，促进生态良性循环，在综合考虑自然环境特征、社会经济条件和现有科学技术的基础上，规定环境中污染物的允许含量和污染源排放物的数量、浓度、时间和速率及其他有关的技术规范。环境标准是我国环境保护法律体系中的一个重要组成部分，具有法律效力，是环境保护工作的基本依据，是判断环境质量优劣、衡量排污状况的准绳。

环境标准按其性质和功能可分为环境质量标准，污染物排放标准，环境基础标准，环境方法标准，环境标准物质标准以及环境保护仪器、设备标准等六大类，其中环境质量标准和污染物排放标准为强制性标准。

(1) 环境质量标准　环境质量标准是指在一定时间和空间范围内，对环境质量的要求所做的规定，即在保护人体健康、保障社会物质财富的基础上，考虑技术经济条件，对环境中有害物质或因素的允许含量所做的规定。

环境质量标准包括《环境空气质量标准》、《生活饮用水卫生标准》、《地面水环境质量标准》、《地下水环境质量标准》、《农业灌溉水质标准》、《城市区域环境噪声标准》、《土壤环境质量标准》、《建筑材料用工业废渣放射性物质限制标准》等。

(2) 污染物排放标准　污染物排放标准是为了实现环境质量标准目标，综合技术经济条件和环境特点，对排入环境的污染物或有害因素的控制所做的规定。

20世纪80至90年代，我国全面开展了综合性和行业排放标准的制定工作，综合性排放标准有《大气污染物综合排放标准》、《污水综合排放标准》、《生活垃圾填埋控制标准》、《生活垃圾焚烧污染控制标准》、《恶臭污染物排放标准》、《轻型汽车污染物排放标准》等，同时陆续制定了各种工业生产和产品的污染物排放标准。

(3) 环境基础标准　环境基础标准是指在环境保护工作范围内，对有指导意义的符号、代号、图式、量纲、指南、导则等由国家所做的统一规定。它是制定其他环境标准的基础。如《中华人民共和国环境保护标准的编制、出版印刷标准》、《制定地方水污染物排放标准的技术原则和方法》等。

(4) 环境方法标准　环境方法标准是指在环境保护工作范围内以抽样、分析、试验、统计、计算、测量等方法为对象制定的标准。如《水质采样技术指导》、《水质分析方法标准》、《环境空气总悬浮颗粒物的测定（重量法）》、《城市环境噪声测量方法》等都属于这一类标准。

(5) 环境标准物质标准　环境标准物质标准是在环境保护工作中，对用来标定仪器、验证测量方法、进行量值传递或质量控制的材料或物质必须达到的要求所做的规定。

(6) 环境保护仪器、设备标准　环境保护仪器、设备标准是对在环境保护工作中需统一协调的仪器设备、技术规范、管理办法等所作的统一规定，以保证污染治理设备的效率、环境监测数据的可靠性和可比性。

8.3　环境质量评价

8.3.1　环境质量评价概念

环境质量一般指在一个具体的环境中，环境的总体或环境的某些要素对人类的生存繁衍及社会经济发展的适宜程度。人类通过生产和消费活动对环境质量产生影响，反过来环境质量的变化又将影响到人类生活和经济发展。引起环境质量变化的因素主要有两个方面，一是由于人类的生活和生产活动引起的环境质量变化，一是由于自然原因引起的环境质量的变化。

环境质量评价是对环境质量优劣所进行的一种定量描述，即按照一定的评价标准和评价方法对一定区域范围内的环境质量进行说明、评定和预测。因此要确定某地的环境质量必须进行环境质量评价。环境质量的定量判断是环境质量评价的结果。

环境质量评价的目的是查明环境质量的历史和现状，确定影响环境质量的污染及污染物的污染水平，阐明影响环境质量的原因和可能采取的防治措施，掌握环境质量的变化规律，并预测环境质量的变化趋势，为制定环境保护规划和建设规划、加强环境管理以及环境污染防治和污染源的治理提供科学依据。因此，环境质量评价要明确回答该特定区域内环境是否受到污染和破坏以及受到污染和破坏的程度如何；区域内何处环境质量最差，污染最严重；何处环境质量最好，污染较轻；造成污染严重的原因何在，并定量说明环境质量的现状和发展趋势。

8.3.2　环境质量评价分类

环境质量评价是一个系统，它可以从不同的角度来分类。

8.3.2.1　按环境要素分类

根据环境要素可将环境质量评价分为单要素评价、联合评价和环境质量综合评价。

(1) 单要素评价　单要素评价是对单个环境要素进行评价，单要素评价可分为大气环境质量评价、地表水环境质量评价、地下水环境质量评价、土壤环境质量评价、噪声环境质量评价、生态环境质量评价等。

单要素评价主要在说明、评定单个环境要素受污染的情况，可为有关部门确定具体的环境管理和治理措施提供直接的依据。

(2) 联合评价　如果对两个或两个以上的要素同时进行评价，则称为联合评价。如地表水与地下水联合评价，大气与土壤联合评价，地表水、地下水、土壤的联合评价等。

联合评价除对单个要素进行评价外，还可揭示污染物在各环境要素间的迁移、转化规律，以及各要素环境质量的变化与影响程度的规律，有助于对关联环节综合考虑追踪和解决各有关要素的污染问题。

（3）环境质量综合评价 环境质量综合评价是在单要素评价的基础上对所有的要素同时进行评价。

环境质量综合评价可以从整体上较全面地反映一个区域的环境质量状况，从而为在整体上进行环境规划和管理提供科学依据，尤其有利于从综合防治的角度上为进行上述工作提供依据。但这种环境质量评价工作量大，难度高。

8.3.2.2　按评价区域分类

根据评价区域可将环境质量评价分为城市环境质量评价、流域环境质量评价和旅游区环境质量评价。

（1）城市环境质量评价 城市环境质量评价是对城市环境质量做出的一种综合评价。它是城市环境污染控制的基本依据，也是城市环境综合整治、定量考核的重要内容之一。

（2）流域环境质量评价 流域环境质量评价是针对河流、湖泊、水库等环境质量作出的一种综合评价。目前主要是对江、河、湖泊、水库等水体质量进行评价确定其污染程度，划分其污染等级，确定其污染类型。进行流域环境质量评价的目的在于能准确地指出水体现有的污染程度以及将来的发展趋势，为进行流域的水源保护提供科学依据。

（3）旅游区环境质量评价 旅游区环境质量评价是对该区域内具有欣赏、文化和科学价值的山涧、湖海、地貌、森林、动植物、化石等自然景观和人文景观作单个要素评价和综合评价。

8.3.2.3　按评价时间分类

根据评价时间可将环境质量评价分为环境质量回顾评价、环境质量现状评价和环境质量影响评价。

（1）环境质量回顾评价 环境质量回顾评价是指对区域内过去一定历史时期的环境质量，根据历史资料进行回顾性的评价。通过对环境背景的社会特征、自然特征及污染源的调查，分析了解环境质量的演变过程，弄清引起环境问题的各种原因和形成机理。进行回顾评价需要历史资料的积累，一般多在科研监测工作基础较好的大中城市进行。

（2）环境质量现状评价 环境质量现状评价一般是根据某地区近期的环境监测资料和数据，以国家颁布的环境质量标准或环境背景值为评价依据对该地区环境质量现状作出评价，阐明环境污染的现状，对当前的环境质量进行估价和分析，为开展区域污染综合防治和制定环境保护规划提供依据。同时，还可以了解过去已采取的环境工程措施的技术经济效益和收益。这是我国目前普遍开展的环境质量评价方式。

（3）环境质量影响评价 环境质量影响评价又称为环境预测评价。是指在工程项目兴建之前，对施工过程中和建成投产后可能对环境造成的各种影响进行分析、预测和估计，提出防治环境污染和破坏的措施和办法，以避免或减少开发建设活动对环境造成损害。环保法规定，在新的大中型厂矿企业、机场、港口、铁路干线及高速公路等建设之前，必须进行环境影响评价。

8.3.3　环境质量现状评价

8.3.3.1　环境质量现状评价的程序

在对某一区域进行环境质量现状评价时，应该首先确定评价的对象、评价地区的范围、评价目的，并根据评价目的确定评价精度；其次，把污染源-环境影响作为一个统一的整体来进行调查和研究。环境质量现状评价的程序可分为四个阶段，如图8-1所示。

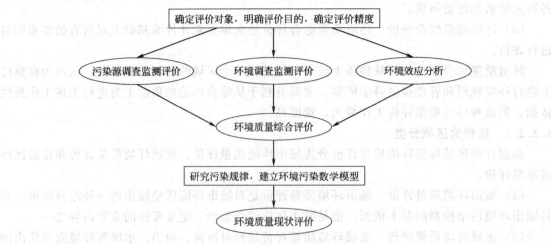

图8-1 环境质量现状评价的工作程序

第一阶段：准备阶段

确定评价目的、范围、方法、评价的广度和深度，制定评价工作规划。组织各专业部门分工协作，充分利用各专业积累的资料，并根据已掌握的有关资料作初步分析，初步确定主要污染源和主要污染因子。

第二阶段：监测阶段

根据第一阶段确定的主要污染因子和主要污染项目，以国家标准为依据，开展环境质量监测工作，使监测资料具有代表性、可比性和准确性。有条件的可增加环境生物监测和环境医学监测，从不同专业角度来评价环境污染状况，可更全面地反映环境的实际情况。

第三阶段：评价和分析阶段

选择适当的评价方法，根据环境监测资料，对不同地区、不同地点、不同季节和不同时间的环境污染程度进行定性和定量的判断和描述，并分析说明造成环境污染的原因、发生的条件以及这种污染对人、动植物的影响程度。

第四阶段：成果应用阶段

通过评价研究污染规律，建立环境污染数学模型。根据这一成果，环境管理部门、规划部门可以通过调整工业布局、调整产业结构、进行污染技术治理、制定合理的国民经济发展计划等措施，以控制和减轻这一地区环境污染程度。

8.3.3.2 环境质量现状评价的内容

(1) 污染源调查与评价 对污染源进行调查和评价，确定主要污染源与主要污染物，以及污染物的排放方式、排放途径、特点和规律，综合评价污染源对环境的危害作用，以确定污染源治理的重点。

(2) 环境污染物监测目的确定 根据区域环境污染特点及主要污染物的环境化学行为，确定不同环境要素的监测项目，为环境质量现状评价提供参考。

(3) 监测网点的布设 根据区域环境的自然条件特点及工业、农业、商业、交通和生活居住区等不同功能分别布点，布点疏密及采样次数应力求合理且具有代表性。

(4) 获得环境污染数据 按质量保证要求分析测定，获得可靠的污染物在环境中污染水平的数据。

(5) 建立环境质量指数系统进行综合评价 根据环境质量评价的目的选择评价标准，对监测数据进行统计处理,利用评价模式计算环境质量综合指数。

(6) 人体健康与环境质量关系的确定 计算各种与环境污染关系密切的疾病发病率(包括死亡率)与环境质量指数之间的相关性,确定人体健康与环境质量状况的相关性。

(7) 建立环境污染数学模型 建立环境污染数学模型要以监测数据为基础,结合室内模拟实验,选取符合地区特征的环境参数建立符合地区环境特征的计算模式。

(8) 环境污染趋势预测研究 运用模式计算,结合未来区域经济发展的规模及污染治理水平,预测地区未来环境污染的变化趋势。

(9) 提出区域环境污染综合防治建议 通过环境质量评价确定影响地区的主要污染源和主要污染物,根据环境污染的特征及污染预测结果,提出区域环境保护的近期治理、远期规划布局及综合防治方案。

8.3.4 环境影响评价

8.3.4.1 环境影响评价的类型

(1) 按评价对象分类 按照评价对象的不同,可将环境影响评价分为三类,第一类是建设项目的环境影响评价,包括新建、扩建和改建的项目,凡是对环境可能产生影响的建设项目,都应该进行环境影响评价;第二类是区域开发活动的环境影响评价,包括老工业区、老城区的改造,高新技术开发区、农业、林业、牧业、海岸带等开发区以及包含多个项目的综合开发区等也应进行环境影响评价;第三类是对国家的政策、法规、计划、规划等的实施可能给环境带来的影响进行预测和评价,又称为战略环境影响评价。

(2) 按环境要素分类 从环境要素的角度来区分,可将环境影响评价分为水环境影响评价、大气环境影响评价、土壤环境影响评价、噪声环境影响评价、生态环境影响评价、社会环境影响评价等。

8.3.4.2 环境影响评价的程序

环境影响评价的程序是指按一定的顺序或步骤指导完成环境影响评价工作的程序。主要包括环境影响评价的管理程序和工作程序。前者主要用于指导环境影响评价的监督与管理,后者用于指导环境影响评价的工作内容和进程。

(1) 环境影响评价管理程序 环境影响评价的管理程序是在环境影响评价的确立到环境影响报告书审批完成的全过程中,环境保护管理部门所开展的管理工作。主要包括以下几部分内容。

① 环境影响评价的确立与委托。建设单位的拟建设项目经主管部门审批之后,向环境管理部门征求开展环境影响评价的意见,根据国家环境保护总局"分类管理目录"确定环境影响评价的类别。a. 建设项目可能对环境造成重大影响的,应当编制环境影响报告书,对建设项目产生的污染和对环境的影响进行全面、详细的评价。b. 建设项目可能对环境造成轻度影响的,应当编制环境影响报告表,对建设项目产生的污染和对环境的影响进行分析或专项评价。c. 建设项目对环境影响很小,不需要进行环境影响评价的,应当填报环境影响登记表,对建设项目产生的污染和对环境的影响进行全面、详细的评价。

建设项目如需进行环境影响评价,则应根据建设项目的性质、评价单位的技术力量、评价费用等情况选择并委托有相应资质的评价单位承担评价工作。该受托评价单位必须是由国家环保总局确认的具有从事环境影响评价证书的单位,我国环保总局颁发的证书分甲级和乙级两等,国家管理的建设项目,总负责单位须持有《甲级评价证书》;省级管理的建设项目,可选择持有《乙级评价证书》的单位为总负责单位,评价单位的资格审查由环境保护管理部门进行。评价单位经审查通过后，建设单位正式向评价单位递交环境影响评价委托书。

② 评价大纲的审查。评价单位接到委托书后，需编制环境影响报告书的项目，应着手编制评价大纲。评价大纲是环境影响报告书的总体设计，应在开展评价工作之前编制。评价大纲由建设单位向负责审批的环境保护主管部门申报，并抄送行业主管部门。环境保护主管部门根据情况确定审批方式，提出审查意见（大纲通过审查，建设单位与评价单位签订评价合同）。

③ 环境影响评价的质量管理。环境影响评价工作一旦确定，评价单位要根据批准的大纲开展工作，同时要制定监测分析、参数测定、野外实验、室内模拟、模式验证、数据处理、仪器校验等一系列质量保证计划。为了获得满意的环境影响报告书，必须按照环境影响评价的管理程序和工作程序进行有组织、有计划的活动，成立质量保证小组，把好各个阶段、各个环节的质量关，将质量保证工作贯穿于评价工作的全过程。在评价过程中，应向各个方面有经验的专家咨询，最后请具有权威的专家审评报告。

④ 环境影响报告书的审批。环境影响报告书编制完成后，由建设单位报主管部门预审，主管部门提出预审意见后转报负责审批的环境保护行政主管部门审批。各级主管部门和环境保护部门在审批时应贯彻以下原则：审查该项目是否符合国家产业政策；审查该项目是否符合城市环境功能区划和城市总体发展规划，做到合理布局；审查该项目的技术与装备政策是否符合清洁生产的要求；审查该项目是否做到污染物达标排放；审查该项目是否满足国家和地方规定的污染物总量控制指标；审查该项目建成后是否维持地区环境质量，符合功能区环境质量的要求；审查该项目的环境影响评价工作是否符合有关法律和行政规章规定的程序。

(2) 环境影响评价的工作程序　我国目前环境影响评价的工作程序是凡新建、扩建或改建项目，由建设单位将建设计划向各级环境保护部门提出申请，各级环境保护部门会同有关专家确定该建设项目是否应进行环境影响评价，如需要进行环境影响评价，则由建设单位委托有关评价单位承担该工作。

评价单位接到评价任务之后，应根据项目的性质和评价区域的环境特点组织技术领导小组，并尽快熟悉拟建工程的有关情况，接着进行现场踏勘，全面收集当地自然环境、社会环境方面的资料。在此基础上，分析、识别工程的环境影响及主要影响敏感点，并编写环境影响评价大纲，经审查通过后，即可开展环境影响评价工作，编制环境影响报告书。一般来说，环境评价的工作程序可分为三个阶段，如图8-2所示。

第一阶段：准备阶段

研究国家有关的法律和规定，对建设项目进行初步的工程分析及环境现状调查，进行环境影响识别，筛选重点评价项目，确定各单项环境影响评价的工作等级，编制环境影响评价大纲。

第二阶段：正式工作阶段

按照评价大纲的要求，全面并有重点地开展各环境要素的环境影响预测，主要工作为进行进一步的工程分析和环境现状调查，并进行环境影响预测，评价项目对环境的影响。

第三阶段：环评报告书的编制阶段

汇总、分析第二阶段工作所得到的各种资料、数据，得出评价结论，完成环境影响报告书的编制。环境影响报告书应着重回答建设项目的选址正确与否，所采取的环保措施能否满足要求，并提出修改建议。

从图8-2可以看出对工程项目进行环境影响评价时，应包括如下几个重要内容。

① 工程分析。工程分析是分析建设项目影响环境的因素，其主要任务是通过对工程全

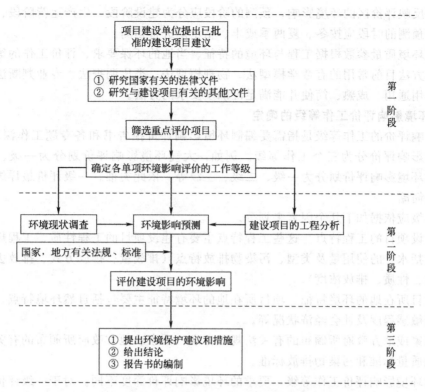

图 8-2 环境影响评价的工作程序

部组成、一般特征和污染特征的分析，从项目总体（宏观）上纵观开发建设活动与环境全局的关系，同时从微观上为环境影响评价工作提供基础数据。

工程分析是环境影响预测和评价的基础，且贯穿于整个评价工作的全过程，常把其作为评价工作的独立专题。

工程分析的对象包括工艺过程、原材料的储运、交通运输、厂地的开发等情况。通过对工艺过程的分析，了解各种污染物的排放源和排放强度，了解废物的治理回收和利用措施；通过对建设项目资源、能源、废物等的装卸、储运及预处理等环节的分析，掌握与这些环节有关的环境影响来源的各种情况；通过了解拟建项目对土地利用现状和土地利用形式的转变，分析项目用地开发利用带来的环境影响；此外，还应对可能的事故与泄漏的发生概率作出判断。

② 环境影响识别。环境影响是指人类活动导致的环境变化以及由此引起的对人类社会的效应。环境影响识别是指通过一定方法找出所有受影响（特别是不利影响）的环境因素，定性地说明影响的性质、程度及范围，找出主要环境影响和次要环境影响，据此确定环境影响预测和评价的重点和有关方面，以使环境影响预测减少盲目性，增加环境影响综合分析的可靠性，使污染防治对策具有针对性。

③ 环境影响预测。经过环境影响识别后，主要环境影响因子已经确定，人类活动开展后，究竟对这些环境因子有多大的影响需进行环境影响预测。

预测的范围、时段、内容、方法等应根据相应的评价工作等级、工程与环境的特性、当地的环保要求而确定，同时还要考虑预测范围内的规划建设项目可能产生的环境影响。

预测的范围应等于或略小于现状调查的范围，预测点的数量与布置根据工程与环境的特征、当地的环保要求、评价工作的等级而定。

为全面反映评价区的环境影响，预测的阶段应分为建设阶段、生产运营阶段、服务期满三个阶段。预测的时段应按冬、夏两季或丰、枯水期进行预测。

预测的环境质量参数根据工程与环境的特征、当地的环保要求、评价工作的等级而定。

预测的方法目前常用的有数学模型法、物理模型法、类比调查法、专业判断法等。预测时应尽量选用通用、成熟、简便并能满足准确度要求的方法。

8.3.4.3 环境影响评价工作等级的确定

环境影响评价的工作等级是指需要编制环境影响评价报告书和各专题工作深度的划分，各单项环境影响评价分为三个工作等级。例如，大气环境影响评价划分为一级、二级、三级；地面水环境影响评价划分为一级、二级、三级等，依此类推。一级评价最详细，二级次之，三级较简略。

工作等级应依据如下几个因素来划分。

（1）建设项目的工程特点　这些工程特点主要有建设项目的工程性质、工程规模、能源及资源（包括水）的使用量及类型、污染物排放特点（排放量、排放方式、排放去向，主要污染物种类、性质、排放浓度）。

（2）项目所在地的环境特征　项目所在地的环境特征主要包括自然环境特点、环境质量现状、环境敏感程度及社会经济状况等。

（3）国家或地方政府所颁布的有关法规和标准　国家或地方政府所颁布的有关法规和标准包括环境质量标准和污染物排放标准。

不同的环境影响评价工作等级，要求的环境影响评价深度不同。对于一级评价，要对单项环境要素的环境影响进行全面、详细和深入的评价，对该环境要素的现状调查、影响预测、评价影响和提出措施，一般都要比较全面和深入，并应当采用定量化计算来描述完成。对于二级评价，要对单项环境要素的重点环境影响进行详细、深入的评价，一般要采用定量化计算和定性的描述来完成。对于三级评价，对单项环境要素的环境影响进行一般评价，可以通过定性的描述来完成。

对每一个建设项目的环境影响评价而言，各单项环境要素评价的工作等级不一定相同。编制环境影响报告书的建设项目，其各单项环境影响评价的等级不一定全都很高。一般而言，编制环境影响报告表的建设项目，其大多单项环境影响评价的工作等级均低于三级，个别主要的单项环境影响可以通过编制评价专题完成，评价专题的评价等级依据单项环境影响评价技术导则要求进行。另外，不是每一个建设项目的环境影响评价都要包括所有的单项环境影响评价，对于建设项目的环境影响不涉及的环境要素，无需进行环境影响评价。

8.3.4.4 环境影响评价大纲的主要内容

环境影响评价大纲是环境影响评价报告书的总体设计和行动指导。评价大纲应该在开展评价工作之前编制，它是具体指导环境影响评价的技术条件，也是检查报告书内容和质量的主要依据。评价大纲应该在充分研究有关文件、进行初步工程分析和环境现状调查的基础上形成。

环境影响评价大纲一般包括以下内容。

（1）总则　包括评价任务的由来、编制依据、环境保护的目标和对象、采用的评价标准、评价项目及其工作等级和重点等。

（2）建设项目概况及初步工程分析。

（3）拟建项目地区环境概况。

（4）建设项目工程分析的内容与方法　根据当地环境特点、评价项目的环境影响评价工作等级与重点等因素,说明工程分析的内容、方法和重点。

(5) 建设项目周围地区的环境现状调查　根据已确定的各评价项目的工作等级、环境特点和影响预测的需要,尽量详细地说明调查参数、调查范围及调查方法、时间、地点、次数等。

(6) 环境影响预测与评价建设项目的环境影响　根据各评价项目的工作等级、环境特点尽量详细地说明预测方法、预测范围、预测时段以及有关参数的估值方法。

(7) 评价工作成果清单,拟提出的结论和建议的内容。

(8) 评价工作组织、计划安排。

(9) 评价工作经费概算　在下列任一种情况下,应编写环境影响评价工作的实施方案,以作为大纲的必要补充:①由于必需的资料暂时缺乏,所编大纲不够具体,对评价工作的指导作用不足;②建设项目特别重要或环境问题特别严重,如规模较大、工艺复杂、污染严重等;③环境状况十分敏感。

8.3.4.5　环境影响报告书的编写

环境影响报告书是环境影响评价工作成果的集中体现,是环境影响评价单位向其委托单位——工程建设单位或其主管单位提交的工作文件。经环境保护主管部门审查批准的环境影响报告书,是计划部门和建设项目主管部门审批项目可行性研究的报告或设计任务书的重要依据,是领导部门对建设项目做出正确决策的主要依据之一,是对设计单位进行环境保护设计的重要参考文件,并具有一定的指导意义。同时,对于建设单位在工程竣工后进行环境管理有重要的指导作用。因此,环境影响报告书是环境影响评价项目的重要技术文件,必须认真编写。

(1) 编写原则与要求

① 环境影响报告书必须全面、客观、公正地反映环境影响评价的全部工作。评价内容较多时,重点评价项目另编分项报告书,主要技术问题另编专题报告。大(复杂)项目应有总报告和分报告或附件,总报告要简明扼要,分报告把专题报告、计算依据列入。

② 文字应简洁、准确,图表清晰,论点明确,结论客观可信。

③ 环境影响报告书总体编排结构应符合《建设项目环境保护管理条例》要求。

④ 基础数据必须可靠。尤其是工程分析所得出的污染源的有关数据一定要符合项目实施后的实际情况,否则得出的结论将是错误的。在工程分析和预测过程中所选用的参数如有不同,应当进行核实。

⑤ 预测模式及参数选择合理。环境影响评价的预测模式都有一定的适用条件,参数也因污染物和环境条件的不同而不同。因此,预测模式的选择应符合当地的实际情况,选择模式的推导(总结)条件和评价环境条件相同或相近的模式。选择总结参数时的环境条件和评价环境条件相同或相近的参数。

⑥ 结论观点要明确、客观。结论应对项目的可行性做出明确的回答。必须以报告书中的客观论证为依据,提出综合的结论。

⑦ 环境影响报告书的编写应符合规范。应有环评资格证书,附有编制人员资证文号,按行政负责人、技术总负责、项目负责人、编写人员及项目审核人员为序署名盖章签字。

(2) 环境影响报告书的主要内容　环境影响报告书应根据环境和工程的特点及评价工作等级,选择下列全部或部分内容进行编制。

① 总则

a. 结合评价项目的特点,阐述编制环境影响报告书的目的。

b. 编制依据

(a) 项目建议书；
(b) 评价大纲及其审查意见；
(c) 评价委托书（合同）或任务书；
(d) 建设项目可行性研究报告等。

c. 采用标准。国家标准、地方标准或拟参照的国外有关标准（参照的国外标准应按国家环境保护总局规定的程序报有关部门批准）。

d. 控制污染与保护环境的目标。

② 建设项目概况

a. 建设项目的名称、地点及建设性质。

b. 建设规模（扩建项目应说明原有规模）、占地面积及厂区平面布置（应附平面图）。

c. 土地利用情况和发展规划。

d. 产品方案和主要工艺方法。

e. 职工人数和生活区布局。

③ 工程分析。报告书应对建设项目的下列情况进行说明，并做出分析。

a. 主要原料、燃料及其来源和储运，物料平衡，水的用量与平衡，水的回用情况。

b. 工艺过程（附工艺流程图）。

c. 废水、废气、废渣、放射性废物等的种类、排放量和排放方式，以及其中所含污染物的种类、性质、排放浓度；产生的噪声、振动的特性及数值等。

d. 废弃物的回收利用、综合利用和处理、处置方案。

e. 交通运输情况及场地的开发利用。

④ 建设项目周围地区的环境现状

a. 地理位置（应附平面图）。

b. 地质、地形、地貌和土壤情况，河流、湖泊（水库）、海湾的水文情况，气候与气象情况。

c. 大气、地表水、地下水和土壤的环境质量状况。

d. 矿藏、森林、草原、水产和野生动物、野生植物、农作物等情况。

e. 自然保护区、风景游览区、名胜古迹、温泉、疗养区以及重要的政治文化设施情况。

f. 社会经济情况，包括现有工矿企业和生活居住区的分布情况、人口密度、农业概况、土地利用情况、交通运输情况及其他社会经济活动情况。

g. 人群健康状况和地方病情况。

h. 其他环境污染、环境破坏的现状资料。

⑤ 环境影响预测

a. 预测环境影响的时段。

b. 预测范围。

c. 预测内容及预测方法。

d. 预测结果及其分析和说明。

⑥ 建设项目清洁生产评价。

⑦ 评价建设项目的环境影响

a. 建设项目环境影响的特征。

b. 建设项目环境影响的范围、程度和性质。

c. 如要进行多个厂址的优选时，应综合评价每个厂址的环境影响并进行比较和分析。

⑧ 环境保护措施的评述及技术经济论证,提出各项措施的投资估算(列表)。
⑨ 环境风险评价。
⑩ 环境影响经济损益分析。
⑪ 环境监测制度及环境管理、环境规划的建议。
⑫ 环境影响评价结论。

8.3.4.6 环境影响评价方法

环境影响评价的分析方法是环境影响评价工作的重要环节。主要的环境影响评价方法有列表清单法、矩阵法、网络法、图形叠置法、质量指标法(综合指数法)、环境预测模拟模型法等。

(1) 列表清单法　此法多用于影响评价准备阶段,以筛选和确定必须考虑的影响因素。具体办法是将拟建工程项目或开发活动与可能受其影响的环境因子分别列于同一张表格的列与行中,然后用不同符号或数字表示对各环境因子的影响情况,其中包括有利与不利的影响,此法也可用来作为几种方案的对比。

该法的好处是能全面地表示各个开发活动对有关环境项目的相对影响,缺点是项目繁多,在选择方案时,显得紊乱。

(2) 矩阵法　矩阵法是将开发项目各方案与受影响的环境要素特性或条件组成一个矩阵,矩阵横轴上列出各方案,纵轴上列出环境要素特性和条件,在矩阵上各栏目中,用1~10的数值分别表示各方案对各环境特性的影响,数值大表明影响大。通过使两者及之间建立起直接的因果关系,说明哪些行为可以影响到哪些环境特性,以及影响程度的大小。矩阵法有相关矩阵法、迭代矩阵法和表格矩阵法等。

(3) 网络法　网络法是以树枝形状表示出建设项目或开发活动所产生的原发性影响和诱发性影响的全貌。用这种方法可以识别出方案行为可能会通过什么途径对环境造成影响及其相互之间的主次关系。

(4) 图形叠置法　这种方法是将若干张透明的标有环境特征的图重叠在同一张底图上,构成一份复合图,用以表示出被影响的环境特性及影响范围的大小。该方法首先做底图,在图上标出开发项目的位置及可能受到影响的区域,然后对每一种环境特性做评价,每评价一种特性就要进行一次覆盖透视,影响程度用黑白相间的颜色符号作成不同的明暗强度表示。将各不同代号的透明图重叠在底图上就可以得到工程的总影响图。

(5) 质量指标法(综合指数法)　质量指标法是利用某种函数曲线作图的方法,把环境影响参数变成质量指数或评价值来表示拟建项目对环境造成的影响,并由此确定可供选择的方案。具体做法是将各种环境影响参数通过评价函数计算转换成环境质量值,环境质量的指数取值范围为0~1之间,0代表质量最差,1代表质量良好。根据环境影响参数和环境质量指数绘出函数图,根据函数图或根据环境质量指数确定供选择的方案。

(6) 环境预测模拟模型法　环境预测模拟模型法又称环境影响预测法,其目的是在识别可能是重大环境影响之后,用来预测环境的变化量、空间的变化范围、时间的变化阶段等。在物理、化学、生物、社会、经济领域中,对复杂关系的定量或定性的探索描述就叫模拟模型。在环境影响评价中已提出的模拟模型有污染分析模型、生态系统模型、环境影响综合评价模型、动态系统模型等。

知 识 拓 展

1. 环境管理与环境管理学

环境管理是对损害环境质量的人为活动施加影响,以协调发展与环境的关系,达到既要发展经济、满足人类的基本需要，又不超过环境容许极限的目的。环境管理学是研究环境管理最一般规律的科学，它研究寻求的是正确处理自然生态规律与社会经济规律对立统一的关系的理论和方法，以便为环境管理提供理论和方法的指导。

2. 我国现行环境管理制度

1973年8月我国召开第一次全国环境保护会议，从此环境保护作为一项全民的事业提到了各级政府的工作日程，开创了我国的环境保护事业。同年，国务院颁布了《关于保护和改善环境的若干规定》，提出了我国第一项环境管理制度，即新建、改建、扩建项目的防治污染的措施必须同主体工程同时设计、同时施工、同时投产的"三同时"制度。至此直到1981年我国又相继提出和实施了环境影响评价制度、超标排污收费制度，以上所述的三项制度即为俗称的"老三项"环境管理制度。

1982年我国召开了第二次全国环境保护会议，确定了环境保护是我国的一项基本国策。1989年5月我国召开了第三次全国环境保护会议，正式出台了"环境保护目标责任制，城市环境综合整治定量考核制，排放污染物许可证制，污染集中控制，限期治理"五项环境管理制度，即通常所说"新五项"制度。

八届人大四次会议批准的《中华人民共和国国民经济和社会发展"九五"计划和2010年远景目标纲要》提出："创造条件实施污染物排放总量控制。"1996年8月3日《国务院关于环境保护若干问题的决定》提出："要实施污染物排放总量控制，抓紧建立全国主要污染物排放总量指标体系和定期公布的制度。""老三项"、"新五项"和"总量控制"等项环境管理制度构成了具有中国特色的环境管理制度体系。

思 考 题

1. 我国环境管理的基本制度有哪些？
2. 什么是环境质量评价？
3. 按评价时间不同，可把环境质量评价分为哪几类？
4. 简述环境影响评价的工作程序。

9 可持续发展

9.1 可持续发展的内涵

第一次工业革命以来，人类的经济与社会进入了一个空前发展的历史时期。尤其是近代科学技术的进步极大地促进了经济的发展，人类社会创造了前所未有的物质成就，极大地推动了人类文明的进步。第二次世界大战后，世界各国，特别是越来越多的发展中国家也纷纷开展本国的经济建设，传统发展模式的主要目标是谋求国民生产总值的迅速增长，工业是发展的重点。但是，在发展的过程中，由于对自然资源和环境的关系处置不当，带来了一系列的环境问题、人口问题、资源问题。

20 世纪 60 年代，人们开始关注经济增长中出现的环境和资源问题，反思人类社会所走过的发展道路，并努力开辟一种不会危害自然环境和资源的经济发展模式。这种探索在 20 世纪 80 年代形成了一个高潮。1987 年，世界环境与发展委员会在题为《我们共同的未来》的报告中，首次提出了"可持续发展"的概念。以往，人们对"发展"的理解仅仅局限于经济领域，把发展狭义地理解为经济的增长，即国民生产总值的提高、物质财富的增多、人民生活水平的改善等。而可持续发展是一种立足于环境与资源角度提出的人类长期发展的战略或模式，它强调环境与自然资源的长期承载力对发展的重要性以及发展对改善生活质量的重要性。

1992 年 6 月，在巴西的里约热内卢举行的联合国环境与发展大会上，来自世界 178 个国家和地区的领导人通过了《21 世纪议程》、《气候变化框架公约》等一系列文件，明确把发展与环境密切联系在一起，提出了可持续发展的战略，并将之付诸全球的行动。美国、德国、英国等发达国家和中国、巴西等发展中国家都先后提出了自己的 21 世纪议程或行动纲领，并且纷纷着手实施自己的可持续发展战略，尽管各国的侧重点有所不同，但都不约而同地强调在经济和社会发展的同时注重环境保护。至此，一种全新的发展观点逐渐形成。

9.1.1 可持续发展的定义

《我们共同的未来》报告中对可持续发展作了如下定义："可持续发展是指既满足当代人的需要，又不对后代人满足其需要的能力构成危害的发展。"

这个定义有两层含义：一是强调人类追求健康而富有生产成果的权利应当是在坚持与自然相和谐的方式下，而不应当以耗竭资源，破坏生态和污染环境的方式来追求这种发展权利的实现；二是强调当代人与后代人创造发展与消费的机会是平等的，当代人不能为了追求今世的发展与消费，而剥夺或破坏后代人本应享有的同等发展和消费的权利。

由此可见，可持续发展理论认为经济的健康发展应该建立在生态持续能力、社会公正和人民积极参与的基础上，强调社会、经济的发展要与环境相协调，追求人与自然的和谐。它的目标是不仅满足当代人的各种需求，而且还要关注各种经济活动的生态合理性，保护生态资源，不对后代人的生存和发展构成威胁。不再把国民生产总值作为衡量发展的唯一指标，而应从社会、经济、文化、环境、生活等各个方面的指标来全面衡量发展。

9.1.2 可持续发展的基本思想

可持续发展的基本思想主要包括以下几个方面。

(1) 经济的可持续发展是根本　发展是人类社会的首要目标，无论是发达国家还是发展中国家都享有平等的发展的权利。通过经济的持续增长，才能不断地增加社会财富，不断提高人们的生活水平。在发展中国家经济的发展尤为重要，消除贫困是实现可持续发展的一项必不可少的条件。但是可持续发展强调科技和经济的发展要同文化教育、生态和社会的发展相结合，而不是单纯的经济增长。可持续发展是一种立足于环境与资源角度提出的人类长期发展的战略或模式，它指的是人们生活的所有方面都得到改善和提高，而且这种发展是持续的，随着时间的推移，人类福利将连续不断地增加。

可持续发展不仅重视经济增长的数量，更强调经济增长的质量，因此，要实现可持续发展意义的经济增长，必须依靠科技的提高和创新，采用科学的经济增长方式，从原材料和能源的利用方式、产品设计与生产工艺到消费方式都必须符合可持续发展的要求，彻底改变"高投入、高消耗、高污染、高消费"的传统生产和消费方式，使经济增长由粗放型转变为集约型，减少人类的经济活动所带来的环境压力。

(2) 资源的永续利用和生态环境的持续良好是基础　自然资源的持续利用和良好的生态环境是人类生存和社会发展的物质基础和基本前提。地球上的自然资源是有限的，它们是经济发展的基础。环境容量也是有限的，它是人类社会发展的极限。因此，人类社会要实现可持续发展必须正确处理好经济增长与自然资源和环境保护之间的关系。可持续发展应以自然资源为基础，与生态环境相协调，强调社会和经济发展不能超越资源和环境的承载能力，通过控制人口数量、提高人口素质、采用"适用技术"、变革生产工艺、转变资源消耗方式、改变消费观念等手段，使自然资源的耗竭速率低于资源的再生速率，追求人与自然的和谐，才能从根本上解决环境问题。

(3) 谋求社会全面进步是目标　可持续发展观认为，世界各国的发展阶段和发展目标可以不同，但发展的本质应当包括改善人类生活质量，提高人类健康水平，创造一个保障人们平等、自由、教育和免受暴力的社会环境。保持经济的持续发展，资源的永续利用和生态环境的持续良好，即在社会的每一个时间段内都能保持与经济、资源和环境的协调，谋求社会的全面进步，这是可持续发展的目标。

(4) 多样性是标志　从现代生态学角度考虑，地球的现状是生命系统参与地质历史过程的结果，地球的现状也是靠生命系统活动来调节、控制和维持的。生物多样性是保证人类赖以生存的生态系统的物质基础，是维持地球生命系统稳定性的必要条件。从社会学角度考虑，世界各国由于基础条件不同，当前所处的发展阶段也会不同。由于价值观、伦理观、社会习俗的差异，必然会导致社会与文化观念的不同。可持续发展观念认为，在人与自然的关系上，强调保护生物多样性是为了维护人类赖以生存的生态系统；在人与人的关系上，强调保护社会和文化的多样性，减少它们之间的毁灭性碰撞，才能保持全球社会和文化体系的稳定。

(5) 适宜的政策和法律体系是实施的条件　可持续发展强调"综合决策"和"公众参与"，因此需要改变过去各个部门封闭地、分隔地分别制定和实施经济、社会、环境政策的做法，提倡根据周密的社会、经济、环境和科学原则，全面的信息和综合的要求来制定政策并予以实施。可持续发展的原则要纳入经济发展、人口、环境、资源、社会保障等各项立法及重大决策之中。

9.1.3 可持续发展的基本原则

可持续发展涉及社会的方方面面，也涉及每个人的思想意识。就其经济观而言，可持续发展主张在保护地球自然生态系统基础上经济持续发展；就其社会观而言，主张公平分配，当代人与后代人都具有平等的发展机会；就其自然观而言，主张人类与自然和谐相处，共同进化。其中所体现的基本原则主要有以下几方面。

（1）公平性原则　所谓公平是指机会选择的平等性。可持续发展定位于一个区域，它不仅涉及当代国家或区域的人口、资源、环境与发展的协调，还涉及同后代的国家或区域之间的人口与资源、环境与发展之间的矛盾冲突。可持续发展的公平性是不同时空尺度的体现，当代与后代、区际与区内间都应具有平等的发展机会。因此，可持续发展所追求的公平性原则包括三层涵义：一是同代人之间的横向公平性，即代内公平。可持续发展要满足全体人民的基本要求和给全体人民机会以满足他们要求较好生活的愿望。当今世界的现实是一部分人富足，而另一部分人则处于贫困状态。这种贫富悬殊、两极分化的世界，是不可能实现可持续发展的。因此，要给世界以公平的分配和公平的发展权，要把消除贫困作为可持续发展进程中特别优先的问题来考虑。二是世代人之间的纵向公平性，即代际公平。人类赖以生存的自然资源是有限的，当代人不能因为自己的发展与需求而损害人类世世代代满足需求的条件——自然资源与环境。要给世世代代以公平利用自然资源的权利。三是公平分配有限资源。目前的现实是，占全球人口的 26% 的发达国家消耗的能源、钢铁和纸张等占全球的 80%。长久以来，富国在利用地球资源上的优势取代发展中国家合理利用地球资源的权利。联合国环境与发展大会通过的《关于环境与发展的里约热内卢宣言》（简称《里约宣言》），已把这一公平原则上升为国家间的主权原则："各国拥有按其本国的环境与发展政策开发本国自然资源的主权，并负有确保在其管辖范围内或在其控制下的活动不致损害其他国家或在各国管辖范围以外地区的环境的责任"。

由此可见，可持续发展不仅要实现当代人之间的公平，而且也要实现当代人与未来各代人之间的公平，向所有的人提供实现美好生活愿望的机会，这是可持续发展与传统发展模式的根本区别之一。

（2）可持续性原则　可持续性是指生态系统受到某种干扰时能保持其生产率的能力。资源与环境是人类生存与发展的基础条件，也是可持续发展的主要制约因素。因此，资源的永续利用和生态环境的持续良好是可持续发展的重要保证。人类在进行任何经济活动的过程中，都必须充分考虑到资源的承载能力和环境的承载能力，要适时调整自己的生产方式和生活方式，实现资源的永续利用和生态系统的持续良好。

（3）整体性原则　可持续发展是一个涉及经济、社会、文化、技术及自然环境的综合概念。它主要包括自然资源与生态环境的可持续发展、经济的可持续发展和社会的可持续发展三个方面。可持续发展首先以自然资源的可持续利用和良好的生态环境为基础；二是以经济可持续发展为前提；三是以谋求社会的全面进步为目标。可持续发展不仅是经济问题，也不仅是社会问题和生态问题，而是三者互相影响的综合体。人类的最终目标是在供求平衡条件下的可持续发展。因此，可持续发展要求社会在每一个时间段内都能保持资源、经济、社会同环境的协调，整体同步发展。不仅仅是要求区域的各部门、各系统和各行业，而且是要求全球各区域都应当在人类共同持续发展的前提下互相协调，处理好局部与全局、短期利益与长远利益、人类与自然之间的关系，共同发展与进步。

（4）共同性原则　共同性原则是指可持续发展作为全球发展总目标的共同性和为实现这一目标需要全世界采取联合行动的共同性。人类只有一个地球，全球性生态危机是全人类共同面临的挑战，保护地球的完整性是维护全人类共同的利益。因此，达成既尊重各方的利益，又有利于保护全球环境与发展的国际协定至关重要，正如《我们共同的未来》的前言中所阐述的："进一步发展共同的认识和共同的责任感，是这个分裂的世界十分需要的。"

9.2　可持续生产与可持续消费

发展是人类社会永恒的主题，没有发展就无法脱离贫困。然而深入剖析环境问题产生的原因，不难发现导致环境退化的根源在于人类采取了不合理的发展方式——不可持续的生产与消费方式。长久以来，发达国家的粗放型的发展模式，消耗了地球上大量的自然资源和能源，不仅剥夺了贫困国家和地区合理利用自然资源的权利，同时造成了严重的环境污染问题。近年来，不少发展中国家纷纷崛起，也向环境中排放了大量的污染物，更加剧了环境污染的状况。另一方面，世界上少数地区的消费极高，但大部分人类的基本消费需求尚未得到满足，不可持续的消费模式进一步加剧了环境退化和世界上一些地区的贫困，最终导致环境问题的全球化。如果延续这种不可持续的生产和消费方式，地球生态系统势必难以承受不断加大的环境压力，必将威胁人类的生存环境。因此，可持续的生产和消费是实现环境与发展协调的一个根本途径。

9.2.1　可持续生产

可持续生产是指满足消费者对产品需求而不危及子孙后代对资源和能源需求的生产。可持续生产的核心是，对每一种产品的产品设计、材料选择、生产工艺、生产设施、市场利用、废物产生和处置等都要考虑环境保护，都要符合可持续发展的要求。正如污染的源头控制取代污染末端治理一样，可持续生产是污染防治策略的发展和延伸。

可持续生产的主要内容包括环境设计、有毒化学品使用量的减量化和寿命周期分析。环境设计是指环境观念贯穿于整个产品设计中，最大程度地考虑资源的循环利用，把废物产生量降至最低，而不仅仅是产品的设计、机械的设计。有毒化学品减量化即充分考虑在生产过程中工人使用化学品的危险性，以及潜在的污染外部环境的危险性，尽量减少对有毒化学品的使用。寿命周期分析则是研究产品使用对环境的影响，研究产品进入市场的最终归宿，加强市场和售后服务，使产品能够最大程度地得以回收、拆卸和循环利用。

实行可持续生产的主要途径是在工业发展中推行清洁生产。1989年联合国环境规划署工业与环境中心提出了清洁生产的概念，并作为鼓励政府和工业采取预防战略控制污染的新定义写入了《21世纪议程》，清洁生产概念一经提出，很快得到有关国际组织和许多国家的接受，联合国环境规划署决定在世界范围内推行清洁生产，把它作为实现可持续发展战略的关键对策，并为此制定了行动计划和方案，并在世界上进行大量的工作。1990年至1992年连续三年召开推行清洁生产的国际会议。近年来，实行清洁生产已成为一股世界性潮流，正在为世界各国和越来越多的企业所接受和使用，成为解决工业污染问题的主要方法。

（1）清洁生产的主要目标　清洁生产谋求达到两个目标，一是通过资源的综合利用、短缺资源的代用、二次资源的利用，节约和合理利用自然资源，减缓资源的耗竭。二是减少废物和污染物的生成和排放，促进工业产品在生产、消费过程中与环境兼容，降低整个工业活动对人类和环境的风险。

(2) 清洁生产的主要内容　清洁生产的主要内容包括清洁的能源、清洁的生产过程和清洁的产品三个方面。

① 清洁的能源。清洁的能源包括常规能源的清洁利用，尽量利用可再生能源，新能源的开发，各种节能技术的开发等。

② 清洁的生产过程。清洁的生产过程是指尽量少用、不用有毒有害的原料，产出无毒无害的中间产品，减少生产过程中的高温、高压、易燃、易爆、噪声等各种危险性因素；使用少废或无废的工艺，采用高效率设备；生产物料能够再循环利用；改进操作步骤，改善工厂管理等。

③ 清洁的产品　包括节约原料和能源，少用昂贵和稀缺的原料；利用二次资源作原料；产品在使用中和使用后不含危害人体健康和生态环境的因素；易于回收和循环使用；易处理、易降解等。

(3) 实现清洁生产的主要途径

① 调整产品结构，用无污染、少污染的产品代替毒性大、污染重的产品。

② 调整原料结构，用无污染、少污染的能源和原材料代替毒性大、污染重的能源和原材料。

③ 调整企业技术结构，用消耗少、效益高、无污染、少污染的技术、工艺和设备替代消耗高、效益低、污染重的技术、工艺和设备。

④ 设计物料闭路循环，开展"三废"综合利用，最大限度地利用能源和原材料，实现物料最大限度的厂内循环。

⑤ 强化企业工业生产管理，减少跑、冒、滴、漏和物料流失。

⑥ 对少量的、必须排放的污染物，采用低费用、高效能的净化处理设备，进行最终的处理、处置。

⑦ 建立无废工业区。

9.2.2　可持续消费

传统的消费模式是把自然资源转化成产品和货物以满足人们提高生活质量的需求，用过的物品则被当作废物而抛弃。随着生活水平的不断提高，消费量日益增多，废物也在增多，这就造成了资源的消耗和环境的退化。因此，传统的消费本质上是一种耗竭型消费模式。联合国环境规划署在1994年发表的报告《可持续消费的政策因素》中提出了可持续消费的定义，即"提供服务以及相关的产物以满足人类的基本需求，提高生活质量，同时使自然资源和有毒材料的使用量最少，使服务或产品的生命周期中所产生的废物和污染物最少，从而不危机后代的需求。"

可持续消费并不是介于因贫困引起的消费不足和因富裕引起的过度消费之间的折中，而是一种新的消费模式，它适合于全球各国各种收入水平的人们。按照这个观点，需要改变全球的消费模式，无论是发达国家的"奢侈型"消费，还是发展中国家的"生存型"消费，它们都造成了相应各自水平和类型的环境影响。《21世纪议程》提出，世界所有国家都应全力促进可持续消费模式，发达国家应率先达成可持续消费模式，发展中国家应在其发展过程中谋求可持续消费模式，避免工业化国家的那种过分危害环境、无效率和浪费的消费模式，工业化国家要提供更多的技术和其他援助。但事实表明，发达国家在这一问题上没有采取任何实质性行动，发达国家和发展中国家在关于改变不可持续消费模式的磋商中，存在着严重的分歧。

在推行和促进可持续消费的进程中，政府和商业界对改变消费模式具有举足轻重的作用。具体手段有：运用经济刺激，改变消费行为；调整价格结构，使价格能够反映出环境的价值；取消对不可持续消费模式的保护性补贴；提高消费者的环境保护的经验和意识等。

20世纪80年代以来，世界上出现了以环境标志（绿色标志）制度为核心的绿色消费浪潮，对转变不可持续消费模式产生了推动作用。环境标志（绿色标志）是某一个国家依据环境标准，规定产品从生产到使用全过程必须符合环境保护的要求，对符合或者达到这一要求的产品颁发证书或标志。如果商品上印制了特定的环境标志，就表明该商品的生产、使用及处置全过程都符合环境保护的要求，不危害人体健康，对环境无害或少害，有利于资源再生和回收利用。

实行环境标志的主要目的和作用在于增强全社会的环境意识，通过引导公众购买倾向，减少对环境有害的产品的生产和消费。环境标志制度最早起源于德国。1978年，德国首先推行"蓝色天使"计划，以一种画着蓝色天使的标签作为产品达到一定生态环境标准的标志。到目前为止，德国已对3600多种产品发放了这种标签。此后，日本、加拿大等国也相继推行了环境标志制度，日本已对40个类别的2350种产品授予了生态标志合格证书。美国也于1988年开始实行环境标志制度。20世纪90年代初，法国、瑞士、芬兰、澳大利亚、新加坡等国也开始实施这一制度。目前，已有20多个国家实行了环境标志制度。据1990年的一项调查表明，67%的荷兰人、80%的德国人、77%的美国人表示在购买商品时会考虑环境问题。人们更喜欢购买"环境标志"的产品。

对于企业来说，实行环境标志制度有利于提高企业经济效益，因为在环境标志产品认证时，将产品在生产过程中的能耗、物耗指标作为重要参数，企业要想得到环境标志，就必须做好节能、降耗和综合利用工作，另外环境标志本身就是一种广告，向公众表明自己的产品具有一般产品所不具备的环境价值，这将有助于提高产品的竞争力。

当前，环境标志也与国际贸易越来越紧密地联系在一起。在国际贸易中，一些国家通过严格的技术标准、安全卫生规定、认证标准等限制不符合要求的外国商品进口和销售。由于各国环保法律、法规、标准不一，各行其是，必然会在贸易中形成"壁垒"作用。如欧盟规定，产品必须符合环境保护的要求，凡不符合环境保护标准的产品一律不准进入欧盟市场。为发挥标准化工作在统一各国环境管理上的作用，国际标准化组织（ISO）于1992年设立了"环境战略咨询组"，1993年又成立了ISO/TC207环境管理技术委员会，正式开展环境管理体系和措施方面的标准化工作，以使环境标志制度国际化，规范企业和社会团体的环境行为。不难预见，环境标志将成为国际贸易与合作的重要内容。

我国自1993年开始实施环境标志制度。1993年3月国家环保局发出"关于在我国开展环境标志工作的通知"，1994年5月成立了"中国环境标志产品认证委员会"。中国环境标志图形由青山、绿水、太阳和10个环组成，寓意为全民联合起来，共同保护人类赖以生存的环境。到目前为止，我国已先后对12类20多种产品进行了环境标志产品认证，有一部分企业的产品获得了中国环境标志。这些产品主要是：不使用氯氟烃的产品、对人体无害的丝绸类产品、无害安全涂料、无铅汽油、回收再生卫生纸、无汞无镉电池、无氟电冰箱、无汞干电池、无磷洗涤剂等。

可持续消费要求人们像改变技术和产品一样改变自身的价值观和消费态度。虽然人们已对不可持续的消费模式给环境所造成的危害形成了一定的认识，但由于改变不可持续的消费模式将对人们的生活水平产生影响，所以在具体实施上世界各国反应不一，与《21世纪议程》的要求相比，实质性进展甚微。要达到这个目的必须要依靠社会的力量，提高人们的文化素质，调整人们对产品和服务的心理需求，树立起新的物质观和消费观。

9.3 我国可持续发展战略

作为国际社会中的一员和世界上人口最多的国家，我国在全球可持续发展和环境保护中有着重要的责任。我国在近几十年的高速发展中，对自身经济发展中产生的种种资源、环境问题的困扰和对因地球生态环境恶化而引起的各种环境问题的威胁有了深刻的认识。

我国的国情决定了我国必须实施可持续发展战略：第一，我国人口众多，人均资源相对较少，环境承载能力有限，这些都是制约经济和社会发展的基本因素。要保证经济和社会的协调发展，必须控制人口增长，合理使用资源，保护自然环境，使人口的增长与社会生产力的发展相适应，使经济建设与资源、环境相协调，实现良性循环，保证经济和社会发展有持续的后劲和良好的条件。第二，我国是发展中国家，正处在经济快速发展的过程中，面临着提高社会生产力、增强综合国力和提高人民生活水平的历史任务，同时又面临着人口、资源、环境的严峻挑战，因此，实施可持续发展战略是必然选择。对此，在世界银行和联合国环境规划署的支持下，我国先后完成了体现可持续发展战略的重大研究和方案，包括《中国环境与发展十大对策》、《中国环境保护战略研究》、《中国21世纪议程》等。

我国在实现国民经济和社会发展的"三步走"的战略目标过程中要自始至终地实施可持续发展的战略。这种战略框架，现在看来至少要由经济战略、人口战略、资源战略、环境战略、稳定战略等构成。

9.3.1 经济战略

我国的经济发展，当前的关键是实行两个具有全局意义的根本转变，一是经济体制，从传统的计划经济体制向社会主义市场经济体制转变；二是经济增长的方式从粗放型向集约型转变，促进国民经济持续、快速、健康发展和社会主义全面发展。也就是说，必须从追求经济增长为中心的传统战略，转向以保证生存与可持续发展为基本内容的整个民族的持续生存战略。我国不能再走工业化国家"高消耗资源、高消费物品、高排出废物"的曲折老路，只能选择"节约资源，适度消费，注重内涵开发，实施总体控制，大力保护环境，加强生态建设"的总方针。这条经济发展的现代化道路，将使我们的资源与环境在发展的过程中尽可能保持高效、和谐、稳定和均衡。因此，在实施经济发展的持续战略时，必须建立起集约化经营和节约型的国民经济生产体系。向集约化经营转化是多角度、多层次、多形式的。这种经济发展战略的选择不仅符合我国的国情，也是世界经济发展趋势的潮流，它与国际社会近年来经济发展的模式是相一致的，它既能够促使经济的稳步增长，又不对社会、环境因素和后代人构成危害，促使人与自然之间以及人与人之间的和谐。

由于我国的特殊国情，实施两种根本转变的经济发展战略时，面临着多重的两难选择。首先，作为一个刚刚满足温饱和拥有13亿人口的大国，仍有至少数千万人处于贫困状态，保证持续生存始终是处于第一位的，但仅此则不会有任何突破，我国将不可能在世界上取得举足轻重的地位。所以，必须在保证生存的基础上实现较高的经济增长，通过发展来改善生存条件。其次，我国的发展机遇又是有限的，在目前的发展阶段最紧迫的任务关键是经济，而且必须在今后二三十年内保持较高的增长速度，这是我国所面临的国内外发展背景，特别是人口增长的压力，影响到我国步入先进国家的行列。另一方面为了使经济实现持续增长，适应相对紧缺的人均资源和全球的资源消费格局，解决发展中一系列新老问题，我国必须加速完成经济发展模式的转型，谋求走上可持续发展的良性循环轨道。我国实施可持续经济发展战略相当困难，还有巨大的地区差异、参差不齐的环境条件以及所处不同的发展阶段，因此经济发展战略具体实施既要照顾整体利益，又要考虑地区间的平衡，在可持续发展目标下，寻求多种经济发展模式。所以，我国实施可持续经济发展战略还需经历一个较长的过程。

9.3.2 人口战略

在实施可持续发展中，要采取控制人口数量、提高人口素质、开发人力资源的战略。积极有效的人口政策和各项计划生育管理服务措施，使我国在人口控制方面取得了举世瞩目的成绩。通过实施计划生育政策，我国人口增长速度过快的势头得到了有效控制，国民经济快速发展，综合国力显著增强，人民生活水平大幅度提高，教育、卫生等各项社会事业成绩显著，人们的生育、养老观念也发生了深刻变化。尽管如此，人口规模庞大、人口素质较低、人口结构不尽合理，造成经济效益降低、就业、升学压力加重等种种社会问题。因此，在今后相当长的一个时期内，一方面要继续降低人口增长率，实现适度人口目标，大力发展劳动密集型产业，广拓就业途径，实现充分就业目标；另一方面要充分利用现有科技力量，发展技术密集型与高新技术产业，开发人力资源，提高劳动者素质。

9.3.3 资源战略

我国是人均资源相对缺乏的国家，资源紧张状况将长期存在，以往粗放型的经济发展模式，在资源的勘探、开发和利用方面都存在着严重的浪费，在今后的发展中，对于资源的需求量将迅速扩大，因此，在生产和消费领域都要注意节约资源。

在实施可持续发展战略中，对于资源开发战略的核心举措就是建立一个低度消耗资源的节约型国民经济体系，以促进资源的节约、杜绝资源的浪费、降低资源的消耗、提高资源的利用和单位资源的人口承载力、增强资源对国民经济发展的保证程度，以缓和资源的供需矛盾。资源节约型国民经济体系的内容包括以下各点。

（1）以节地、节水为中心的集约化农业生产体系 包括发展多熟制种植、立体多层农业、先进灌溉制度、灌溉技术和科学的施肥制度等节时、节地、节水、节能高效低耗的集约化农业。

（2）以节能、节材为中心的节约型工业生产体系 包括综合开发、综合利用、资源再生、废物回收等节能、节材、节水、节省资金、重效益、重品种、重质量的节约型工业系统。

（3）以节省运力为中心的节能型综合运输网 提倡运输社会化，减少回空率等节能、节时、重视效益的综合运输系统。

（4）以适度消费、勤俭节约为特点的生活服务体系 所谓适度消费，不是低消费。消费可以促进生产，但要与生产相适应，人们的消费水平和生活方式要与经济增长速度相适应。在城市供热、供气、供水、供电和衣、食、住、行诸方面提倡节约、节资的生活消费新方式。

9.3.4 环境战略

环境保护作为国民经济和社会发展的一个重要组成部分，始终要围绕社会主义现代化建设的总目标，更好地为促进经济发展、改善人民的生活质量服务。因此，在实施可持续发展中，要采用环境保护和环境建设的速度与同期国民经济增长速度相协调的战略。

为此，在实施环境建设与经济增长相协调的战略时，必须做到以下各点。

① 在国土开发中，坚持开发、利用、整治、保护并重的方针。

② 在工业、农业及其产业中，要建立以合理利用自然资源为核心的环境保护政策，积极发展清洁生产和生态农业。

③ 坚持强化管理，预防为主和谁污染谁治理、谁开发谁保护的三大政策体系。

④ 制定环境保护法规和环境管理的制度，引入ISO14000国际环境管理质量认证体系工作，使我国的环境管理逐步走向制度化、规范化、科学化、法制化，并与国际环境管理相适应。

⑤ 加强环境保护科研，推广保护环境的新技术、新工艺、新设备，使环境保护与经济发展相协调，相同步。

⑥ 建立和健全环境监测网络和信息网络，及时掌握环境质量和污染状况的变化，逐步在全国实施全国环境目标控制和污染物排放总量控制。

⑦ 发展国际间的环境合作与交流，使我国的环境建设与国际接轨，促进我国和世界环境保护事业的发展和人类进步。

9.3.5 稳定战略

在实施可持续发展战略中，要坚持国民经济持续稳定协调发展战略。要提高社会生产力，增强综合国力，不断提高人民生活水平，就必须毫不动摇地把发展国民经济放在第一位，各项工作都要紧紧围绕经济建设这个中心来开展，因此，必须保证经济的稳定增长，避免经济发展出现时而过快、时而停滞、时而倒退的现象，抑制过热增长，使经济发展速度保持在一个合理的范围内，同时保持各部门之间适度的增长速度和合理的比例关系，促进各部门之间协调发展，加快产业结构的合理化和现代化，保护自然资源和改善生态环境，只有保持长期的持续性发展才能实现最快的增长速度和提高经济效益，实现国家长期稳定发展。

知 识 拓 展

1. 寂静的春天

1962年，美国海洋生物学家雷切尔·卡逊（Rachel Carson）发表《寂静的春天（Silent spring）》。作者在《寂静的春天》一书中以女性作家特有的生动笔触，详尽细致地讲述了以DDT为代表的杀虫剂的广泛使用，给人类环境所造成的巨大的、难以逆转的危害。正是这个最终指向人类自身的潜在而又深远的威胁，让公众突然意识到环境问题十分严重，从而开启了群众性的现代环境保护运动。不仅如此，卡逊还尖锐地指出了，环境问题的深层根源在于人类对于自然的傲慢和无知，因此，她呼吁人们要重新端正对自然的态度，重新思考人类社会的发展道路问题。

美国前副总统阿尔·戈尔称此书犹如旷野中的一声呐喊，用它深切的感受、全面的研究和雄辩的论点改变了历史的进程……

2. 增长的极限

1968年，一个旨在"促进对构成我们生活在其中的全球系统的多样但相互依赖的各个部分——经济的、政治的、自然的和社会的组成部分的认识，促使全世界制定政策的人和公众都来注意这种新的认识，并通过这种方式，促进具有首创精神的新政策和行动"的非正式国际组织——罗马俱乐部成立了。

1972年，麻省理工学院D·梅多斯为首的研究小组提交了该组织的第一份研究报告——《增长的极限》，指出由于世界人口增长、粮食生产、工业发展、资源消耗和环境污染是指数增长，全球的增长将达到极限"零增长"。指出如果目前的人口和资本的快速增长模式继续下去，那么世界就会面临一场"灾难性的崩溃"。而避免这种可怕前景的最好办法是限制增长，同时应建立一个能世代相传的新型社会的愿望。虽然遭到一些人的批评，但该报告对过去追求经济增长的发展模式及其造成严重后果的警告的确发人深省，该书为可持续发展战略思想的形成起到了奠基性的作用。

3. 21世纪议程

1992年6月,联合国环境与发展大会在巴西里约热内卢召开,会议通过了《21世纪议程》。

《21世纪议程》是一个广泛的行动计划。它提供了一个从20世纪90年代起至21世纪的行动蓝图,内容涉及与全球持续发展有关的所有领域,是人类为了可持续发展而制定的行动纲领。

《21世纪议程》全文分4篇。第一篇包括序言、社会和经济等内容。第二篇主要是促进发展的资源保护和管理。第三篇目的是加强主要团体的作用。第四篇主要针对实施手段而言。

《21世纪议程》的基本思想是,人类正处于历史的关键时刻,正面对着国家之间和各国内部长期存在的悬殊现象、不断加剧的贫困、饥饿、疾病和文盲问题以及人类福利所依赖的生态系统的持续恶化。在这种情况下,把环境问题和发展问题综合处理并提高对这些问题的重视,将会使基本需求得到满足、所有人的生活水平得到改善、生态系统得到较好的保护和管理,并给全人类提供一个更安全、更繁荣的未来。

在《21世纪议程》中,各国政府提出了详细的行动蓝图,从而改变世界目前的非持续的经济增长模式,转向从事保护和更新经济增长和发展所依赖的环境资源的活动。行动领域包括保护大气层,阻止砍伐森林、水土流失和沙漠化,防止空气污染和水污染,预防渔业资源的枯竭,改进有毒废弃物的安全管理。

《21世纪议程》还提出了引起环境压力的发展模式:发展中国家的贫穷和外债,非持续的生产和消费模式,人口压力和国际经济结构。行动计划提出了加强主要人群在实现可持续发展中所应起的作用——妇女,工会,农民,儿童和青年,土著人,科学界,当地政府,商界,工业界和非政府组织。

4. 部分国家的环境标志

中国　　　　　德国　　　　　加拿大

美国　　　　　日本　　　　　北欧诸国

奥地利　　　　欧共体　　　　韩国

思 考 题

1. 什么是可持续发展？
2. 可持续发展的基本思想是什么？
3. 简述可持续发展的基本原则的内涵。
4. 实行可持续生产和可持续消费的原因是什么？
5. 实现可持续生产的途径有哪些？
6. 什么是可持续消费？
7. 我国的可持续发展战略主要由哪几部分组成？

附　录

附表1　地表水环境质量标准基本项目标准限值　　　　　单位：毫克/升

序号	项目		分　类				
			Ⅰ类	Ⅱ类	Ⅲ类	Ⅳ类	Ⅴ类
1	水温/℃		人为造成的环境水温变化应限制在： 夏季周平均最大温升≤1 冬季周平均最大温降≤2				
2	pH值(无量纲)		6～9				
3	溶解氧	≥	饱和率90% (或7.5)	6	5	3	2
4	高锰酸盐指数	≤	2	4	6	10	15
5	化学需氧量(COD)	≤	15	15	20	30	40
6	五日生化需氧量(BOD_5)	≤	3	3	4	6	10
7	氨氮(NH_3-N)	≤	0.15	0.5	1.0	1.5	2.0
8	总磷(以P计)	≤	0.02 (湖、库0.01)	0.1 (湖、库0.025)	0.2 (湖、库0.05)	0.3 (湖、库0.1)	0.4 (湖、库0.2)
9	总氮(湖、库以N计)	≤	0.2	0.5	1.0	1.5	2.0
10	铜	≤	0.01	1.0	1.0	1.0	1.0
11	锌	≤	0.05	1.0	1.0	2.0	2.0
12	氟化物(以F计)	≤	1.0	1.0	1.0	1.54	1.5
13	硒	≤	0.01	0.01	0.01	0.02	0.02
14	砷	≤	0.05	0.05	0.05	0.1	0.1
15	汞	≤	0.00005	0.00005	0.0001	0.001	0.001
16	镉	≤	0.001	0.005	0.005	0.005	0.01
17	铬(六价)	≤	0.01	0.05	0.05	0.05	0.1
18	铅	≤	0.01	0.01	0.05	0.05	0.1
19	氰化物	≤	0.005	0.05	0.2	0.2	0.2
20	挥发酚	≤	0.002	0.002	0.005	0.01	0.1
21	石油类	≤	0.05	0.05	0.05	0.5	1.0
22	阴离子表面活性剂	≤	0.2	0.2	0.2	0.3	0.3
23	硫化物	≤	0.05	0.1	0.2	0.5	1.0
24	粪大肠菌群/(个/升)	≤	200	2000	10000	20000	40000

附表2　集中式生活饮用水地表水水源地补充项目标准限值　　　　单位：毫克/升

序号	项目	标准值	序号	项目	标准值
1	硫酸盐(以SO_4^{2-}计)	250	4	铁	0.3
2	氯化物(以Cl^-计)	250	5	锰	0.1
3	硝酸盐(以N计)	10			

附表3　集中式生活饮用水地表水水源地特定项目标准限值　　单位：毫克/升

序号	项目	标准值	序号	项目	标准值
1	三氯甲烷	0.06	41	丙烯酰胺	0.0005
2	四氯化碳	0.002	42	丙烯腈	0.1
3	三溴甲烷	0.1	43	邻苯二甲酸二丁酯	0.003
4	二氯甲烷	0.02	44	邻苯二甲酸二(2-乙基己基)酯	0.008
5	1,2-二氯乙烷	0.03	45	水合肼	0.01
6	环氧氯丙烷	0.02	46	四乙基铅	0.0001
7	氯乙烯	0.005	47	吡啶	0.2
8	1,1-二氯乙烯	0.03	48	松节油	0.2
9	1,2-二氯乙烯	0.05	49	苦味酸	0.5
10	三氯乙烯	0.07	50	丁基黄原酸	0.005
11	四氯乙烯	0.04	51	活性氯	0.01
12	氯丁二烯	0.002	52	滴滴涕	0.001
13	六氯丁二烯	0.0006	53	林丹	0.002
14	苯乙烯	0.02	54	环氧七氯	0.0002
15	甲醛	0.9	55	对硫磷	0.003
16	乙醛	0.05	56	甲基对硫磷	0.002
17	丙烯醛	0.1	57	马拉硫磷	0.05
18	三氯乙醛	0.01	58	乐果	0.08
19	苯	0.01	59	敌敌畏	0.05
20	甲苯	0.7	60	敌百虫	0.05
21	乙苯	0.3	61	内吸磷	0.03
22	二甲苯①	0.5	62	百菌清	0.01
23	异丙苯	0.25	63	甲萘威	0.05
24	氯苯	0.3	64	溴氰菊酯	0.02
25	1,2-二氯苯	1.0	65	阿特拉津	0.003
26	1,4-二氯苯	0.3	66	苯并[a]芘	2.8×10^{-6}
27	三氯苯②	0.02	67	甲基汞	1.0×10^{-6}
28	四氯苯③	0.02	68	多氯联苯⑥	2.0×10^{-5}
29	六氯苯	0.05	69	微囊藻毒素-LR	0.001
30	硝基苯	0.017	70	黄磷	0.003
31	二硝基苯④	0.5	71	钼	0.07
32	2,4-二硝基苯	0.0003	72	钴	1.0
33	2,4,6-三硝基苯	0.5	73	铍	0.002
34	硝基氯苯⑤	0.05	74	硼	0.5
35	2,4-二硝基氯苯	0.5	75	锑	0.005
36	2,4-二氯苯酚	0.093	76	镍	0.02
37	2,4,6-三氯苯酚	0.2	77	钡	0.7
38	五氯酚	0.009	78	钒	0.05
39	苯胺	0.1	79	钛	0.1
40	联苯胺	0.0002	80	铊	0.0001

① 二甲苯：指对二甲苯、间二甲苯、邻二甲苯。
② 三氯苯：指1,2,3-三氯苯、1,2,4-三氯苯、1,3,5-三氯苯。
③ 四氯苯：指1,2,3,4-四氯苯、1,2,3,5-四氯苯、1,2,4,5-四氯苯。
④ 二硝基苯：指对二硝基苯、间二硝基苯、邻二硝基苯。
⑤ 硝基氯苯：指硝基氯苯、间硝基氯苯、邻硝基氯苯。
⑥ 多氯联苯：指PCB-1016、PCB-1221、PCB-1232、PCB-1242、PCB-1248、PCB-1254、PCB-1260。

附表4　水质常规指标及限值　　　　　　　　　单位：毫克/升

指标	限值	指标	限值
1. 微生物指标[①]		色度(铂钴色度单位)	15
总大肠菌群/(MPN/100毫升或CFU/100毫升)	不得检出	浑浊度(NTU-散射浊度单位)	1 水源与净水技术条件限制时为3
耐热大肠菌群/(MPN/100毫升或CFU/100毫升)	不得检出		
大肠埃希氏菌/(MPN/100毫升或CFU/100毫升)	不得检出	臭和味	无异臭、异味
		肉眼可见物	无
菌落总数/(CFU/毫升)	100	pH	不小于6.5且不大于8.5
2. 毒理指标			
砷	0.01	铝	0.2
镉	0.005	铁	0.3
铬(六价)	0.05	锰	0.1
铅	0.01	铜	1.0
汞	0.001	锌	1.0
硒	0.01	氯化物	250
氰化物	0.05	硫酸盐	250
氟化物	1.0	溶解性总固体	1000
硝酸盐(以氮计)	10 地下水源限制时为20	总硬度(以碳酸钙计)	450
三氯甲烷	0.06	耗氧量(COD_{Mn}法，以O_2计)	3 水源限制，原水耗氧量>6毫克/升时为5
四氯化碳	0.002		
溴酸盐(使用臭氧时)	0.01	挥发酚类(以苯酚计)	0.002
甲醛(使用臭氧时)	0.9	阴离子合成洗涤剂	0.3
亚氯酸盐(使用二氧化氯消毒时)	0.7	4. 放射性指标[②]	指导值
氯酸盐(使用复合二氧化氯消毒时)	0.7	总α放射性(贝可/升)	0.5
3. 感官性状和一般化学指标		总β放射性(贝可/升)	1

① MPN表示最可能数；CFU表示菌落形成单位。当水样检出总大肠菌群时，应进一步检验大肠埃希氏菌或耐热大肠菌群；水样未检出总大肠菌群，不必检验大肠埃希氏菌或耐热大肠菌群。

② 放射性指标超过指导值，应进行核素分析和评价，判定能否饮用。

附表5　水质非常规指标及限值　　　　　　　　单位：毫克/升

指标	限值	指标	限值
1. 微生物指标		钼	0.07
贾第鞭毛虫/(个/10升)	<1	镍	0.02
隐孢子虫/(个/10升)	<1	银	0.05
2. 毒理指标		铊	0.0001
锑	0.005	氯化氰(以CN^-计)	0.07
钡	0.7	一氯二溴甲烷	0.1
铍	0.002	二氯一溴甲烷	0.06
硼	0.5	二氯乙酸	0.05

续表

指标	限 值	指标	限 值
1,2-二氯乙烷	0.03	滴滴涕	0.001
二氯甲烷	0.02	乙苯	0.3
三卤甲烷(三氯甲烷、一氯二溴甲烷、二氯一溴甲烷、三溴甲烷的总和)	该类化合物中各种化合物的实测浓度与其各自限值的比值之和不超过1	二甲苯	0.5
		1,1-二氯乙烯	0.03
1,1,1-三氯乙烷	2	1,2-二氯乙烯	0.05
三氯乙酸	0.1	1,2-二氯苯	1
三氯乙醛	0.01	1,4-二氯苯	0.3
2,4,6-三氯酚	0.2	三氯乙烯	0.07
三溴甲烷	0.1	三氯苯(总量)	0.02
七氯	0.0004	六氯丁二烯	0.0006
马拉硫磷	0.25	丙烯酰胺	0.0005
五氯酚	0.009	四氯乙烯	0.04
六六六	0.005	甲苯	0.7
六氯苯	0.001	邻苯二甲酸二(2-乙基己基)酯	0.008
乐果	0.08		
对硫磷	0.003	环氧氯丙烷	0.0004
灭草松	0.3	苯	0.01
甲基对硫磷	0.02	苯乙烯	0.02
百菌清	0.01	苯并[a]芘	0.00001
呋喃丹	0.007	氯乙烯	0.005
林丹	0.002	氯苯	0.3
毒死蜱	0.03	微囊藻毒素-LR	0.001
草甘膦	0.7	3. 感官性状和一般化学指标	
敌敌畏	0.001	氨氮(以氮计)	0.5
莠去津	0.002	硫化物	0.02
溴氰菊酯	0.02	钠	200
2,4-滴	0.03		

附表6 饮用水中消毒剂常规指标及要求　　　　　　　　　　　　单位：毫克/升

消毒剂名称	与水接触时间	出厂水中限值	出厂水中余量	管网末梢水中余量
氯气及游离氯制剂(游离氯)	至少30分钟	4	≥0.3	≥0.05
一氯胺(总氯)	至少120分钟	3	≥0.5	≥0.05
臭氧(O_3)	至少12分钟	0.3		0.02 如加氯，总氯≥0.05
二氧化氯(ClO_2)	至少30分钟	0.8	≥0.1	≥0.02

附表7　第一类污染物最高允许排放浓度　　　　　　　　　　　单位：毫克/升

序号	污染物	最高允许排放浓度	序号	污染物	最高允许排放浓度
1	总汞	0.05	8	总镍	1.0
2	烷基汞	不得检出	9	苯并[a]芘	0.00003
3	总镉	0.1	10	总铍	0.005
4	总铬	1.5	11	总银	0.5
5	六价铬	0.5	12	总α放射性	1贝可/升
6	总砷	0.5	13	总β放射性	10贝可/升
7	总铅	1.0			

附表8　第二类污染物最高允许排放浓度

（1997年12月31日之前建设的单位）　　　　　　　　　单位：毫克/升

序号	污染物	适用范围	一级标准	二级标准	三级标准
1	pH	一切排污单位	6~9	6~9	6~9
2	色度（稀释倍数）	染料工业	50	180	—
		其他排污单位	50	80	—
3	悬浮物(SS)	采矿、选矿、选煤工业	100	300	—
		脉金选矿	100	500	—
		边远地区砂金选矿	100	800	—
		城镇二级污水处理厂	20	30	—
		其他排污单位	70	200	400
4	五日生化需氧量(BOD$_5$)	甘蔗制糖、苎麻脱胶、湿法纤维板工业	30	100	600
		甜菜制糖、酒精、味精、皮革、化纤浆粕工业	30	150	600
		城镇二级污水处理厂	20	30	—
		其他排污单位	30	60	300
5	化学需氧量(COD)	甜菜制糖、焦化、合成脂肪酸、湿法纤维板、染料、洗毛、有机磷农药工业	100	200	1000
		味精、酒精、医药原料药、生物制药、苎麻脱胶、皮革、化纤浆粕工业	100	300	1000
		石油化工工业（包括石油炼制）	100	150	500
		城镇二级污水处理厂	60	120	—
		其他排污单位	100	150	500
6	石油类	一切排污单位	10	10	30
7	动植物油	一切排污单位	20	20	100
8	挥发酚	一切排污单位	0.5	0.5	2.0
9	总氰化合物	电影洗片（铁氰化合物）	0.5	5.0	5.0
		其他排污单位	0.5	0.5	1.0

续表

序号	污染物	适用范围	一级标准	二级标准	三级标准
10	硫化物	一切排污单位	1.0	1.0	2.0
11	氨氮	医药原料药、染料、石油化工工业	15	50	—
		其他排污单位	15	25	—
12	氟化物	黄磷工业	10	20	20
		低氟地区（水体含氟量<0.5毫克/升）	10	20	30
		其他排污单位	10	10	20
13	磷酸盐（以P计）	一切排污单位	0.5	1.0	—
14	甲醛	一切排污单位	1.0	2.0	5.0
15	苯胺类	一切排污单位	1.0	2.0	5.0
16	硝基苯类	一切排污单位	2.0	3.0	5.0
17	阴离子表面活性剂（LAS）	合成洗涤剂工业	5.0	15	20
		其他排污单位	5.0	10	20
18	总铜	一切排污单位	0.5	1.0	2.0
19	总锌	一切排污单位	2.0	5.0	5.0
20	总锰	合成脂肪酸工业	2.0	5.0	5.0
		其他排污单位	2.0	2.0	5.0
21	彩色显影剂	电影洗片	2.0	3.0	5.0
22	显影剂及氧化物总量	电影洗片	3.0	6.0	6.0
23	元素磷	一切排污单位	0.1	0.3	0.3
24	有机磷农药（以P计）	一切排污单位	不得检出	0.5	0.5
25	粪大肠菌群数	医院[①]、兽医院及医疗机构含病原体污水	500个/升	1000个/升	5000个/升
		传染病、结核病医院污水	100个/升	500个/升	1000个/升
26	总余氯（采用氯化消毒的医院污水）	医院[①]、兽医院及医疗机构含病原体污水	<0.5[②]	>3（接触时间≥1小时）	>2（接触时间≥1小时）
		传染病、结核病医院污水	<0.5[②]	>6.5（接触时间≥1.5小时）	>5（接触时间≥1.5小时）

① 指50个床位以上的医院。
② 加氯消毒后须进行脱氯处理，达到本标准。

附表9 第二类污染物最高允许排放浓度

（1998年1月1日后建设的单位） 单位：毫克/升

序号	污染物	适用范围	一级标准	二级标准	三级标准
1	pH	一切排污单位	6～9	6～9	6～9
2	色度（稀释倍数）	一切排污单位	50	80	
3	悬浮物（SS）	采矿、选矿、选煤工业	70	300	—
		脉金选矿	70	400	

续表

序号	污染物	适用范围	一级标准	二级标准	三级标准
3	悬浮物(SS)	边远地区砂金选矿	70	800	—
		城镇二级污水处理厂	20	30	—
		其他排污单位	70	150	400
4	五日生化需氧量(BOD_5)	甘蔗制糖、苎麻脱胶、湿法纤维板、染料、洗毛工业	20	60	600
		甜菜制糖、酒精、味精、皮革、化纤浆粕工业	20	100	600
		城镇二级污水处理厂	20	30	—
		其他排污单位	20	30	300
5	化学需氧量(COD)	甜菜制糖、合成脂肪酸、湿法纤维板、染料、洗毛、有机磷农药工业	100	200	1000
		味精、酒精、医药原料药、生物化工、苎麻脱胶、皮革、化纤浆粕工业	100	300	1000
		石油化工工业(包括石油炼制)	60	120	500
		城镇二级污水处理厂	60	120	—
		其他排污单位	100	150	500
6	石油类	一切排污单位	5	10	20
7	动植物油	一切排污单位	10	15	100
8	挥发酚	一切排污单位	0.5	0.5	2.0
9	总氰化合物	一切排污单位	0.5	0.5	1.0
10	硫化物	一切排污单位	1.0	1.0	1.0
11	氨氮	医药原料药、染料、石油化工工业	15	50	—
		其他排污单位	15	25	—
12	氟化物	黄磷工业	10	15	20
		低氟地区(水体含氟量<0.5毫克/升)	10	20	30
		其他排污单位	10	10	20
13	磷酸盐(以P计)	一切排污单位	0.5	1.0	—
14	甲醛	一切排污单位	1.0	2.0	5.0
15	苯胺类	一切排污单位	1.0	2.0	5.0
16	硝基苯类	一切排污单位	2.0	3.0	5.0
17	阴离子表面活性剂(LAS)	一切排污单位	5.0	10	20
18	总铜	一切排污单位	0.5	1.0	2.0
19	总锌	一切排污单位	2.0	5.0	5.0
20	总锰	合成脂肪酸工业	2.0	5.0	5.0
		其他排污单位	2.0	2.0	5.0
21	彩色显影剂	电影洗片	1.0	2.0	3.0

续表

序号	污染物	适用范围	一级标准	二级标准	三级标准
22	显影剂及氧化物总量	电影洗片	3.0	3.0	6.0
23	元素磷	一切排污单位	0.1	0.1	0.3
24	有机磷农药(以P计)	一切排污单位	不得检出	0.5	0.5
25	乐果	一切排污单位	不得检出	1.0	2.0
26	对硫磷	一切排污单位	不得检出	1.0	2.0
27	甲基对硫磷	一切排污单位	不得检出	1.0	2.0
28	马拉硫磷	一切排污单位	不得检出	5.0	10
29	五氯酚及五氯酚钠(以五氯酚计)	一切排污单位	5.0	8.0	10
30	可吸附有机卤化物(AOX,以Cl计)	一切排污单位	1.0	5.0	8.0
31	三氯甲烷	一切排污单位	0.3	0.6	1.0
32	四氯化碳	一切排污单位	0.03	0.06	0.5
33	三氯乙烯	一切排污单位	0.3	0.6	1.0
34	四氯乙烯	一切排污单位	0.1	0.2	0.5
35	苯	一切排污单位	0.1	0.2	0.5
36	甲苯	一切排污单位	0.1	0.2	0.5
37	乙苯	一切排污单位	0.4	0.6	1.0
38	邻二甲苯	一切排污单位	0.4	0.6	1.0
39	对二甲苯	一切排污单位	0.4	0.6	1.0
40	间二甲苯	一切排污单位	0.4	0.6	1.0
41	氯苯	一切排污单位	0.2	0.4	1.0
42	邻二氯苯	一切排污单位	0.4	0.6	1.0
43	对二氯苯	一切排污单位	0.4	0.6	1.0
44	对硝基氯苯	一切排污单位	0.5	1.0	5.0
45	2,4-二硝基氯苯	一切排污单位	0.5	1.0	5.0
46	苯酚	一切排污单位	0.3	0.4	1.0
47	间甲酚	一切排污单位	0.1	0.2	0.5
48	2,4-二氯酚	一切排污单位	0.6	0.8	1.0
49	2,4,6-三氯酚	一切排污单位	0.6	0.8	1.0
50	邻苯二甲酸二丁酯	一切排污单位	0.2	0.4	2.0
51	邻苯二甲酸二辛酯	一切排污单位	0.3	0.6	2.0
52	丙烯腈	一切排污单位	2.0	5.0	5.0
53	总硒	一切排污单位	0.1	0.2	0.5
54	粪大肠菌群数	医院[①]、兽医院及医疗机构含病原体污水	500个/升	1000个/升	5000个/升
		传染病、结核病医院污水	100个/升	500个/升	1000个/升

续表

序号	污染物	适用范围	一级标准	二级标准	三级标准
55	总余氯(采用氯化消毒的医院污水)	医院[①]、兽医院及医疗机构含病原体污水	<0.5[②]	≥3（接触时间≥1小时）	≥2（接触时间≥1小时）
		传染病、结核病医院污水	<0.5[②]	≥6.5（接触时间≥1.5小时）	≥5（接触时间≥1.5小时）
56	总有机碳(TOC)	合成脂肪酸工业	20	40	—
		苎麻脱胶工业	20	60	—
		其他排污单位	20	30	—

① 指 50 个床位以上的医院。
② 加氯消毒后须进行脱氯处理，达到本标准。
注：其他排污单位指除在该控制项目中所列行业以外的一切排污单位。

附表 10　各项污染物的浓度限值（GB 3095—1996，2000 年修改）

污染物名称	取值时间	浓度限值 一级标准	浓度限值 二级标准	浓度限值 三级标准	浓度单位
二氧化硫(SO_2)	年平均	0.02	0.06	0.10	毫克/米³（标准状态）
	日平均	0.05	0.15	0.25	
	1 小时平均	0.15	0.50	0.70	
总悬浮颗粒物(TSP)	年平均	0.08	0.20	0.30	
	日平均	0.12	0.30	0.50	
可吸入颗粒物(PM_{10})	年平均	0.04	0.10	0.15	
	日平均	0.05	0.15	0.25	
二氧化氮(NO_2)	年平均	0.04	0.08	0.08	
	日平均	0.08	0.12	0.12	
	1 小时平均	0.12	0.24	0.24	
一氧化碳(CO)	日平均	4.00	4.00	6.00	
	1 小时平均	10.00	10.00	20.00	
臭氧(O_3)	1 小时平均	0.16	0.20	0.20	
铅(Pb)	季平均		1.50		微克/米³（标准状态）
	年平均		1.00		
苯并[a]芘(B[a]P)	日平均		0.01		
氟化物	日平均		7[①]		
	1 小时平均		20[①]		
F	月平均	1.8[②]	3.0[③]		微克/(升·天)
	植物生长季平均	1.2[②]	2.0[③]		

① 适用于城市地区。
② 适用于牧业区和以牧业为主的半农半牧区、桑蚕区。
③ 适用于农业和林业区。

附表 11 现有污染源大气污染物排放限值

序号	污染物	最高允许排放浓度/(毫克/米³)	排气筒/米	最高允许排放速率/(千克/小时)			无组织排放监控浓度	
				一级	二级	三级	监控点	浓度/(毫克/米³)
1	二氧化硫	1200（硫、二氧化硫、硫酸和其他含硫化合物生产）	15	1.6	3.0	4.1	无组织排放源上风向设参照点，下风向设监控点	0.50（监控点与参照点浓度差值）
			20	2.6	5.1	7.7		
			30	8.8	17	26		
			40	15	30	45		
			50	23	45	69		
		700（硫、二氧化硫、硫酸和其他含硫化合物使用）	60	33	64	98		
			70	47	91	140		
			80	63	120	190		
			90	82	160	240		
			100	100	200	310		
2	氮氧化物	1700（硝酸、氮肥和火炸药生产）	15	0.47	0.91	1.4	无组织排放源上风向设参照点，下风向设监控点	0.15（监控点与参照点浓度差值）
			20	0.77	1.5	2.3		
			30	2.6	5.1	7.7		
			40	4.6	8.9	14		
			50	7.0	14	21		
		420（硝酸使用和其他）	60	9.9	19	29		
			70	14	27	41		
			80	19	37	56		
			90	24	47	72		
			100	31	61	92		
3	颗粒物	22（炭黑尘、染料尘）	15	禁排	0.60	0.87	周界外浓度最高点	肉眼不可见
			20		1.0	1.5		
			30		4.0	5.9		
			40		6.8	10		
		80（玻璃棉尘、石英粉尘、矿渣棉尘）	15	禁排	2.2	3.1	无组织排放源上风向设参照点，下风向设监控点	2.0（监控点与参照点浓度差值）
			20		3.7	5.3		
			30		14	21		
			40		25	37		
		150（其他）	15	2.1	4.1	5.9	无组织排放源上风向设参照点，下风向设监控点	5.0（监控点与参照点浓度差值）
			20	3.5	6.9	10		
			30	14	27	40		
			40	24	46	69		
			50	36	70	110		
			60	51	100	150		
4	氟化氢	150	15	禁排	0.30	0.46	周界外浓度最高点	0.25
			20		0.51	0.77		
			30		1.7	2.6		
			40		3.0	4.5		
			50		4.5	6.9		
			60		6.4	9.8		
			70		9.1	14		
			80		12	19		
5	铬酸雾	0.080	15	禁排	0.009	0.014	周界外浓度最高点	0.0075
			20		0.015	0.023		
			30		0.051	0.078		
			40		0.089	0.13		
			50		0.14	0.21		
			60		0.19	0.29		

续表

序号	污染物	最高允许排放浓度/(毫克/米³)	排气筒/米	最高允许排放速率/(千克/小时) 一级	二级	三级	无组织排放监控浓度 监控点	浓度/(毫克/米³)
6	硫酸雾	1000（火炸药厂）70（其他）	15	禁排	1.8	2.8	周界外浓度最高点	1.5
			20		3.1	4.6		
			30		10	16		
			40		18	27		
			50		27	41		
			60		39	59		
			70		55	83		
			80		74	110		
7	氟化物	100（普钙工业）11（其他）	15	禁排	0.12	0.18	无组织排放源上风向设参照点,下风向设监控点	20(微克/米³)（监控点与参照点浓度差值）
			20		0.20	0.31		
			30		0.69	1.0		
			40		1.2	1.8		
			50		1.8	2.7		
			60		2.6	3.9		
			70		3.6	5.5		
			80		4.9	7.5		
8	氯气	85	25	禁排	0.60	0.90	周界外浓度最高点	0.50
			30		1.0	1.5		
			40		3.4	5.2		
			50		5.9	9.0		
			60		9.1	14		
			70		13	20		
			80		18	28		
9	铅及其化合物	0.90	15	禁排	0.005	0.007	周界外浓度最高点	0.0075
			20		0.007	0.011		
			30		0.031	0.048		
			40		0.055	0.083		
			50		0.085	0.13		
			60		0.12	0.18		
			70		0.17	0.26		
			80		0.23	0.35		
			90		0.31	0.47		
			100		0.39	0.60		
10	汞及其化合物	0.015	15	禁排	1.8×10^{-3}	2.8×10^{-3}	周界外浓度最高点	0.0015
			20		3.1×10^{-3}	4.6×10^{-3}		
			30		10×10^{-3}	16×10^{-3}		
			40		18×10^{-3}	27×10^{-3}		
			50		27×10^{-3}	41×10^{-3}		
			60		39×10^{-3}	59×10^{-3}		
11	镉及其化合物	1.0	15	禁排	0.060	0.090	周界外浓度最高点	0.050
			20		0.10	0.15		
			30		0.34	0.52		
			40		0.59	0.90		
			50		0.91	1.4		
			60		1.3	2.0		
			70		1.8	2.8		
			80		2.5	3.7		

续表

序号	污染物	最高允许排放浓度/(毫克/米³)	排气筒/米	最高允许排放速率/(千克/小时)			无组织排放监控浓度	
				一级	二级	三级	监控点	浓度/(毫克/米³)
12	铍及其化合物	0.015	15 20 30 40 50 60 70 80	禁排	$1.3×10^{-3}$ $2.2×10^{-3}$ $7.3×10^{-3}$ $13×10^{-3}$ $19×10^{-3}$ $27×10^{-3}$ $39×10^{-3}$ $52×10^{-3}$	$2.0×10^{-3}$ $3.3×10^{-3}$ $11×10^{-3}$ $19×10^{-3}$ $29×10^{-3}$ $41×10^{-3}$ $58×10^{-3}$ $79×10^{-3}$	周界外浓度最高点	0.0010
13	镍及其化合物	5.0	15 20 30 40 50 60 70 80	禁排	0.18 0.31 1.0 1.8 2.7 3.9 5.5 7.4	0.28 0.46 1.6 2.7 4.1 5.9 8.2 11	周界外浓度最高点	0.050
14	锡及其化合物	10	15 20 30 40 50 60 70 80	禁排	0.36 0.61 2.1 3.5 5.4 7.7 11 15	0.55 0.93 3.1 5.4 8.2 12 17 22	周界外浓度最高点	0.30
15	苯	17	15 20 30 40	禁排	0.60 1.0 3.3 6.0	0.90 1.5 5.2 9.0	周界外浓度最高点	0.50
16	甲苯	60	15 20 30 40	禁排	3.6 6.1 21 36	5.5 9.3 31 54	周界外浓度最高点	0.30
17	二甲苯	90	15 20 30 40	禁排	1.2 2.0 6.9 12	1.8 3.1 10 18	周界外浓度最高点	1.5
18	酚类	115	15 20 30 40 50 60	禁排	0.12 0.20 0.68 1.2 1.8 2.6	0.18 0.31 1.0 1.8 2.7 3.9	周界外浓度最高点	0.10

续表

序号	污染物	最高允许排放浓度/(毫克/米³)	排气筒/米	最高允许排放速率/(千克/小时)			无组织排放监控浓度	
				一级	二级	三级	监控点	浓度/(毫克/米³)
19	甲醛	30	15	禁排	0.30	0.46	周界外浓度最高点	0.25
			20		0.51	0.77		
			30		1.7	2.6		
			40		3.0	4.5		
			50		4.5	6.9		
			60		6.4	9.8		
20	乙醛	150	15	禁排	0.060	0.090	周界外浓度最高点	0.050
			20		0.10	0.15		
			30		0.34	0.52		
			40		0.59	0.90		
			50		0.91	1.4		
			60		1.3	2.0		
21	丙烯腈	26	15	禁排	0.91	1.4	周界外浓度最高点	0.75
			20		1.5	2.3		
			30		5.1	7.8		
			40		8.9	13		
			50		14	21		
			60		19	29		
22	丙烯醛	20	15	禁排	0.61	0.92	周界外浓度最高点	0.50
			20		1.0	1.5		
			30		3.4	5.2		
			40		5.9	9.0		
			50		9.1	14		
			60		13	20		
23	氯化氢	2.3	25	禁排	0.18	0.28	周界外浓度最高点	0.030
			30		0.31	0.46		
			40		1.0	1.6		
			50		1.8	2.7		
			60		2.7	4.1		
			70		3.9	5.9		
			80		5.5	8.3		
24	甲醇	220	15	禁排	6.1	9.2	周界外浓度最高点	15
			20		10	15		
			30		34	52		
			40		59	90		
			50		91	140		
			60		130	200		
25	苯胺类	25	15	禁排	0.61	0.92	周界外浓度最高点	0.50
			20		1.0	1.5		
			30		3.4	5.2		
			40		5.9	9.0		
			50		9.1	14		
			60		13	20		

续表

序号	污染物	最高允许排放浓度 /(毫克/米³)	排气筒 /米	最高允许排放速率/(千克/小时)			无组织排放监控浓度	
				一级	二级	三级	监控点	浓度 /(毫克/米³)
26	氯苯类	85	15	禁排	0.67	0.92	周界外浓度最高点	0.50
			20		1.0	1.5		
			30		2.9	4.4		
			40		5.0	7.6		
			50		7.7	12		
			60		11	17		
			70		15	23		
			80		21	32		
			90		27	41		
			100		34	52		
27	硝基苯类	20	15	禁排	0.060	0.090	周界外浓度最高点	0.050
			20		0.10	0.15		
			30		0.34	0.52		
			40		0.59	0.90		
			50		0.91	1.4		
			60		1.3	2.0		
28	氯乙烯	65	15	禁排	0.91	1.4	周界外浓度最高点	0.75
			20		1.5	2.3		
			30		5.0	7.8		
			40		8.9	13		
			50		14	21		
			60		19	29		
29	苯并[a]芘	0.50×10^{-3} (沥青、碳素制品生产和加工)	15	禁排	0.06×10^{-3}	0.09×10^{-3}	周界外浓度最高点	0.01 (微克/米³)
			20		0.10×10^{-3}	0.15×10^{-3}		
			30		0.34×10^{-3}	0.51×10^{-3}		
			40		0.59×10^{-3}	0.89×10^{-3}		
			50		0.90×10^{-3}	1.4×10^{-3}		
			60		1.3×10^{-3}	2.0×10^{-3}		
30	光气	5.0	25	禁排	0.12	0.18	周界外浓度最高点	0.10
			30		0.20	0.31		
			40		0.69	1.0		
			50		1.2	1.8		
31	沥青烟	280 (吹制沥青)	15	0.11	0.22	0.34	生产设备不得有明显的无组织排放存在	
			20	0.19	0.36	0.55		
		80 (熔炼、浸涂)	30	0.82	1.6	2.4		
			40	1.4	2.8	4.2		
			50	2.2	4.3	6.6		
		150 (建筑搅拌)	60	3.0	5.9	9.0		
			70	4.5	8.7	13		
			80	6.2	12	18		
32	石棉尘	2根纤维/厘米³ 或 20毫克/米³	15	禁排	0.65	0.98	生产设备不得有明显的无组织排放存在	
			20		1.1	1.7		
			30		4.2	6.4		
			40		7.2	11		
			50		11	17		
33	非甲烷总烃	150 (使用溶剂汽油或其他混合烃类物质)	15	6.3	12	18	周界外浓度最高点	5.0
			20	10	20	30		
			30	35	63	100		
			40	61	120	170		

附表 12　新污染源大气污染物排放限值

序号	污染物	最高允许排放浓度/(毫克/米³)	排气筒/米	最高允许排放速率/(千克/小时) 二级	最高允许排放速率/(千克/小时) 三级	无组织排放监控浓度 监控点	无组织排放监控浓度 浓度/(毫克/米³)
1	二氧化硫	960（硫、二氧化硫、硫酸和其他含硫化合物生产）	15	2.6	3.5	周界外浓度最高点	0.40
			20	4.3	6.6		
			30	15	22		
			40	25	38		
		550（硫、二氧化硫、硫酸和其他含硫化合物使用）	50	39	58		
			60	55	83		
			70	77	120		
			80	110	160		
			90	130	200		
			100	170	270		
2	氮氧化物	1400（硝酸、氮肥和火炸药生产）	15	0.77	1.2	周界外浓度最高点	0.12
			20	1.3	2.0		
			30	4.4	6.6		
			40	7.5	11		
			50	12	18		
		240（硝酸使用和其他）	60	16	25		
			70	23	35		
			80	31	47		
			90	40	61		
			100	52	78		
3	颗粒物	18（炭黑尘、染料尘）	15	0.15	0.74	周界外浓度最高点	肉眼不可见
			20	0.85	1.3		
			30	3.4	5.0		
			40	5.8	8.5		
		60（玻璃棉尘、石英粉尘、矿渣棉尘）	15	1.9	2.6	周界外浓度最高点	1.0
			20	3.1	4.5		
			30	12	18		
			40	21	31		
		120（其他）	15	3.5	5.0	周界外浓度最高点	1.0
			20	5.9	8.5		
			30	23	34		
			40	39	59		
			50	60	94		
			60	85	130		
4	氟化氢	100	15	0.26	0.39	周界外浓度最高点	0.20
			20	0.43	0.65		
			30	1.4	2.2		
			40	2.6	3.8		
			50	3.8	5.9		
			60	5.4	8.3		
			70	7.7	12		
			80	10	16		
5	铬酸雾	0.070	15	0.008	0.012	周界外浓度最高点	0.0060
			20	0.013	0.020		
			30	0.043	0.066		
			40	0.076	0.12		
			50	0.12	0.18		
			60	0.16	0.25		

续表

序号	污染物	最高允许排放浓度 /(毫克/米³)	排气筒 /米	最高允许排放速率 /(千克/小时) 二级	最高允许排放速率 /(千克/小时) 三级	无组织排放监控浓度 监控点	无组织排放监控浓度 浓度 /(毫克/米³)
6	硫酸雾	430（火炸药厂） 45（其他）	15 20 30 40 50 60 70 80	1.5 2.6 8.8 15 23 33 46 63	2.4 3.9 13 23 35 50 70 95	周界外浓度最高点	1.2
7	氟化物	90（普钙工业） 9.0（其他）	15 20 30 40 50 60 70 80	0.10 0.17 0.59 1.0 1.5 2.2 3.1 4.2	0.15 0.26 0.88 1.5 2.3 3.3 4.7 6.3	周界外浓度最高点	20（微克/米³）
8	氯气	65	25 30 40 50 60 70 80	0.52 0.87 2.9 5.0 7.7 11 15	0.78 1.3 4.4 7.6 12 17 23	周界外浓度最高点	0.40
9	铅及其化合物	0.70	15 20 30 40 50 60 70 80 90 100	0.004 0.006 0.027 0.047 0.072 0.10 0.15 0.20 0.26 0.33	0.006 0.009 0.041 0.071 0.11 0.15 0.22 0.30 0.40 0.51	周界外浓度最高点	0.0060
10	汞及其化合物	0.012	15 20 30 40 50 60	1.5×10^{-3} 2.6×10^{-3} 7.8×10^{-3} 15×10^{-3} 23×10^{-3} 33×10^{-3}	2.4×10^{-3} 3.9×10^{-3} 13×10^{-3} 23×10^{-3} 35×10^{-3} 50×10^{-3}	周界外浓度最高点	0.0012
11	镉及其化合物	0.85	15 20 30 40 50 60 70 80	0.050 0.090 0.29 0.50 0.77 1.1 1.5 2.1	0.080 0.13 0.44 0.77 1.2 1.7 2.3 3.2	周界外浓度最高点	0.040

续表

序号	污染物	最高允许排放浓度 /(毫克/米³)	排气筒 /米	最高允许排放速率 /(千克/小时)		无组织排放监控浓度	
				二级	三级	监控点	浓度 /(毫克/米³)
12	铍及其化合物	0.012	15	1.1×10^{-3}	1.7×10^{-3}	周界外浓度最高点	0.0008
			20	1.8×10^{-3}	2.8×10^{-3}		
			30	6.2×10^{-3}	9.4×10^{-3}		
			40	11×10^{-3}	16×10^{-3}		
			50	16×10^{-3}	25×10^{-3}		
			60	23×10^{-3}	35×10^{-3}		
			70	33×10^{-3}	50×10^{-3}		
			80	44×10^{-3}	67×10^{-3}		
13	镍及其化合物	4.3	15	0.15	0.24	周界外浓度最高点	0.040
			20	0.26	0.34		
			30	0.88	1.3		
			40	1.5	2.3		
			50	2.3	3.5		
			60	3.3	5.0		
			70	4.6	7.0		
			80	6.3	10		
14	锡及其化合物	8.5	15	0.31	0.47	周界外浓度最高点	0.24
			20	0.52	0.79		
			30	1.8	2.7		
			40	3.0	4.6		
			50	4.6	7.0		
			60	6.6	10		
			70	9.3	14		
			80	13	19		
15	苯	12	15	0.50	0.80	周界外浓度最高点	0.40
			20	0.90	1.3		
			30	2.9	4.4		
			40	5.6	7.6		
16	甲苯	40	15	3.1	4.7	周界外浓度最高点	2.4
			20	5.2	7.9		
			30	18	27		
			40	30	46		
17	二甲苯	70	15	1.0	1.5	周界外浓度最高点	1.2
			20	1.7	2.6		
			30	5.9	8.8		
			40	10	15		
18	酚类	100	15	0.10	0.15	周界外浓度最高点	0.080
			20	0.17	0.26		
			30	0.58	0.88		
			40	1.0	1.5		
			50	1.5	2.3		
			60	2.2	3.3		
19	甲醛	25	15	0.26	0.39	周界外浓度最高点	0.20
			20	0.43	0.65		
			30	1.4	2.2		
			40	2.6	3.8		
			50	3.8	5.9		
			60	5.4	8.3		

续表

序号	污染物	最高允许排放浓度 /(毫克/米³)	排气筒 /米	最高允许排放速率 /(千克/小时)		无组织排放监控浓度	
				二级	三级	监控点	浓度 /(毫克/米³)
20	乙醛	125	15	0.050	0.080	周界外浓度最高点	0.040
			20	0.090	0.13		
			30	0.29	0.44		
			40	0.50	0.77		
			50	0.77	1.2		
			60	1.1	1.6		
21	丙烯醛	22	15	0.77	1.2	周界外浓度最高点	0.60
			20	1.3	2.0		
			30	4.4	6.6		
			40	7.5	11		
			50	12	18		
			60	16	25		
22	丙烯醛	16	15	0.52	0.78	周界外浓度最高点	0.40
			20	0.87	1.3		
			30	2.9	4.4		
			40	5.0	7.6		
			50	7.7	12		
			60	11	17		
23	氯化氢	1.9	25	0.15	0.24	周界外浓度最高点	0.024
			30	0.26	0.39		
			40	0.88	1.3		
			50	1.5	2.3		
			60	2.3	3.5		
			70	3.3	5.0		
			80	4.6	7.0		
24	甲醇	190	15	5.1	7.8	周界外浓度最高点	12
			20	8.6	13		
			30	29	44		
			40	50	70		
			50	77	120		
			60	100	170		
25	苯胺类	20	15	0.52	0.78	周界外浓度最高点	0.40
			20	0.87	1.3		
			30	2.9	4.4		
			40	5.0	7.6		
			50	7.7	12		
			60	11	17		
26	氯苯类	60	15	0.52	0.78	周界外浓度最高点	0.40
			20	0.87	1.3		
			30	2.5	3.8		
			40	4.3	6.5		
			50	6.6	9.9		
			60	9.3	14		
			70	13	20		
			80	18	27		
			90	23	35		
			100	29	44		

续表

序号	污染物	最高允许排放浓度/(毫克/米³)	排气筒/米	最高允许排放速率/(千克/小时) 二级	最高允许排放速率/(千克/小时) 三级	无组织排放监控浓度 监控点	无组织排放监控浓度 浓度/(毫克/米³)
27	硝基苯类	16	15	0.050	0.080	周界外浓度最高点	0.040
			20	0.090	0.13		
			30	0.29	0.44		
			40	0.50	0.77		
			50	0.77	1.2		
			60	1.1	1.7		
28	氯乙烯	36	15	0.77	1.2	周界外浓度最高点	0.60
			20	1.3	2.0		
			30	4.4	6.6		
			40	7.5	11		
			50	12	18		
			60	16	25		
29	苯并[a]芘	0.30×10⁻³ (沥青、碳素制品生产和加工)	15	0.050×10⁻³	0.080×10⁻³	周界外浓度最高点	0.008 (微克/米³)
			20	0.085×10⁻³	0.13×10⁻³		
			30	0.29×10⁻³	0.43×10⁻³		
			40	0.50×10⁻³	0.76×10⁻³		
			50	0.77×10⁻³	1.2×10⁻³		
			60	1.1×10⁻³	1.7×10⁻³		
30	光气	3.0	25	0.10	0.15	周界外浓度最高点	0.080
			30	0.17	0.26		
			40	0.59	0.88		
			50	1.0	1.5		
31	沥青烟	140 (吹制沥青) 40 (熔炼、浸涂) 75 (建筑搅拌)	15	0.18	0.27	生产设备不得有明显的无组织排放存在	
			20	0.30	0.45		
			30	1.3	2.0		
			40	2.3	3.5		
			50	3.6	5.4		
			60	5.6	7.5		
			70	7.4	11		
			80	10	15		
32	石棉尘	1根纤维/cm³ 或 10毫克/米³	15	0.55	0.83	生产设备不得有明显的无组织排放存在	
			20	0.93	1.4		
			30	3.6	5.4		
			40	6.2	9.3		
			50	9.4	14		
33	非甲烷总烃	120 (使用溶剂汽油或其他混合烃类物质)	15	10	16	周界外浓度最高点	4.0
			20	17	27		
			30	53	83		
			40	100	150		

参考文献

[1] 陈立民,吴人坚,戴星翼. 环境学原理. 北京:科学出版社,2003.
[2] 林培英,杨国栋,潘淑敏. 环境问题案例教程. 北京:中国环境科学出版社,2002.
[3] 马光等. 环境与可持续发展导论. 北京:科学出版社,2000.
[4] 冯玉杰,蔡伟民. 环境工程中的功能材料. 北京:化学工业出版社,2003.
[5] 刘起. 保护草地资源刻不容缓. 北方经济,1999,(3):12-13.
[6] 郭庆宏,安宁. 草产业发展现状与展望. 陕西农业科学,2006,(4):89-91.
[7] 李毓堂. 草地资源开发与21世纪中国可持续发展战略. 中国土地科学,2001,15(1):14-15.
[8] 吴晓侠. 关于开发利用草地资源的设想. 现代畜牧兽医,2006,(7):27-28.
[9] 李毓堂. 解决我国耕地短缺危机的重要途径——综合开发草地资源. 中国土地科学,1995,9(3):23-27.
[10] 缪建明,李维薇. 美国草地资源管理与借鉴. 草业科学,2006,23(5):20-23.
[11] 高安社,高春梅. 中国草地资源走向二十一世纪的合理利用、管理及其环境保护. 内蒙古环境保护,1996,8(2):7-9.
[12] 王淑莹,高春娣. 环境导论. 北京:中国建筑工业出版社,2004.
[13] 王金梅,丁颖. 环境保护概论. 北京:高等教育出版社,2006.
[14] 沈耀良,汪家权. 环境工程概论. 北京:中国建筑工业出版社,2000.
[15] 张自杰. 排水工程. 第4版. 北京:中国建筑工业出版社,2000.
[16] 地表水环境质量标准(GB 3838—2002). 北京:中国环境科学出版社,2002.
[17] 生活饮用水卫生标准(GB 5749—2006). 北京:中国标准出版社,2007.
[18] 污水综合排放标准(GB 8978—1996). 北京:中国环境科学出版社,1996.
[19] 羌宁. 城市空气质量管理与控制. 北京:科学出版社,2003.
[20] 环境空气质量标准(GB 3095—1996). 北京:中国环境科学出版社,1996.
[21] 大气污染物综合排放标准(GB 16297—1996). 北京:中国环境科学出版社,1996.
[22] 汪群慧. 固体废物处理及资源化. 北京:化学工业出版社,2003.
[23] 苏琴,吴连成. 环境工程概论. 北京:国防工业出版社,2004.
[24] 李焰. 环境科学导论. 北京:中国电力出版社,2000.
[25] 范祥清,刘少文. 人居环境. 北京:中国轻工业出版社,2003.
[26] 战友. 环境保护概论. 北京:化学工业出版社,2004.
[27] 何强,井文涌,王翊亭. 环境学导论. 第3版. 北京:清华大学出版社,2004.
[28] 杨永杰. 环境保护与清洁生产. 北京:化学工业出版社,2002.
[29] 张作功. 环境保护基础. 湖南:湖南科学技术出版社,2000.
[30] 卢中原. 城市生活垃圾处理现状与对策建议. 经济研究参考,2008,(25):15-19.
[31] 张敬虎. "白色污染"的现状、危害及综合利用技术. 太原城市职业技术学院学报,2007,(3):132-133.
[32] 何奕波. 白色污染与可降解塑料. 漯河职业技术学院学报:综合版,2006,5(4):28-30.
[33] 钱宜等. 中国环境保护读本. 哈尔滨:黑龙江人民出版社,2002.
[34] 刘晓燕. 室内电磁辐射污染对人体健康的影响与防护. 内蒙古科技与经济,2007,(21):341.
[35] 赵清. 放射性污染及表面沾污测量. 现代测量与实验室管理,2007,(6):14-15.
[36] 张庆国等. 城市热污染及其防治途径的研究. 合肥工业大学学报:自然科学版,2005,28(4):360.
[37] 阿斯古丽·买买提. 浅谈热污染及其防治. 和田师范专科学校学报:汉文综合版,2008,28(3):241.
[38] 林爱文等. 资源环境与可持续发展. 武汉:武汉大学出版社,2005.
[39] 常春芝. 低频振动:不可忽视的污染. 劳动安全与健康,1999,(2):9.
[40] 李耀中. 噪声控制技术. 北京:化学工业出版社,2004.
[41] 蔡艳荣. 环境影响评价. 北京:中国环境科学出版社,2004.
[42] 官以德. 环境与资源保护法学. 北京:中国法制出版社,2000.
[43] 张从. 环境评价教程. 北京:中国环境科学出版社,2002.

[44] 钱俊生，骆建华. 环境、资源、人口与可持续发展. 北京：党建读物出版社，2000.
[45] 刘天玉. 交通环境保护. 北京：人民交通出版社，2004.
[46] 范恩源，马东元. 环境教育与可持续发展. 北京：北京理工大学出版社，2004.
[47] 夏华龙，姚华军，石东平. 可持续发展与资源利用. 武汉：中国地质大学出版社，1998.
[48] 谭仁杰，金其镛. 环境与可持续发展教程. 武汉：武汉大学出版社，2003.
[49] 吴熊勋. 论振动的环境影响评价. 噪声与振动控制，1985，(4)：49.
[50] 方舟群等. 环境物理污染现状及其控制对策. 物理，1985，(12)：729-730.
[51] 芈振明等. 固体废物的处理与处置. 修订版. 北京：高等教育出版社，1993.